我们为何建造

[英国] 罗恩·穆尔 著
张晓丽 郝娟娣 译

城市与生态文明丛书
俞孔坚 主编
陆小旋 副主编

Why We Build

译林出版社

图书在版编目（CIP）数据

我们为何建造 /（英）罗恩·穆尔（Rowan Moore）著；张晓丽，郝娟娣译．—南京：译林出版社，2024.9

（城市与生态文明丛书 / 俞孔坚主编）

书名原文：Why We Build

ISBN 978-7-5753-0175-6

Ⅰ.①我… Ⅱ.①罗… ②张… ③郝… Ⅲ.①城市建筑－建筑文化－研究 Ⅳ.①TU2

中国国家版本馆CIP数据核字(2024)第103993号

著作权合同登记号　图字：10-2024-45号

我们为何建造　［英国］罗恩·穆尔／著　张晓丽　郝娟娣／译

责任编辑　张海波
特约编辑　陈秋实
装帧设计　胡　苨
特约校对　蒋　燕
责任印制　董　虎

原文出版　Picador, 2012
出版发行　译林出版社
地　　址　南京市湖南路 1 号 A 楼
邮　　箱　yilin@yilin.com
网　　址　www.yilin.com
市场热线　025-86633278
排　　版　南京展望文化发展有限公司
印　　刷　江苏凤凰通达印刷有限公司
开　　本　652 毫米 ×960 毫米　1/16
印　　张　23
插　　页　2
版　　次　2024 年 9 月第 1 版
印　　次　2024 年 9 月第 1 次印刷
书　　号　ISBN 978-7-5753-0175-6
定　　价　78.00 元

主编序

中国过去三十年的城镇化建设，获得了前所未有的高速发展，但也由于长期以来缺乏正确的指导思想和科学的理论指导，形成了规划落后、盲目冒进、无序开发的混乱局面；造成了土地开发失控、建成区过度膨胀、功能混乱、城市运行低效等严重后果。同时，在生态与环境方面，我们也付出了惨痛的代价：我们失去了蓝天（蔓延的雾霾），失去了河流和干净的水（75%的地表水污染，所有河流的裁弯取直、硬化甚至断流），失去了健康的食物甚至脚下的土壤（全国三分之一的土壤受到污染）；我们也失去了邻里，失去了自由步行和骑车的权利（超大尺度的街区和马路），我们甚至于失去了生活和生活空间的记忆（城市和乡村的文化遗产大量毁灭）。我们得到的，是一堆许多人买不起的房子、有害于健康的汽车及并不健康的生活方式（包括肥胖症和心脏病病例的急剧增加）。也正因为如此，习总书记带头表达对"望得见山，看得见水，记得住乡愁"的城市的渴望；也正因为如此，生态文明和美丽中国建设才作为执政党的头号目标，被郑重地提了出来；也正因为如此，新型城镇化才成为本届政府的主要任务，一再作为国务院工作会议的重点被公布于众。

本来，中国的城镇化是中华民族前所未有的重整山河、开创美好生活方式的绝佳机遇，但是，与之相伴的，是不容忽视的危机和隐患：生态与环境的危机、文化身份与社会认同的危机。其根源在于对城镇化和城市规划设计的无知和错误的认识：决策者的无知，规划设计专业人员的无知，大众的无知。我们关于城市规划设计和城市的许多错误认识和错误规范，至今仍然在施展着淫威，继续在危害着我们的城市和城市的规划建设：我们太需要打破知识的禁锢，发起城市文明的启蒙了！

所谓"亡羊而补牢，未为迟也"，如果说，过去三十年中国作为一个有经验的农业老人，对工业化和城镇化尚懵懂幼稚，没能有效地听取国际智者的忠告和警告，也没能很好地吸取国际城镇规划建设的失败教训和成功经验；那么，三十年来自身的城镇化的结果，应该让我们懂得如何吸取全世界城市文明的智慧，来善待未来几十年的城市建设和城市文明发展的机会，毕竟中国尚有一半的人口还居住在乡村。这需要我们立足中国，放眼世界，用全人类的智慧，来寻求关于新型城镇化和生态文明的思路和对策。今天的中国比任何一个时代、任何一个国家都需要关于城市和城市的规划设计的启蒙教育；今天的中国比任何一个时代、任何一个国家都需要关于生态文明知识的普及。为此，我们策划了这套"城市与生态文明丛书"。丛书收集了国外知名学者及从业者对城市建设的审视、反思与建议。正可谓"以铜为鉴，可以正衣冠；以史为鉴，可以知兴替；以人为鉴，可以明得失"，丛书中有外国学者评论中国城市发展的"铜镜"，可借以正己之衣冠；有跨越历史长河的城市文明兴衰的复演过程，可借以知己之兴替；更有处于不同文化、地域背景下各国城市发展的"他城之鉴"，可借以明己之得失。丛书中涉及的古今城市有四十多个，跨越了欧洲、非洲、亚洲、大洋洲、北美洲和南美洲。

作为这套丛书的编者，我们希望为读者呈现跨尺度、跨学科、跨时空、跨理论与实践之界的思想盛宴：其中既有探讨某一特定城市空间类型的著作，展现其在健康社区构建过程中的作用，亦有全方位探究城市空间的著作，阐述从教育、娱乐到交通空间对城市形象塑造的意义；既有旅行笔记和随感，揭示人与其建造环境间的相互作用，亦有以基础设施建设的技术革新为主题的专著，揭示技术对城市环境改善的作用；既有关注历史特定时期城市变革的作品，探讨特定阶段社会文化与城市革新之间的关系，亦有纵观千年文明兴衰的作品，探讨环境与自然资产如何决定文明的生命跨度；既有关于城市规划思想的系统论述和批判性著作，亦有关于城市设计实践及理论研究丰富遗产的集大成者。

正如我们对中国传统的“精英文化”所应采取的批判态度一样，对于这套汇集了全球当代“精英思想”的城市与生态文明丛书，我们也不应该全盘接受，而应该根据当代社会的发展和中国独特的国情，进行鉴别和扬弃。当然，这种扬弃绝不应该是短视的实用主义的，而应该在全面把握世界城市及文明发展规律，深刻而系统地理解中国自己国情的基础上进行，而这本身要求我们对这套丛书的全面阅读和深刻理解，否则，所谓“中国国情”与“中国特色”，就会成为我们排斥普适价值观和城市发展普遍规律的傲慢的借口，在这方面，过去的我们已经有过太多的教训。

城市是我们共同的家园，城市的规划和设计决定着我们的生活方式；城市既是设计师的，也是城市建设决策者的，更是每个现在的或未来的居民的。我们希望借此丛书为设计行业的学者与从业者，同时也是为城市建设的决策者和广大民众，提供一个多视角、跨学科的思考平台，促进我国的城市规划设计与城市文明（特别是城市生态文明）的建设。

俞孔坚

北京大学建筑与景观设计学院教授

美国艺术与科学院院士

谨将此书
献给L、H和S

目　录

第一章　欲望塑造空间，空间塑造欲望

一架直升机飞过沙漠上空。这样的景象，一般会让人们想起突袭：海军陆战队、“沙漠风暴”行动、弗朗西斯·福特·科波拉、乐曲《女武神的骑行》、清晨汽油胶化弹的气味。不过这架直升机肩负着更加和平的使命：在它低鸣的旋桨下，装着满满一舱的记者，他们被送到这里，来欣赏穆罕默德·本·拉希德·阿勒马克图姆酋长殿下的杰作。

下方就是酋长的成果，在这座朱美拉棕榈岛上，人们请来荷兰的工程师，新开辟了110公里的海岸，上面有8000座豪宅和三十多家酒店。荷兰人有几个世纪积累起来的对抗大海的经验，而酋长请他们继续这一攻势，在世代为敌的大海中砌出了一个由树干和长叶构成的巨大象征物，一座可供人居住的岛屿。在修建之前它就已经名扬世界了。这里有林林总总的高楼：包括中东地区最高的购物中心，而一座新规划的大楼将在高度上超过它。这里有迪拜塔，它是世界上最高的建筑，而且还在不断加高。它的形状看着像是在滑进一层不锈钢外壳，如同蜕皮的蛇又钻回蜕掉的皮中。直升机上的记者们要被带去看港湾人楼的所在地，而这座大楼也像后来西方报纸如实报道的那样，要比迪拜塔更加宏伟。

然而从直升机上看不到的是排水系统的危机。迪拜的大楼把污水 1
排放到化粪池中，再运到阿尔阿威尔的污水处理厂，这些处理厂在通往沙漠和阿曼的路上。污水处理厂没能赶上城市的发展速度，一长串的大罐车需要在酷暑中排队几个小时，以卸下这些污水；其中有些司机是印度人，他们给车身涂上了花卉的图案。（我尽管没受到邀请，但还是坐上了这趟直升机，从而目睹了满载污水的车队。）

有些司机等得不耐烦，就干脆趁晚上把污水倒进雨水排放系统，这样就直接排进了海里。一家游艇俱乐部的老板发现他亮闪闪的白色船只沾上了棕色的、有气味的东西，影响了他的生意，就给这些夜间垃圾拍了照片，交给了媒体。主管部门做了回应，不过这治标不治本，他们仅仅对涉事司机进行了严厉的处罚。

上述的直升机旅行和排水系统危机都发生在2008年10月。天堂般的奇想与地狱般的现实的结合，揭示出了一个处在临界线上的城市。在这个月之前，记者和新潮的建筑师们早就排成了长队，加入源源不断的、令人惊讶却又真实的建造神话中。阿联酋总能定期发布这样的神话，虽然偶尔会被自由派媒体关于移民工人待遇的低声抱怨所打断。后来出现了一些同样刺激却不大受欢迎的新闻标题："建筑项目被放弃"；"唐纳德·特朗普撤资"；"失业的外国人把自己的法拉利扔在机场停车场，车钥匙留在点火器中，永远逃离了迪拜，因为他们无法继续偿还贷款"；"棕榈岛和筹建中的港湾大楼的开发商纳奇尔（Nakheel）公司裁掉了成百上千名员工"。

11月，在朱美拉棕榈岛的一角举行了亚特兰蒂斯酒店的开业庆典。
2 酒店造价15亿美元，装点着树干状的柱子和缠绕的枝形吊灯，拥有亦真亦幻的巨型水族馆和看得见鲨鱼的客房，却享受了少有的耻辱：被英国小报《太阳报》称作没品位。庆典极尽奢华：花巨资请凯莉·米洛（Kylie Minogue）献唱，邀请名流，它的烟花表演达到了北京奥运会时燃放烟花规模的八倍。这次活动花费1300万英镑，到场的客人有2000人，每人平均花费6500英镑。此时迪拜的证券交易所已经从最高峰水平下跌了70%。这次庆典给记者们留下了难以磨灭的狂妄印象，记者们也没有错失这次机会。这是一次帝国末日式的聚会，倒下前的最后一次奢靡，正如罗马人在兵临城下时的尽情狂欢。紧接着更多的流言四起，说棕榈岛连同亚特兰蒂斯度假酒店正在下沉，应了古代那座同名的城市的命运。那些在迪拜炫目的增长面前（这些大楼是为谁而建，又是为什么目的呢？）止步的流言又回来了。

迪拜一直靠虚拟的钱的流动来生存，而它也一直致力于通过建造将虚拟变为实体。在这里，建造是一则传说，是身份的源泉，是它本身的目的。

迪拜酋长国的现代增长驱动力是，它拥有的石油资源不如邻国多，所以必须将未来的经济建立在其他行业上，包括金融服务和旅游业。它要成为阿拉伯的新加坡，一个依靠智慧和位于大国间交通要道上的有利地理位置而生存的贸易型城市国家。它的资产就是相对稳定的形势和安静的环境，在伊斯兰和西方世界之间平衡自己的能力，以及迎合商业需求的意愿。它的冬季阳光温和宜人，时区对北欧国家的旅游者来说也很方便。不会被抢劫，没有危险的传染病，再加上免税的高质量购物，它可以成为受欢迎的度假目的地。 3

但是这样的资产是脆弱的，也不是独一无二的。别的城市也能做差不多同样的事。所以迪拜需要把无形资产转化为有形资产。它需要创造一个品牌、一种形象，使大家相信它是卓越的。品牌的创造要通过建造来实现，穆罕默德酋长很高兴这么做：像其他统治者一样——从拉美西斯二世，到哈萨克斯坦总统纳努尔苏丹·扎尔巴耶夫——他喜欢建造东西。

穆罕默德作为四兄弟中的第三个，也需要稳固其地位。在这个地区，不到一百年前，如果统治者的几个妻子留下多个子嗣，兄弟残杀就成了解决问题的惯用方法。在这个更文明的时代，穆罕默德用个性的魅力稳固了他的地位。1995年他成为迪拜王储和实际领导者，2006年，在他的长兄去世后，他成为正式统治者，而他长兄的儿子也已经去世。他通过多种方式树立了自己的权威。他毕业于英国奥尔德肖特的蒙斯预备军官学校，从二十八岁起就担任阿拉伯联合酋长国的国防部长，在军事上早负声望。20世纪70年代迪拜曾是劫机者常选的中转站。穆罕默德与劫机者谈判，设法延迟其行动，化解其威胁，让他们或者飞往利比亚并在那里获释，或者飞往摩加迪沙，在那里被德国的突击队击落。

他和他的兄弟们一样热衷于饲养和培育赛马，而且技压群雄，成为最成功的一个。在一百二十多公里的耐力赛中，他是一个杰出的骑手。他是用阿拉伯纳巴蒂方言写诗的诗人。据他的个人网站所说，他是“被

亚特兰蒂斯酒店，迪拜，2008。由WATG公司设计，外墙和内部

供图：柯兹纳国际集团、WATG和迪拜棕榈岛亚特兰蒂斯酒店

广泛认可的最好的纳巴蒂诗歌代表人物之一……诗歌使穆罕默德酋长得以表达他性格中创造性和敏感的一面，在政治中，他几乎没有机会展现这些特点”。他写过： 5

> 坚强站立，为权利而战的人，
> 胜利属于他。

在《爱人之路》中，在讲完“眼睛如同黑眼圈的隼”后，接着是：

> 战斗不息的隼啊！
> 你的猎物，无论如何反击，总会被杀死。

他最初发表诗作时用的是假名，“他想知道人们是不是真的觉得他的诗很好”。现在他的诗常被公开吟诵，包括在世界最昂贵的比赛——迪拜赛马世界杯上。

除了军事、骑术和诗歌才能外，他还是一个商人和建筑师。1997年开业的那座外形像波浪，有600个房间的朱美拉酒店就是他设计建造的，还有1999年开业的那座阿拉伯塔酒店。马克图姆家族兄弟姐妹之间的竞争，曾在纽马克特（Newmarket）和埃普瑟姆（Epsom）的绿色草地上，展现于他们的骑师身上栗色、蓝色和黄色的服装；而这种竞争现在又推动了这节节攀升的奇观。这场新竞赛的旗帜是设计师的三色组合：蓝天，白色的高楼，以及销售图表上的绿色风景。穆罕默德赢了，他又找来了些对手：别的城市、酋长国以及世界各地的国家。

于是迪拜出现了那些建筑神话，它们总是很及时，广为流传，人人皆知。东方的传说曾经是踏上阿拉伯半岛的探险家们不遗余力地采集的对象，像理查德·伯顿、弗雷娜·斯塔克、格特鲁德·贝尔、威弗瑞·塞西格，他们学习阿拉伯语，遵从当地的风俗，换上当地的服装，经历了艰难险阻，终于获得当地部族的信任。而现代迪拜则向旅游者们提供准备齐整的传说故事，有PDF格式的，还有YouTube上可以观看的。七星级

6 酒店，棕榈岛，大棕榈岛，更大的棕榈岛，世界地图般的群岛，沙漠中的滑雪场，亚特兰蒂斯酒店，世界第一高楼，更高的楼，更高的、不知有多高的楼，用一个宣传片中的话来说，这些东西瞬间让“迪拜为世界所知”。实际上完成这些工程倒是第二位的。听说过这些奇迹的数十亿人中，大部分都不清楚哪些已经建成了。不断变化的迪拜地图展示的是预想的地标、在建的楼盘和完成的工程，它们之间看不出有什么区别。

这是传说、建筑和媒体报道的结合。每项工程都与它所宣称的样子相符，外形看上去也名副其实。棕榈岛就是像棕榈一样的一座岛。每项工程都经过了“电梯测试”：你可以在从78层到85层的快速电梯里，向一个无知得出奇的“瑞普 · 凡 · 温克尔”解释它们是什么。再引用宣传片里的一句话：迪拜能“抓住你的想象力，使它久久不愿离去”。

迪拜的形象工程是在阿拉伯塔酒店建成时为世人所知的。这家酒店外形像白色的船帆，是当时世界上最高的酒店。它的脚下原本是大海。酒店被评为七星级，通往它的餐厅需要经过一段模拟的潜水艇旅程。他们还曾邀请阿加西和费德勒在酒店的停机坪上打网球。阿拉伯塔酒店是令人惊叹的，它就像一座自由女神像，面向的不是芸芸众生，而是一群更有身价的人。当地的车牌上会出现这座雕像，这座城市的礼品店里也有着成千上万的复制品。

接下来是朱美拉棕榈岛，一座从太空都能看见的人工岛。阿拉伯塔酒店只是大家早已熟悉的用于炫耀的奢华酒店的最高版本而已。从悉尼歌剧院开始，作为海岸的地标，帆船的主题早已被用过了头。催生阿拉伯塔的时代精神，也同样造出了朴次茅斯的大三角帆塔。两者差不多是同一时期的，后者似乎少了些惊心动魄。棕榈岛就不同了，它是货真
7 价实的原创，是简洁无比的概念、庞大宏伟的工程、大胆的房产投机和强烈的视觉冲击的结合。

朱美拉棕榈岛于2001年开始动工，到2008年已建成了大部分。为建造这座岛屿还专门成立了一家名为“纳奇尔”（Nakheel，意思是“棕榈”）的公司（口号是“愿景激发人类精神”）。阿拉伯塔酒店是在建成后才吸引了人们的目光，而棕榈岛在开建之前就已经名满天下。这其中

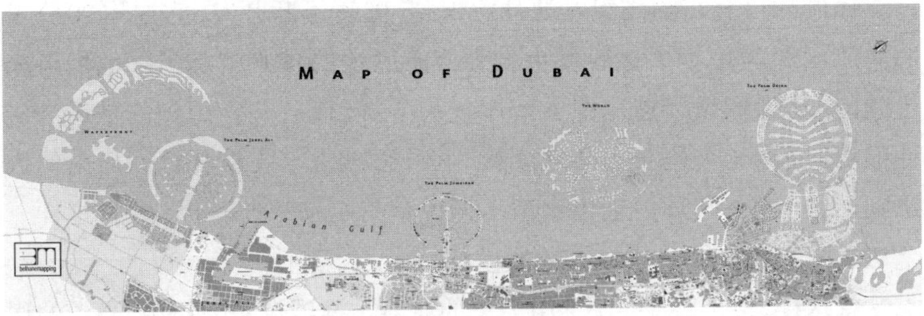

上图：迪拜地图，显示已建的和未建的项目。版权：贝尔海因制图公司

下图：朱美拉棕榈岛。版权：大卫·皮尔森/阿拉米图片社

少不了计算机模拟图像的功劳。对整个世界来说，它好像早已经在那儿了，尽管在它最终揭开面纱时，还是有一波对于“它们能成还是不能成”的担忧。

棕榈岛自有它的逻辑。迪拜意识到，随着不断开发，它原本70公里的海滩已经满足不了这座城市作为旅游胜地的雄心壮志了。他们请来了顾问，让他们设计造出更多海岸线的方案，而这些人想到的是造一座环形岛，通过一个码头与陆地连接，其外形就像一支棒棒糖。后来他们想到，还可以在圆环内划出水湾。据说是穆罕默德酋长提议，将这样一个切割成片的地块建成棕榈树的模样。

就这样，又出现了一片110公里的海滩。据纳奇尔公司称，岛上的住宅在上市后48小时内全部售出，价格也从50万美元涨到了800万美元。棕榈岛还激发了模仿潮：卡塔尔开始修建一座“珍珠岛”，还有人提出在俄罗斯的波罗的海沿岸建一座状如凤凰的群岛，在黎巴嫩建一座雪杉岛，据传还要在多伦多海岸建一座枫叶岛。这座人造拟形岛成了全世界城市化工具的范本之一。

棕榈岛的基本要素在于大胆、视觉冲击和实际效果。灵巧的图案，宏大的工程——一个看似古怪的念头承载了如此的重量。同时它违背了自
9 然规律，就像在沙漠里人工修建雪域以打造滑雪场的想法那样。这种惊世骇俗正是其威力所在，也是其魅力所在。最后还有一个聪明的理念：采用沙和海水这两样在迪拜取之不尽、一文不值的东西，将它们变成价值连城的海滩。它实现了一个公式：(沙+海水)×施工×营销=价值。

朱美拉棕榈岛之后是世界岛，这座群岛还在建设中，其小岛将会出售给个人，价格在400万到1400万美元之间。更大的杰贝勒阿里棕榈岛已经完成了土地改造，还有尚未完工的德以拉棕榈岛，预期居民将有100万。在完成了水中建陆后，它还要引水上岸，修建一条75公里长的“阿拉伯运河”。纳奇尔公司已经开始筹划“滨水区”工程，计划用二十年的时间打造“世界最可持续城市”，其面积要超过曼哈顿、贝鲁特和香港岛。

棕榈岛、世界岛和迪拜塔带来了合乎预想的轰动，向世界宣传了

迪拜的雄心壮志。它们的浮华与魅力被转化成了高价值，从而为这些奢侈的工程买单。在这些传说中的工程之外，还有许多其他的工程，它们的广告铺天盖地，从机场到报纸杂志，宽阔的主干道扎耶德酋长路两侧排满了广告牌。“Index，最具地标性的居住空间。”“爱情故事，Al Barari住宅，钟情一生。”“Stallion地产，生而领袖，生而卓越。”“Salvatore Ferragamo空中别墅，尊贵人士的定制别墅。”“Kensington Krystal，奢华公司的标尺。”“Limitless，将人性融入城市版图。”印着快艇、女人和令人向往的一切的广告有几层楼高，从一座建筑延伸到另一座。

房地产广告比任何广告都显眼，超过了Calvin Klein和可口可乐。它们使建筑工程连贯成故事，而佐证就是无所不在的起重机、尘烟、工程车、围篱和一队队的蓝衣移民建筑工人。它的重点部分在于（这也是迪 10
拜具有的“哦上帝，真不敢相信”的力量的部分之所在）：不可能的事物确确实实建成了。它就像都市电视真人秀。高高耸立于最上方的，是细长螺旋状的迪拜塔，它是一切理想的担保。

迪拜神话的一个重要方面就是它的惊世骇俗，以及克服障碍的力量。它寻找良机展示了这一力量：填海造陆，引水为渠，打造沙漠雪场；以及对历史、规范、礼节和品位的颠覆。迪拜塔实质上属于美国企业现代主义（American corporate modernism）作品，却坐落在“老城”酒店（Old Town）旁，这家酒店是历史上一座著名的阿拉伯城市的全新翻版，尽管它从未真正出现在迪拜。酒店的外表被刷成了传统的土砖建造式样。在西方，如此的毗邻曾一度被认为是不妥的、好笑的，或者庸俗的。在迪拜，开发商们觉得可以这么做。

扎耶德酋长路上的一排排高楼，劫掠了历史、文化和自然。有一座模仿了18世纪法国建筑师勒杜，不过经过了20世纪80年代的后现代主义的过滤。另一座是一千多英尺高的威尼斯式钟楼。有一对模仿克莱斯勒大厦的双子楼，那座大厦是那么出众，以至于人们仿照它修了两幢。有一座像巨型珍珠，还有一座据说是受了郁金香的启发。镜片玻璃的使用潜力得到了最大限度的发掘，绿色、粉红、金色、孔雀蓝，让人眼花缭乱。墙上布满了零零碎碎、形状各异的东西，以及阳台，不管它们是不是用得上；迪拜有成千上万的阳台根本无人使用。源于伊朗的、通风降温用的传统式招风塔，建在了装有空调的办公楼和住宅区。除去其最初的使用价值后，这些东西集中呈现了迪拜城在外观上的胜利。

在迪拜，建筑形式起着像媒体报道和广告词一样的功能。未来主义的，传统的，雕塑般的，花形的，威尼斯式的，克莱斯勒大厦状的，这些词
11 与下列词汇是相似的：奢华的，著名的，传奇的，至上的，梦幻的，水滨的。它们都体现于一方空间。它们是什么意思并不重要，它们是高调的，并且还引用了权威的说法。它们给房地产带来了某种意义，要不然这个行业会担心自己毫无意义。

棕榈岛、世界岛、迪拜塔激起了情感的共鸣，这或多或少是随机的，就像大海、海滩、太阳那样。大海对迪拜十分重要，因为它是作为旅游目的地为人们所期待的，也因为它是帆船酒店和人工岛存在的理由。但是海湾地区的水域风平浪静、波澜不兴，海滩狭窄而毫无特色，要体验这座城市，这两项算不上必备之选，更不用说对游客而言了；相比之下，酒店的游泳池会显得更诱人，即使是在没有污水泄漏事故的时候。人们更多地是将迪拜的海作为代表它自身的符号在体验，而不是直接地从实体意义上去感受它。

迪拜将自己的神话投射在了眼前，创造了一个未来的自己，希望它能够变为现实。这也许是快速增长的城市所必需的条件。它必须想象未来的样子，并且据此出售自己。“美好变成新的现实”，营销广告这么说道。建筑代表了它们所蕴含的目的——既然建了办公楼、住宅楼和酒店，自然不难相信会有商户和业主。

按照酋长自己的说法，中心思想就是先开工，后规划。如果发展带来交通堵塞和污水危机，那么可以修新路，建新的污水处理厂。如果有人批评迪拜在环境方面缺乏节制，车辆放任自流，移民工人待遇差，那么可以开发可持续性更高的项目、更适宜行人的道路和工人示范住宅。“人性”和“可持续性”成为新的流行词，与“至上的”“水滨的”一道出现在
14 营销广告中。

随后这一切突然终止了。正如作家迈克·戴维斯在2007年所预言

哈利法塔，迪拜，2010年开放，由阿德里安·史密斯和SOM事务所设计。版权：罗恩·穆尔

上图:“老城”酒店和哈利法塔,迪拜。版权:罗恩·穆尔

下图:迪拜的天际线。版权:罗恩·穆尔

的：“末日可能很快到来，而且会很麻烦。”参与者和评论家都开始意识到，迪拜已建成的和在建的工程已经超出了在可预见的未来所需要的水平，房地产公司的资金建立在它们摇摇欲坠的贷款之上，而贷款所依据的是它们对自己的投资的错误估价。

2008年的一段时间里，在被问及最新的一批摩天大楼能不能变成现实时，迪拜政府的公共事务官员总会给出标准答案：酋长殿下（他们一直这么称呼穆罕默德酋长）富可敌国，他能担保一切。但是后来酋长求助于他的远亲哈利法·本·扎耶德·阿勒纳哈扬，这位石油资产更丰厚、更谨慎的阿布扎比酋长国的统治者。家族财产和迪拜的港口贸易将被抵押。阿布扎比早已对邻居的小兄弟式的盲目自大不胜其烦，于是这次它成了决策者。2010年迪拜塔最终开放之时，为了纪念这位阿布扎比酋长，这座楼的名字被改成了哈利法塔。

随着狂热的建设浪潮的消歇，此前被压抑的质疑浮出了水面。形象至上被证明是有代价的。棕榈岛虽然在谷歌地图上看着十分壮观，但在地面上就显得普通多了。你看到的只有高墙和密集的住宅，而它们挡住了海景。在“棕榈叶尖”上的房子的主人发现，他们不怎么能看到大海，因为那里不过是一处位于郊区、被海水环绕的死胡同。

那么提出这样一个问题就不足为怪了：到底是什么使迪拜如此不凡呢？除了它的有瑕疵的基础设施，以及一年中为期数月的毒辣太阳，还有这样一个事实：它的庞大的工程和狂热的激情不是平凡生活所能匹配的。实际上迪拜的基本要素也就是现代美国城市的要素：购物中心、高楼大厦、高速公路、主题公园、郊区，它的许多建筑空间属于典型的这几种建筑类型，比如酒店和办公楼的门厅，购物中心的内部，或者汽车的内 15
部（the insides of cars）。在美国，这些空间通常有空调，有控制装置，大众化，干净，气氛舒缓，恰到好处地光滑。它们几乎没有迪拜的建造中的那种喧闹和大胆。迪拜的很多建筑是乏味的、高度利用的空间，由错综复杂甚是混乱的基础设施连接在一起。很多外来经商的人会在周末驾驶他们的四驱越野车到沙漠里闲逛，为的是缓解这个号称充满激情的城市里的乏味生活。

如果就此将迪拜弃置一边，并宣称穆罕默德酋长的伟大的城市冒险结束了，那就有些鲁莽了。城市的发展总有跌宕起伏。为人称道的“纽约天际线”，大部分产生于20世纪20年代的资本狂潮（与迪拜近期的繁荣不无相似之处）。此后，纽约又经历了华尔街的崩溃。现代中国城市在经历了20世纪90年代后期亚洲金融危机造成的停顿后，又重新恢复了快速增长。况且在迪拜，因其缺席而格外引人注目的基础设施也正在出现，比如最早的两条地铁线。

但是显然，迪拜繁荣中的这些建筑项目失去了可被称为“理智”的东西。迪拜的评论家们沉醉于它的建设速度和观念的惊世骇俗。建造本身给了这座城市一种权威感和目的性，并因此掩盖了如此大兴土木可能带来的问题。

这些貌似坚固的建筑，为幻想、投机和未来的层层转销提供了空间。如果没有建造活动本身那令人激动、使人信服、展示其内涵的力量，如此的金融冒险就不会发生。迪拜给建筑注入的是幻想的力量，是虚幻与梦想之间那种似是而非的暧昧，是重量、力度和精密计算，还有建筑的现象与实质。

16 通过炫目的色彩、3D图像、大屏幕、电脑动画，迪拜表达了一个简单的理念：建筑并不是纯理性的东西，也不仅仅是实用之物，它为人类的情感和欲望所塑造，同时也塑造着人类的情感和欲望。它产生于酋长的野心——对权力、对荣耀、对杰出成就的野心，并且吸引了众人的欲望——对金钱、对激情、对光彩照人的欲望。当其形体呈现在人们眼前时，它们会激发更多的情感，比如敬畏、震惊、竞争和幻想。如此一来，人们又会想造出更多的建筑。

建筑始于其缔造者的欲望，不论是为了安全、庄严、庇护还是归属感。建成后，它会影响其体验者和使用者的情感，而他们的欲望继续塑造并改变着它。欲望和情感是两个相互交叉的概念。如果说“欲望”是主动的，指向真实和想象的两端，而“情感”具有更大的被动性，表现了我们被感动的方式，那么建筑则是与这两者都有关联。建筑物是人们的愿望和意图之间相互交流的媒介，是过去和现在之间的媒介。它们借由

在建的迪拜地铁,2008。版权:罗恩·穆尔

思想和行动而产生，并将思想和行动留驻其中。它们是思想与行动之间的矿物质间隔。

大多数人明白，建筑并不只是为实用目的，其中有一种无形的东西，与情感相关。很多城镇或城市都有没什么特别用途的塔或者石碑，或者面积超过严格需求标准的公共建筑和私人房舍。还有些设计大胆的悬臂、大跨度结构，这些并不简洁高效。城市里有装饰性的建筑和雕塑，有推倒重建的建筑，有未能按原定目的使用的建筑，还有久经风霜而被保护下来的建筑。一座房子里可能会有绘画、纪念品、花瓶、古董、灯罩，它
18 们恐怕不只是按照有用性设置的。这座房子也可能是有百年历史的老屋，它的取暖系统、通风系统和排湿系统早已过时，而它的主人却出价不菲。如果说迪拜看上去有悖常理，它不过是人们搭造、扩建、翻修和装饰自家房屋时的那些想法的极端体现，这些想法很少由纯粹的功用性来指导。迪拜之所以吸引人们的关注，正是因为它体现了我们所熟知的冲动，只不过这种冲动有些不受控制罢了。

但是，说建筑中蕴含情感，这仅仅是个开头。情感以什么样的方式呈现，又是什么神奇魔力，使冰冷的建筑材料能够吸收和释放感情？发生过怎样的大变革？谁的感受更加重要：客户、建筑师、建筑工人、使用者、委托建造的政府或公司，还是随意经过的路人？出现过什么复杂情况、迂回曲折以及预料之外的结果？又有什么样的神迹和闹剧？

建筑工程通常会由一些可测量的数据来评价，比如财务和使用情况。我们在提到无形的东西时，常常会使用比较模糊的字眼，比如“振奋人心的”，或者“美丽的”，但这类光鲜的词汇却留下太多的未尽之意，比如，对谁来说是“美丽的”，如何美丽了？对此，我们会依赖个人品位，或者依赖我们采用的美或丑的审美标准，而我们也不知道它们是从哪里来的，其依据又是什么。

在商业和公共建筑中，这些无形的东西通常会用“标志性的”“壮观”来形容，这将它裹上一层平淡和乏味，使人们不再去接着探索。这类词汇把建筑让人困惑、难以把握、无以名状的一面变成了可以营销的东西：“标志性的”可以卖掉一块地皮或一个企业，使它成为另一种使用

形式。

尽管情感在建筑中是无形的，它又是具体而微的。特定的欲望和感情是建造的动力，并且影响着对建筑的体验。它们以特定的形式表现出来。希望、性、对权力或金钱的追求、家的观念、对人生苦短的感悟—— 19
这些是清晰明确的，在建筑中有着明白无误的表现。

本书探讨的，正是这些鲜活的人的关注是如何与无生命的建筑材料产生共鸣的。它会挑战人们关于建筑的惯常的想象，特别是那种认为“建筑工人撤走了，这座建筑就算定型了、完整了”的想法。事实上，建筑不是一成不变的：不是它们的结构发生改变（常有这种情况），就是它们会面对不同的解读和价值的颠倒。这种不稳定性可能让人困扰，但它也正是建筑的迷人之处。

如果建筑是人类冲动的1∶1的转换，那么我的研究将会是简短和让人生厌的：比如，如果它们是形象化了的单词：斜屋顶=家，高高耸立的=希望，大块头=权力，类似阴茎的=性。当欲望与建筑空间改变彼此时，当有生命之物与无生命之物相互作用时，一切都会变得有趣。似是而非的情况出现了，原本确凿无疑的东西看上去不再那么肯定。建筑在表现变幻莫测的情感时虽然强大，但也很笨拙，它们常常会制造出与原本的意图不同甚至相反的结果。

看到建筑中的情感和欲望，并不是忽视“大部分建筑都有实用的目的”这一简单事实。但是，实用的目的很少是毫无牵挂的，或者只是不带感情的计算。建屋而居不是些小动作，人们很难漠然处之。相反，功能的推敲，对预算决策、耐久性、舒适度、灵活度、用途等各方面的考量，是建筑的表现性特征之一。

我们应该来给出一些定义。“建筑”不应仅仅被看作建筑物的设计，更应被看作空间的塑造：它包括景观设计、室内设计、场景布置，而一座建筑物很少被认为是自身独立的，它更多地是与其周围以及里外所有事 20
物一起，作为塑造空间的工具。“建筑”还可以包括虚幻的和电影中的场所，有时候它们同那些触手可及的场景一样，真实可见。

“建造”这个词还有它惯常的用法，比如承包商和工人的工作，以及客户、工程师、咨询顾问的工作，这些造就了那个实实在在的建筑物。不过这个词还有比喻义，用来描述那些使用和体验建筑物的人（差不多也就是我们每个人）如何在现实中以及通过想象居住于我们身处的空间，以及如何塑造它。

本书不是一本操作手册，它不会告诉你怎样装饰家居环境，也不会教建筑专业的学生如何开始工作。它更不会告诉城市规划者们如何做出正确的决定。如果它会产生什么影响的话，我担心会出现所谓的“情感”建筑，开发商会滔滔不绝地说起“感情”之类的胡话。本书将描述灾难性的事件，以及成功的例子，还有那些处于这两者之间的工程；它还将讲述那些开局良好而结尾惨淡的项目，或者开局惨淡而结尾良好的例子。不过我的目的不是给出一张划分优劣的分数表，而是看清人类的冲动是如何以多种方式呈现在建筑中的。本书不是要指导、规定或者说教。它是要展现、探究和揭示。

当然，我乐意想象这本书产生一些有用的影响。建筑以及开发中的失败常常源于情感上的选择遮蔽了实用性的考虑。如果我能使这类情况更容易辨别，也许可以减轻一两个这种灾难性的严重后果。

本书中的一个代表人物就是丽娜·博·巴尔迪。她是巴西裔，生于意大利。在20世纪的很长一段时间里，她作为建筑师的才能一直被低估了。她来到迪拜是因为，如同这座城市的推销者一样，她也谈欲望。不
21 同的是，这个词对她来说不代表印着快艇的巨幅广告或者帆船酒店。她喜欢大胆的举动，但是她明白在迪拜难以找到它：她知道建筑物不是孤立的，而是与周围的人和物互动的，它们必须面对机会、时间和生活。她知道什么时候该大肆渲染，什么时候该适时收手，为别人创造舞台。

在描述迪拜时，人们会认同这样一个观点：建筑中隐含的欲望等同于建筑物漫无边际的外形——它们可能会大得离谱，或者十分怪异，并且被神话成“标志性的”。在某种程度上，情况的确如此。想想这整座城市越来越不规则的形状，人们会感到活力四射。不管是作为居民还是作为游客，你都可以分享这份兴奋，或者感到自豪。如果你是一名建筑

师（像建筑师通常那样，容易担心自己微不足道），你可能会为自己的职业能助力这样的壮举而感到激动万分。

但问题是，我们到底是在见证谁的欲望呢？无论那些大而另类的东西会给人们什么样的惊喜，总归是设计并建造它们的开发商和建筑师首先领略了它们。其他人都是旁观者，都是不明所以的看客。奢华的空中轮廓线，与大部分人平淡地度过大部分时间的地方遥遥相对。他们的生活，与头顶上那凝固的电脑游戏少有交集。而购物中心和前庭的设计，是要你把自己的记忆都留在门外。身份、欲望、刺激，成了你一定要买的东西，如同服饰、精致而丰富的餐厅菜肴、雪道滑行以及攀登哈利法塔。你能做的，就是当一个慷慨的消费者。

你会目不暇接，但身体却并非如此。大多数情况下，人们并不欢迎你在这些建筑里走动，除非是乘坐电梯或自动扶梯。周围的气候很是尴尬，因为吹不到空调。气味也是一样，不过可以通过购买香水来解决。当你从外面的高温和尘土中走进来，你会轻易被这种机器的湿冷所围 22
绕，不过我们早已对这种转换习以为常。它告诉我们，这里的空气和温度是花钱买来的，我们要遵守那些花钱的人的条款和条件。正如建筑师雷姆·库哈斯所说，有空调的地方是有条件的地方。

怪异的空中轮廓线成了空调系统的共谋。这些展露着天才灵感的形体，寓意着狂喜和狂热，它们转移了人们的注意力。没有它们，其余一切的乏味便会一目了然。外在的建筑形式，与内部装了开关的过滤空气，是沆瀣一气的。

与众不同的是，丽娜·博·巴尔迪将四种“微小元素”（subtle substance）放在她的作品的中心位置，它们是空气、光线、大自然和艺术。她对人们穿越空间的行为感兴趣，也热衷于人与人之间的互动以及人与大自然的互动、人们的欲望和记忆。外在的印象、形状、外观以及建筑硬材料，可以放在次要位置。她的作品看上去与众不同，但它们的终极目的不是惊世骇俗。它们提供新体验，或者加固现有的感受，或者发掘、重获失去的激情。她说：“只有当人们进入一个建筑中，拾级而上，以一种形成已久的‘人类探险’形式占据这个空间时，建筑才真正存在。”

从照片可以看出，她有着探寻的目光，五官棱角分明，瘦削的脸随着岁月增长而渐渐丰满。出于需要，也是出于自愿，她一直过着变动不居的生活。她说："我从未想过永葆青春。我真正想要的是拥有历史。我二十五岁时就想写回忆录，但那时我没有材料。"1992年去世时，她已经有了很多材料。她从不满足于设计建筑，当然有时候是因为没有机会，她写作、画插图、创作油画、制作戏剧场景、办展览、做家具，以及鼓动和酝酿政治辩论。

她生于1914年的罗马，本名叫阿奇丽娜·博。她曾经为建筑师吉
23 奥·庞蒂工作，后来在米兰开创了自己的事业，不过一直都不成功，直到1943年工作场所被炸毁。她加入了地下共产党，帮助意大利抵抗运动；作为杂志《多莫斯》(*Domus*)的编辑，她写过一篇关于城市主义的评论，并吸引了盖世太保的注意。战争结束后，她在意大利四处游历，用编年体记载了战争造成的破坏。

她说道："在那本应充满阳光、蓝天和幸福的岁月里，我在地下度过，四处奔波，逃避炸弹和机关枪。"但是"我觉得世界是可以被拯救的，可以变得更好，这是唯一值得活下去的理由，也是得以生存的起点"。

1946年她嫁给了彼得·玛里亚·巴尔迪，他是艺术评论人、交易商，并自称是冒险家。"从我在罗马艺术学院的少女时代起，我就开始仰慕他了。"他们一起远航到了巴西。同一年他遇到了巴西媒体大亨、投机者阿西斯·夏多布里昂，后者让他帮忙为他在圣保罗的新博物馆建些东西。

与欧洲相比，巴西"像一座灯塔一样，照耀着一片死寂的世界……它是非同凡响的"。它有着"一个不可想象的国度的流光溢彩，没有中产阶级，只有两大贵族集团：其一是土地、咖啡、甘蔗园主，另一个是人民"。这个国家定义着自己的现代化，它躲过了最残酷的战争，并且繁荣了起来。它有着新兴国家的各种自由，这表现在卢西亚·哥斯达、奥斯卡·尼迈耶等人的现代建筑中，最终造就新首都巴西利亚那些辉煌夺目的不朽作品。它还具有一个古老国家所有的传奇和风俗，它们是多样的，不同的，每一个地方和每一个种族都很独特。它的动植物资源十分丰富，并且颇具特色。丽娜·博·巴尔迪喜欢这个地方。她说："我们出

生时无法选择。我并非出生在这里，我是选择居住在这个国家的。这就是为什么巴西是我的第二故乡。它是我的‘选定之乡’，在它所有的城 24
市和乡镇中，我都觉得自己就是本地人。”它给她机会和灵感，不过它政治上的波动、军事独裁以及缓慢的回归民主的过程，也使她在较长的几段时间里不受器重，赋闲在家。

她为自己和丈夫设计了一座房子，叫作“玻璃屋”。这既是他们的住处，也是一个社交中心，一个“开放式房屋”，他们的客人包括导演罗伯托·罗西里尼，艺术家亚历山大·考尔德，音乐家约翰·凯奇。房子位于莫伦比花园，那是圣保罗角上的一个茶园。那里是个自然保护区，她对里面的生物如数家珍：“有豹猫、犰狳、小型鹿、天竺鼠、负鼠、树懒……它也是个鸟类天堂，白天人们可以看见松鼠杜鹃、条纹杜鹃、赤嘴鸫、石鸫、滑嘴犀鹃、大食蝇霸鹟、共鸟（tinamou）、白额棕翅鸠、红腿叫鹤，晚上有长尾夜鹰、赤褐色小猫头鹰和其他夜间鸟类。还能听到各种青蛙和蟾蜍的叫声。有一些蛇非常漂亮，还有很多蝉。”

房子的前面部分是个玻璃墙的方屋子，建在底层的支柱上，像是给小山戴上了王冠。它没有过多的细节，但抬高的地板下面空间惊人。屋子中央是个四方天井，它将阳光引了下来，也使得一棵树在中央向上生长。天井边上，一段楼梯自下而上，先是在四分之一处有个看风景的平台，接着盘旋而上，经过一幅乔治·迪·基里科制作的马赛克画，把你带到居室中。在这里，结构同样简单，空间也很充足，在细框的玻璃围幕外，小山和树林构成了房屋的外墙。

这个房间里陈列了巴尔迪夫妇的收藏品：画作，包括一些镀金框的
宗教油画，一些没加框的抽象派作品；家具，有些是钢管的，有些是丽娜 25
设计的，有些是旧木料的，它们厚重，镀了金，颜色暗淡，看上去比这幢建筑还要凝重。还有雕刻品和一些奇奇怪怪的东西，有人工的，也有天然的。还有植物，花纹挂毯，书籍，一尊黛安娜的古典雕塑（超过真人大小），一个金球。丽娜的一个学生曾描述道：

> 一个雷米特杯形状的不值钱的玻璃瓶，挨着一个巴洛克风格

“玻璃屋”，圣保罗，丽娜·博·巴尔迪设计，1951

版权：丽娜·博与P.M.巴尔迪工作室，圣保罗，巴西；罗恩·穆尔

> 的天使；一个乡下小长凳和一个勒·柯布西耶设计的躺椅，一个小孩子的生日礼物：一辆小塑料汽车，躺在埃内斯托·德菲奥里（Ernesto de Fiori）的雕塑的脚下，等等。

整幅的乳白色化纤窗帘，使窗外的景色可以打开或者关上。地板是马赛克镶嵌的，是泳池的蓝和蒂耶波洛的天空的色彩。

房子深处还有另外一些房间：有厨房、卧室，以及仆人间——她的“共产主义”并不排斥这个。这部分不再是玻璃的，也没有被抬高，而几乎是传统式的，有实墙，有挂着绿色百叶窗的窗户，还有一个隐蔽的庭院。在丽娜和彼得的卧室里，简洁的金属床上方是一幅文艺复兴时期的《圣母与圣子》。还有一些行李箱，上面挂满了目的地的标签，正是这些行李箱将他们的家当运过了大西洋。行李箱还保持着在旅途中的样子。整座建筑将两座房子连接到了一起：后院是坚固的、传统的、属于夜晚的；前院是轻灵的、现代的、属于白昼的。

这座房子与20世纪最著名的一些建筑形成了共鸣。那座玻璃房子像路德维希·密斯·凡·德罗的范斯沃斯住宅，它是位于伊利诺伊州普莱诺的一处僻静住所，如水晶般完美。它同博·巴尔迪家的房子一样，也是完工于1950年。建在柱子上的勒·柯布西耶风格的萨伏伊别墅，是在巴黎郊外，于1929年建成。房子中间有棵树的造型，是借用了弗兰
28 克·劳埃德·赖特作品偶尔会有的主题。

但它又是独特的。与众不同的是，它不是一件自给自足的艺术品。在范斯沃斯住宅中，每一个细节都是昂贵的、完美的，它们使居住其中显得非正常化，甚至成为问题。萨伏伊别墅也是一件艺术品，在其中每行动一步，每一处风景都是建筑、家具、人和景物的精心组合。在弗兰克·劳埃德·赖特的作品中，从一把椅子到门把手，他的艺术个性是无处不在的。赖特的才能毋庸置疑，他是美国最受尊敬的建筑师。但无论如何，如果每一个平面上，都挥之不去地闪耀着他那细微的天才的话，那将是件多么容易让人压抑的事。不管是范斯沃斯住宅，还是萨伏伊别墅，以及赖特的好多房子，它们都需要客户做出牺牲，项目最后不是预算

失控，就是惹上官司，让那些花钱的人有了痛苦的醒悟。

博·巴尔迪的房子的重点在于，它的形式和结构不是自成一体的。尽管看上去比较引人注目，但房子的主要目的不是让人去观赏它。她说："我们既不追求装饰效果，也不追求组合效果。"密斯绝不允许"前玻璃、后实体"这样的不协调的存在，任何把艺术品的统一视为最高准则的建筑师都不会容忍这样。而"玻璃屋"是允许其他事件和体验发生的工具。玻璃墙的用途是在两种生命形式之间建立联系：外界的动植物和里面的人、艺术品和各种物体。墙外的苍翠和墙里的内容都是需要日积月累的，这座简朴的房子如今被大自然郁郁葱葱的绿树所包围，里面是人声鼎沸。早年的黑白照片上，它明亮地矗立在风景前，而如今它已经被绿色所淹没。像一个渐渐老去的人，它改变了模样，却又依然如故。

时间的流逝不会使一座建筑变得尴尬，虽然它经常让现代主义的纯洁作品变成那样。贝特洛·莱伯金设计的伦敦动物园企鹅池和尖塔是 29
20世纪30年代英国最炫目的建筑。他曾对我说，他讨厌再去参观自己的杰作。"就像去看一个老去的女友，"他说，"她曾是那么美丽，可现在掉光了牙齿，满脸皱纹。"对博·巴尔迪来说，变化是预料中的，是被欣然接受的。她的房子越老越有味道。

在她早期的草图中，她用轻细的线条描绘出建筑物，而对人、物、植物的描绘则更完整、更细致，以便让它们更加突出。它们预见了建筑的未来，它终将淹没在周围的这些人和物中。但这并不意味着建筑物是中性的：它引导来客们穿过阴影，走向光明；它创造新的联系，给它们添加色彩和风味。如果建筑发生了变化，人们对周围事物和环境的认知也会发生变化。但建筑的理想会随着时间的变迁越来越不起眼，如同雕塑师的蜡从模具中慢慢融化。

通过纤细线条的描绘，建筑具有了空间体积——用一维的笔画表现了三维的情景——在那里，生命熙熙攘攘。即使在楼梯的每级台阶之间，都设置了开放的空间。马赛克地板的边缘如同刀刻，平整光洁（现在是二维空间了），有天空或水的颜色。在这里空气（或者水）是想象中的，但其刻画却如此精确，如同在梦中一样。

当年在意大利时，丽娜·博·巴尔迪曾写过《空中建筑》一文，文章中有些插图，令人吃惊地结合了萨伏伊别墅和一个飞艇的样子。“玻璃屋”是这个想法的一次实践，但它并不是生搬硬套。它没有腾空而起的姿态，也没有模仿飞艇的形状。它并不是个幻想。它没有强迫你去接受它的想象。它还知道自己仍是一座房子，一座建筑，因此要站得住，要安
30 装各种管道，要抵抗天气的变化，还要放得进东西。她写道：

> 我的想法是，房子要遮风避雨，同时还要有诗意和伦理，即使在暴风雨中也能找到这些东西。

她的“诗意”是指房子既能看上去是飞身空中的，又是停驻在地面上的；或者是她创造的艺术品和植物之间的和谐关系。“玻璃屋”建成后不久，艺术家、插画家、漫画家索尔·斯坦伯格曾拜访那里。他像博·巴尔迪一样，知道如何用一根线条表现时空四维。他说“玻璃屋”就像博·巴尔迪希望的那样，是一座“有诗意的房子”。

迪拜在推销房地产时使用了诸如“梦幻”“启发”“想象力”“人性化”“激情”“视野”“传奇”这类词汇。这些形象都与欲望相关。他们建造的方式使用了梦幻般的颠覆和不协调，最明显的例子就是那些平躺在海面上的“棕榈树”。

丽娜·博·巴尔迪也用上了类似的一些词，尽管意思会有不同。她的蓝色地板像一片可以行走于其上的天空，是梦幻般的：那是酋长的棕榈岛的更细致的小号版本。她的设计也明白无误地表现出想象力和激情。被迪拜的房地产商称作“人性化”的东西，她在说到自己的后期作品时称其是“为了人民更好的福祉”。如果说迪拜的人们是在讲述“传奇”，那么她则是将自己沉浸在巴西人民的传奇中。

迪拜的建筑与“玻璃屋”一样，都从外界借来了丰富的素材。在迪拜，他们攫取了威尼斯、克莱斯勒大厦、船帆、花朵和阿拉伯古城的形象。他们引进了大理石和奇异的鱼类。在莫伦比花园，丽娜·博·巴尔迪将她的设计向室外的疆域展开，那是豹猫和食蝇霸鹟的领地。在室内，她

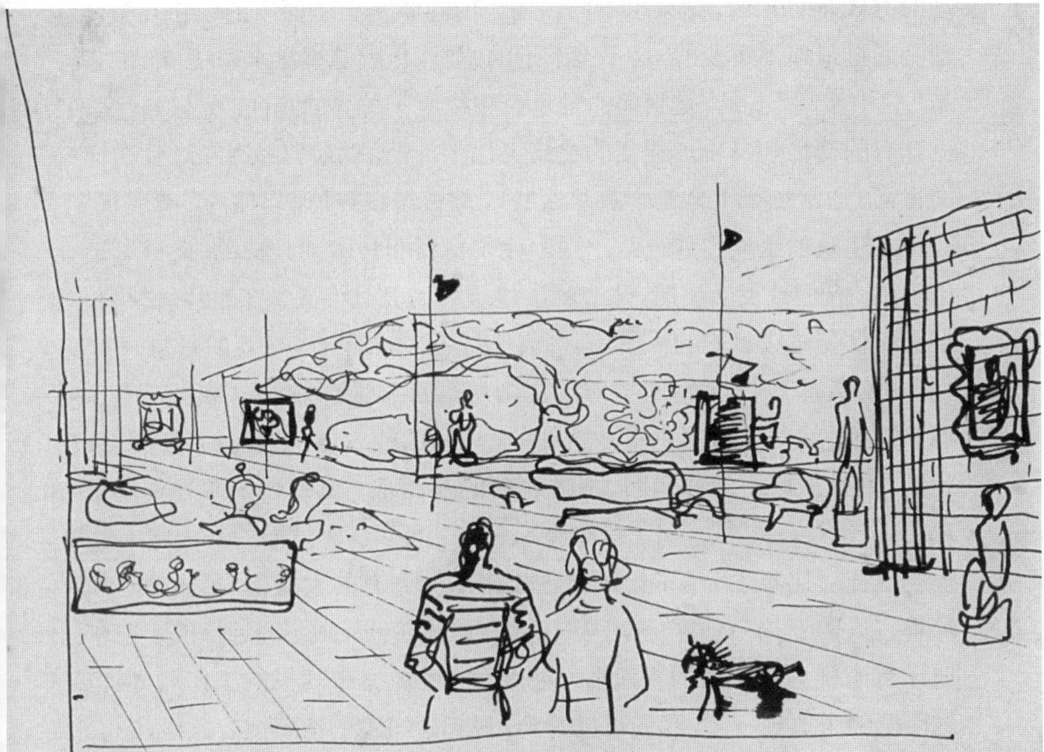

“玻璃屋”的设计草图，丽娜·博·巴尔迪绘制。版权：丽娜·博·巴尔迪学院，圣保罗，巴西

加上了巴洛克天使、柯布西耶式家具和塑料汽车。穆罕默德酋长认为被人们称作诗人是很重要的一件事，而丽娜·博·巴尔迪认为她的房子是
32 有诗意的，并且得到了斯坦伯格的认同。

这两个诗人，酋长和建筑师，精心操控着建筑的情感力量，但他们处理的方式是对立的，结果也不同。酋长的建筑是自上而下的。它几乎全部是通过最遥不可及的、最不可亲近的感觉，也就是视觉来表达自己；它是“空中楼阁”式的，是眼前的景象。它征服了外界的东西：气候、自然、见证者的记忆和身份。迪拜的建筑工地上，无论以前曾经存在过什么样的特征（通常每个地方都会有那么些），都被统统抹掉，以便为“新现状”让路。建筑的组成零件也是一样。建筑材料和技术独具特色，能够制造出氛围；它们被灵活使用，并造就了建筑物的美丑特征。在迪拜，材料和技术仅仅是达成目的的手段，其价值仅是用来制造宏伟壮观的景象。

“玻璃屋”则喜欢迪拜建筑所压制的东西：地点、物、人、成长、天气、偶然性、时间的流逝。它不是被动的、迟钝的或者弱不禁风的。它是强壮的，并且能产生新的东西，但这种新的东西是与其周围的事物一起呈现的。

这样对比不太公平：一个是沙漠中从无到有的大城市，另一个是在环境宜人的亚热带地区一对夫妇的住宅（尽管我们还将看到，博·巴尔迪懂得怎样为更底层的人服务，同时也能胜任城市规模的工作）。但把这两个例子放到一起，我们可以看到，说起建筑中的情感或者欲望，它会
33 表现出怎样的多样化和截然不同。

第二章　固定的家和流浪的家

一位建筑师曾经讲过一个故事。他受邀为一对夫妇设计扩建他们的房子。他和他们一起吃饭，倾听他们的需要和愿望，听到了两人分别想要的版本。晚上快要结束时，他给出了自己的专业建议："你们不需要扩建"，他说，"你们需要离婚"。

如果听从了这个建议，软件企业家拉里·迪恩就能省下上千万美元。迪恩在没有室内管道的房子里长大，他战胜了早年的贫困，成为一个资产雄厚的富翁。1992年他和妻子琳达建成了佐治亚州亚特兰大市最大的房子，一座32 000平方英尺的庄园，它有橙红色慕斯的颜色。建筑师比尔·哈里森说，它的每一平方英寸都像费伯杰彩蛋一样关注细节。室内设计是由他们的儿子克里斯完成的，当时他二十一岁，是设计专业的学生。据后来报道，迪恩一家的梦想是"在这里将他们的四个孩子养大，就像电视剧《家族王朝》(*Dynasty*)中一样，不过只有欢乐"。

我们很难恰当地评价这座被称作迪恩花园的宅邸的奢侈，以及它的创作灵感和移植理念的杂乱。以下是引自别人的一些评论：

> 圆形大厅受到了意大利佛罗伦萨的布鲁内莱斯基教堂穹顶的启发，它可能是整个庄园最引人注目的元素。它有三层半楼高，有 34
> 一个圆形的天窗，为这座特别的庄园奠定了优雅的情调。

> 大会客厅的玻璃墙眺望着位于宅子后部的贝壳形游泳池、一本正经的花园、占地3英亩的人工湖和远处的河。法兰西帝国的装饰

> 为整个家园奠定了舒适而庄严的色调。
>
> 主楼层的东端是八角形的“孔雀屋”。这里有一架小型平台钢琴和一个卡布奇诺咖啡吧，这个独特的地方非常适合招待大批的客人。房间安了11英尺×15英尺的拱形窗，每个窗重约1200磅。在高43英尺的屋顶中央，悬挂着一个8英尺长的吊灯。屋顶的壁画是亚特兰大的詹姆斯·查德威克（James Chadwick）画上去的。屋子中央的桌子是英国的石灰岩雕刻而成，重400磅。它坐落在深埋于房屋基石的一条钢制横梁上。

这些仅仅是迪恩花园的盛宴上的几颗小李子。此外还有摩洛哥屋、埃及套房、东方套房、夏威夷艺术馆、像20世纪50年代的路边餐馆一样的游艺室、孔雀石浴室、银色套房、覆盆子色的厨房，以及老式英国卧室，
35 其配套的浴室“非常有阳刚气，设施让人回想起精致的更衣室”。

迪恩花园是《公民凯恩》中仙都庄园（Xanadu）的主题（theme）的一个变体，或者说来源于其现实中的灵感，即威廉·伦道夫·赫斯特的赫斯特城堡。像它们一样，它从广阔的历史与地理世界中博采众长。它的建筑穿越千年，横扫各大洲，汇聚成一个微观宇宙、一个世界的缩影，供其主人私人享受。迪恩表现出的唯一的节俭之处在于，相对于凯恩和赫斯特，他没有攫取整座历史建筑，并将它们原封不动地搬到自己家中。他仅仅是仿造。

迪恩花园的一个不同之处在于，它是由年轻的克里斯作为室内设计师。与仙都庄园相比，这感觉更像是，凯恩买下了一座歌剧院，专供他的情妇、第二任妻子表演歌唱用。家族之爱遮蔽了对才能的清晰认知。正如苏珊·亚历山大唱歌没法不跑调，克里斯也设计不了一个房间。二十四岁那年，他明智地结束了自己的设计生涯。迪恩花园是在此之前他承担的两项任务中的第一个，整个任务进行得毫无节奏、毫无规则。

房子采用奢华的老路子，混合着一股股学生气的超现实主义焦虑。它就像是涂着番茄酱的牡蛎，像是用鱼子酱和塔巴斯科辣酱做的双层

冰淇淋。那里有棱尾螺、海豚、自动唱机、水上飞机、修剪齐整的植物、星盘、中国风流苏、荷叶边装饰、大理石、锦缎、皮革、抽象的错视画、雕塑、四柱床、豹皮、斑马皮、山墙、柯林斯—爱奥尼亚—多立斯风格装饰、棕榈、星星、月亮、清真寺风格的灯、霓虹灯球、条纹装饰、孔雀装饰、钢琴，还有随处可见的金灿灿的枝形吊灯，一个品蓝色的丘比特，几头狮子和一头盛装的骆驼。*有一个惨不忍睹的雕塑：亮黑的人形躯干，猫和海洋生物爬满全身，被切分的头部有绿色的眼睛，半是猫科动物，栖息在伸出的臂弯上。在游艺室，一个巨型拟人化的炸薯条杯邪恶地眨着眼。父母用的床“是北卡罗来那州艺术家简·戈可精心制作的”，它被淹没在扭曲的蓝绿色植物 36
中，这些植物有蟹钳一样的枝梢，还有黏糊糊的、颜色像女阴一样的花。

凭着后知之明的优势，我们可以借此猜到，克里斯当时的设计是对他父母的婚姻状况的无意识评判。后来我们看到，琳达成了拉里的三位前妻中的第一位。两人于1993年分手，那正是刚刚搬进庄园后不久。然后他们为卖掉这个地方花了十七年的努力。据说迈克尔·杰克逊在1994年曾有意买下它：也许是感觉到这里是一处通往问题婚姻的圣殿，他打算买下来作为一个惊喜送给未婚妻丽莎·玛丽·普雷斯利。可是后来由于走漏了风声，这个计划也就作罢。“心灵愉悦者饮食能长久”这句引自《箴言》15:15的话，被写在了餐桌上方的湿壁画上。时间流逝，这句话听上去愈发空洞。儿童房的一端有旋转木马在欢跃，有毛绒玩具们开茶会用的桌子，这些后来都无人问津了。

建造庄园花了2500万美元，后来的保养费有1800万美元。2010年，房产代理商在上述赞美之词的帮助下，终于以760万美元的售价将它卖了出去。里面的东西被拿去参加了慈善拍卖。买家是制片人、演员泰勒·派瑞，他以女装扮演《一个黑疯婆子的日记》(*Diary of a Mad Black*

---

* 此句应为罗列屋内各种装饰要素，但是原文没有任何标点，为方便读者理解，译者根据常理酌情添加了标点。原文如下：There were tritons unicorns dolphins jukeboxes water-jets topiary astrolabes chinoiserie tassels flounces marble damask leather abstraction trompe l'oeil statuary four-posters leopardskin zebraskin pediments Corinthian Ionic Doric palms stars moons mosquelights neon globes stripes peacocks pianos chandeliers chandeliers chandeliers gold gold gold royal-blue putti lions and a decorated camel. ——译注

迪恩花园，亚特兰大，比尔·哈里森摄，1992：主卧室（上图）和孔雀屋（下图）。经拉里·A. 迪恩许可

Woman)、《玛蒂的家人重逢》(*Madea's Family Reunion*)、《玛蒂的班级聚会》(*Madea's Class Reunion*)、《黑疯婆子闹监狱》(*Madea Goes to Jail*)中那个强势的大块头老祖母玛蒂而知名。他计划拆掉这座庄园，然后建点"有可持续性的"东西。拉里·迪恩坦率地承认自己犯了个错误，不过他告诉《纽约时报》，他仍然认为自己是幸福的、成功的。

我们也可以猜到，不论迪恩夫妇的婚姻崩溃的原因是什么，这一因素在这座庄园构思和建造时就已经在酝酿中了。庄园作为某种补救措 38
施，却使原本要治疗的疾病更加严重。各种主题（motif）的狂乱堆积，可以被视为掩饰某种缺失的手段。拉里和琳达是众多以为营造一座可称为家的房子就能修复夫妻关系的前车之鉴中的一个，这样的幻想在这群人那里都没有实现。

这个挥之不去的症候群的核心，是"家"这个词的双重含义。它指物化的居所，也指栖息其中的家庭。它包含建筑物、人和关系。我们很容易想象，通过修理砖石和灰浆，我们也可以修复血肉。建筑似乎比人更容易处理一些。结果更是可触摸的，可测量的，可展示的。由于造价昂贵、工程浩大，建筑项目看上去更像是为修复什么而做出的严肃的努力，尽管它们实则与手上的麻烦毫无关联。

如果说迪恩花园在愚蠢建筑史中排名靠前，那么它在建筑杰作的历史中排名就相对低了不少了。不过我们现在仍能找到很多备受珍爱的房屋，是现世困扰推动人们去创造梦幻之家，创造建筑的宇宙，在其中，疼痛得以治愈，混乱得以平复。它们通常完不成这样的目标，但是依然被保留下来，被重修，被载入史册，被介绍给公众。其中之一就是约翰·索恩爵士位于伦敦律师学院广场12—14号的房屋和博物馆。它分期建于1792—1824年期间，后来又经过改建。

索恩生于1753年，父亲是一名砌砖工。他于1837年逝世，尽管死后一直受到冷遇，但他今天被普遍认为是英国最有才华和最具创意的建筑师之一。他沿袭了古典传统，尽管当时旅行和考古的广泛开展揭示了一系列前所未有的更宽广的风格，并对传统形成了挑战。他用两种方法来

39 应对这种情况：试图找到一种更本质的古典主义，它更原始，没有无关的装饰；还有就是吸收哥特式和其他非古典主义的影响。

他最宏伟的建筑是英格兰银行，它在20世纪30年代时已经毁掉大半。职员们曾在如罗马皇家浴室般的拱形大厅里处理文件，不过与庞大的原物相比，它更显得脆弱，更像气泡——这得益于索恩给自己的建筑照明的技术。在达利奇美术馆，他设计了屋顶照明式的画廊，给博物馆建筑树立了榜样。20世纪曾遍布英国的K2和K6红色电话亭就是直接受索恩的建筑所启发的。

据建筑史学家约翰·萨默森记载，他可能是“彬彬有礼的，甚至还有一点点幽默”。不过这些令人愉悦的脾气并不常见，更多的情况是如他的学生描述的那样：

> 十分敏感，脾气暴躁，甚至对自己而言都很危险；内心痛苦，于是难免尖酸刻薄；绝不屈服，不尊重别人，也不渴望受到尊重；毫不顾及有求于他的人的情面；而他自己也是非理性冲动的受害者；对邻居的煎熬毫不同情，对自己的问题则感到疯狂地绝望。

索恩最初建造的是律师学院广场12号的房子，那是给他和妻子伊莱莎以及两个儿子约翰和乔治的。后来他又买下了位于伊令区的皮特香格庄园并加以改造。他有建立一个王朝的梦想，庄园的构思，正如萨默森所写的那样，是一个“培养古典建筑师接班人的理想环境”。他开始收集艺术品和古董，把它们安放在自己设计的精致的屋子里，为孩子们提供灵感和示范。

1808年他买下了律师学院广场13号，用了几年时间重建，作为他的
40 主要居住地以及博物馆。他把皮特香格庄园的收藏品都转移了过来（他于1810年卖掉了那个地方），并且不断扩充，仍然坚持着他教育后辈的梦想。1823—1824年间，他又重建了14号，把他的博物馆延伸到了它的后半部分，并且将前半部分重修后转手卖掉。

在我们这样的叙述中，索恩的创作，听上去就像是四十年不间断的

创造性工作，是职业生涯与家庭生活愉快而平衡的结合。但现实并非如此。他的儿子们不喜欢建筑（特别是乔治），跟他们的父亲进行了长久的对抗。两人的婚姻都不合适，乔治说，这是为了激怒他们的父母；他还让妻妹怀孕；对他父亲的建筑发表了一份匿名的攻击，称它们是平庸的、抄袭的；还进了债务人监狱。伊莱莎死于1815年，约翰爵士认为这是受乔治所累。小约翰死于1823年，而乔治则一直是一位痛苦和不成功的小说作者。1833年约翰爵士安排了一个私人的议会法案，它是比遗嘱更确定、更有决定性的法律文件，规定他的房屋及其所属物件将被用作一个国家机构。法案起草者、议员威廉·科贝特称它是“如此不同寻常的法案”，因为在这份文件中，人们明确认定，索恩的儿子的继承权，被让渡给了更为广泛的后世人群。在接下来的二十多年时间里，律师学院广场的房子就一直是一个鳏居老人的家，陪伴他的只有他的收藏品和对家的破灭的希望。如今，那里成了民居的纪念碑。

1794年的一幅画暗示了将要出现的问题的一些原因。那是12号早餐室的一幅图景，由艺术家J. M.甘迪所创作，索恩喜欢让他来再现自己的作品。画中的四个人是微缩的，以便让这个小房间看上去比实际更大。透过窗户能看到苍翠的绿色，这种景色在位于屋后的一个狭小的伦敦庭院中是不可能见到的。房间里摆满了教育素材：装在光洁的书架里的书，装裱了的画，放在壁橱里的古董。家具整齐地靠墙放着，只有两把 41
椅子除外，建筑家和他妻子的矮小的身形正笔直地坐在那里吃早饭。房屋的设计是典型索恩式的，有细而深的线条或者芦苇状的装饰，平缓的穹顶，屋顶画着有活力的格子棚架和花朵，真就如同是在室外一样。

甘迪用了一种天真得有点无情的单点视角，使索恩的直线型建筑汇聚在正中央的一个没影点上，位于人物上方的水平线上。画中有两个男孩，穿着同样时髦的成年人款式的马裤和燕尾服，像蝗螂一样在这个雅致却呆板的格子网中仓皇奔走。在画中，一个孩子俯身去取玩具，以便不遮挡身旁的一件家具，伊莱莎对另一个微微做出温柔的姿势。父亲约翰只能看到背影，似乎在看向茶杯的上方。这几个人物都是缩小了的，尤其是孩子们。他们放在整幅画中显得很不协调，让人感觉如果他们不在场画家也许更高兴。换句话说，甘迪的画可以看作是在描绘，年幼的乔治和约翰被锁在建筑中，他们将竭力逃脱。

这幅画也是对这座房子后期建筑主题的一个预言。装饰风格已经出现了，一同出现的还有具有文化意味的装饰部件，它们正处于不断的发展之中。早餐室展示了后来再次出现的微缩法。甘迪笔下透过窗户看到的景色，是将花盆变成了花园，同样，屋子的空间借用了大建筑的基调：拱形和穹顶是砖石建筑的形式，而实际上这里是用木头和灰泥做成的。

后期装饰部件也成倍增加。各处空间布满了灰泥造的“观景殿的阿波罗”，或者残破的庙宇的柱顶盘，还有一些真正的古董，比如法老塞提一世的条纹大理岩石棺。像拉里·迪恩一样，索恩对历史也十分贪婪。
42 房子里有一个“修道士的客厅”，还有中世纪、文艺复兴时期和东方的物品的陈列。当代绘画和肖像，与古代作品比肩接踵。一套荷加斯的油画如今仍挂在后来扩建成的14号的画廊中。只有打开一排并列的百叶窗，才能完整地欣赏挂在其中的它们，如同一场知识领域的脱衣舞，最后展现的是一座正在脱衣的仙女的雕像。还有数量惊人的建筑制图和模型，用于教育后世的建筑师们。

索恩将宫廷和罗马浴室的规划和形式压缩到了这个相对较小的场地里。他从巴洛克教堂的高高的圣坛中吸收了暗藏式照明效果，并将它用于中产阶级的室内设计。

索恩的博物馆主要是室内的。它的正面外观相对比较严肃，对蕴藏其中的人工景致毫无暗示作用。一旦走进来，你就会忘却刚刚脱离的世界。你被带进索恩的建筑学和考古学宇宙，他的构造方法更加剧了这种效果。房间里很少能见到阳光，但有暗处照来的非直射光。哪里有光由他决定。他使用镜子、屏风、开口创造出层层空间，化解了屋与屋之间的边界。你永远都在从一处望向另一处，又一处。这幢建筑所占据的标准伦敦地块的边界模糊了。你迷失了方向，直到索恩的建筑，包括小圆顶、斧状物、构型的对柱以及由他决定的灯光，使你重获方向感。时而歪曲时而真实的镜子，让你对自己产生奇怪的感觉：你不断被自己破碎和扭

早餐室，伦敦律师学院广场12号。由约翰·索恩爵士设计，1792。J. M. 甘迪绘。版权：约翰·索恩爵士博物馆

曲的映象攫住，被困在建筑师的多层拼贴画中。

44 也许索恩比拉里更不快乐，但不同于迪恩花园的是，他的房子是一个私人的宇宙，一个他想要的世界，而不是他发现自己所在的世界。两人的房子都是建筑学上的一个历史悠久的比喻的实例，即“建筑是世界的缩影”。我们可以在迈锡尼的阿伽门农神庙，或者在提沃里的哈德良别墅中看到这个比喻。或者在15世纪建筑师、理论家莱昂·巴蒂斯塔·阿尔伯蒂的著作中找到。他说，一座房子就是一个微型的城市。他的意思是，人体与宇宙之间有一根名为相似性的链条，而房子和城市都是这根链条上的联结点。当列奥纳多·达·芬奇画下那个著名的裸男形象时（他伸展双臂，被铭刻在一个圆形和方形的组合图案的中间），他想展示的是人体的基本比例，而这一比例也被认为是确立了所有事物的结构。

家即是宇宙的观点可以很抽象地表达，就像万物都遵循的几何规律一样；或者也可以很具体明了地表达。它存在于文艺复兴的理论中，也存在于那些没有受过训练的痴迷者用碎瓷片和其他残骸手工制成的奇幻的构造中——这种人尽管不多见，但还是不断地出现在我们的世界上。它体现于壁炉架上的家庭照片和纪念物，还体现于室内设计杂志的承诺：选择文章和广告中的产品，你就能打造属于自己的私人宇宙。

人们共同的愿望是幻想出一个世界，其中缔造者作为主人，一切都按他乐意的方式运行。这个愿望让孩子们用纸箱造房子，并且还规定进入的条件。这也强有力地解释了，为什么（除了功用的考虑外）客户会委托建筑师去设计房屋。随着人与文化的不断扩展的认知，宇宙缔造者们的野心不断膨胀，他们要让自己的领地中囊括尽可能多的大大小小的知
46 识，无论是历史和地理，还是科学和宗教。

如果说家渴望变成宇宙，它们也可以是流浪的。如果说一个愿望是创造静态的、生根于此的一个完美形象，那么另一个就是迁徙、征服和改造不同的地方，将一个城市或一处风景建成一个家。

人类中有相当大一部分在迁移中生活，或者曾经生活在不断的迁移中：像贝都因人、马赛人、吉卜赛人，像流动小贩、推销员、移民工人，以

穹顶，伦敦律师学院广场13号。由约翰·索恩爵士设计，1812。版权：约翰·索恩爵士博物馆，理查德·布莱恩特，Arcaid.co.uk

及电影《在云端》中由乔治·克鲁尼饰演的那个永远飞在天上的商务人士。人们居住于帐篷、船只、旅行拖车、雪屋、寄宿公寓和旅店。还有水手们，约瑟夫·康拉德说："他们走到哪里，家就在哪里——那就是他们的船；走到哪里，国就在哪里——那就是大海。"城市里有很多人，原本就是由别的地方迁移而来，并且正在或者想要继续迁移到另一地去。对大多数城市人来说，一生中有几个不同的家是很正常的。

那些不断变动居所的人群，包括生活在沙漠里的人，他们不得不赶着牧群四处迁移，寻找牧草以及市场。还有一群叫作"都市漫步者"(flâneur)的人，这是19世纪的一个绅士群体，他们在城市里闲逛，寻找新奇的发现。夏尔·波德莱尔可以被视为其中的典型代表。据描述，一个"都市漫步者"是"一个漫无目的的徒步旅行者，没有责任约束，不受时间限制，也不浪费什么(包括他的时间)，他如美食家般从容不迫，鉴赏和品味着城市的多重味道。"还有人描述道："对他来说，城市既如同开阔的风景，又像置身其中的房间。"

我们还可以加上像超现实主义作家、20世纪20年代的"都市漫步者"路易·阿拉贡那样的人，他经常光顾那些光洁的拱廊，"它们被让人很不舒服地命名为**廊道**，好像没人有权利在那不见阳光的走廊上逗留超过片刻似的"。在这种地方，他探索了形形色色的书店、伞铺、咖啡馆、令人生疑的寄宿公寓，还有一个色情剧院。在这些容易消逝的地方，阿拉贡游走在"墓地的光亮和声色之欢的阴影"中，品味它们的欢愉，辨识它
47 们的标记，他甚至想"应该再一次探究关于自己的一切"。在这些"迷信朝生暮死的人的圣堂"，他找到了自己，并安了家。

这里要做一些区分。沙漠牧人和经济移民的漫游是为了生存，光鲜诗人的游荡是为了消遣，其中有"生存必需"和"有所选择"的不同，有逃避饥饿和逃避厌倦的不同。如果说流浪的民族常常是被边缘化的，为定居社会所鄙视的，如果说"流浪者"通常是侮辱性的词，那么诗意的旅行者则需要依靠由特权和盈余所构成的基本条件。而他们都能从自己所循的道路和自己所见的路标中——无论它是商店的橱窗，还是沙漠里的沙丘——构建出一定的空间。他们不需要一座房子来作为家。

作家布鲁斯·查特文在《歌之版图》一书中推测，澳大利亚土著开辟了跨越全国的看不见的小路。他说，他们的“创世神话”，“讲述了在‘黄金时代’，具有传奇色彩的图腾人物在大陆上游荡，唱出了他们在路上所遇到的一切的名字——鸟儿，动物，植物，岩石，水坑——世界就这样被歌唱了出来”。

土著重演了这些神话，他们继续游荡，追寻过往的路线，在那些歌曲的帮助下，将地理与神话相连接。“至少在理论上，整个澳大利亚都可以被看作一张乐谱。几乎没有哪块岩石、哪条溪流不能被歌唱出来，或者没有被歌唱过。我们也许应该将《歌之版图》想象成一根由《伊利亚特》和《奥德赛》构成的意大利面条，它曲曲折折，每一‘段’都能用地理来解读。……在未开垦的灌木地带，你可以指着任一处风景问同行的土著人‘那里有什么故事’，或者‘那是谁’，他很可能会回答‘袋鼠’，或者‘虎皮鹦鹉’，或者‘鬃狮蜥’，这取决于哪位祖先曾经从那里经过。”社会
结构，以及领土、群体和个人身份的概念，都由这些曲线勾勒而成。从最 48
实用的意义来说，它们能够导航。这是一种在沙漠中建立家的方式。

查特文是一个永不停步的旅行者。他以乐谱为例，将自己对漫游的嗜好抒发成了一种普遍的人类境遇。“所有的伟大先师都说过，人类从最初就是‘这片炙热而贫瘠的荒原上的流浪者’——这是陀思妥耶夫斯基的《伟大的质问者》里的话，而且，要重新发现人性，他就必须卸下负累，踏上旅途。”

还有一本书叫作《旅行》，由加拿大建筑中心编写，它用比查特文更具体的语言描述了移民们的定居状况。例如，它提到了因纽特地名如何用风向、吹积雪堆的形状来描述一个地点，使因纽特人能在不断变化的令人迷惑的北极地形中找到路和住所。它讲述了在加拿大的纽芬兰，渔民曾经住木材搭起的屋子，有斜屋顶和玻璃窗，看上去像大部分房子一样稳固，但它们却是轻轻安放在地面上的。当鱼量不足，需要寻找新的渔场时，渔民们会将整个村子带走，挨家挨户地从冰雪上拖行，或者从海上漂走。从20世纪50年代到70年代，政府政策鼓励他们搬到更中心地带、服务更好的城镇时，很多人就随身带上了他们的房子，直接把它们安

放在了空地上。每一个这样的房子都会带着纪念物、家具、少量的设备(比如炉子),以及回忆和遐想,但它与周围景观和其他房子的关系将是全新的。

在阿姆斯特丹的东南部,20世纪60年代末曾规划了一个庞大的
住房开发项目,叫作“比基莫米尔”(Bijlmermeer),简称为“比基莫”
(Bijlmer)。它的目标是成为国际公认的荷兰人非凡规划才能的极致例
49 子,并试图以惊人的连贯性和决心应用当时的理论。这一批容纳十万居
民的住宅,几乎是一模一样的十层水泥公寓楼,墙和窗户是工厂里批量
生产的,它们被围在一个六边形的网上。楼与楼之间填充了公园和湖,
路修在高架桥上,以便将车辆与行人和居民隔离开来。建筑师受苏联模
式的启发,规划了公共设施(各种吧、日托服务中心、业余爱好室)来刺激
社区生活,服务这个现代技术即将造就的几乎有无穷尽的休闲时间的新
社会。一套五间屋子的公寓,面积相当大,按照典型的荷兰家庭的需要
设计。一个最重要的原则是避免危险或不适:有棚的走道意味着人们从
车走向公寓时不用淋雨,车流与人流分开,公寓的设计能最大限度地获
取阳光和新鲜空气。

尽管它吸引了最早的一批满怀乐观和理想主义的居住者,问题还是出现了。承诺的到达阿姆斯特丹市中心的地铁线没有建成,使比基莫住区与世隔绝了。提供足够的购物场所的计划也未能如人所愿。此前没有规定由谁来资助公共设施以及负责公园的维护,这意味着公园日渐衰败,公共设施一直处于关闭状态,除非居民自己主动要求开放。建筑费用超过了预期,于是人们上调房租,以收回成本。公寓纷纷搬空了,或者从来就没有过住户。

1975年,荷兰宣布其殖民地、位于南美洲北海岸的苏里南独立。当
地居民可获得荷兰护照,于是很快差不多一半苏里南人都前去荷兰寻找
赚钱机会。很多人顺理成章地搬进了原本空置的比基莫住区公寓,尽管
官方通过房屋限量供应的方式,试图阻止那里成为“荷兰第一个少数族
50 裔聚居区”。该区房屋价格高居不下,而这又导致了居住环境的过度拥
挤,其中一个例子便是,一套公寓里住了12个成人和12个孩子。

上图：水上搬家，崔尼提湾，纽芬兰，约1968。供图：海洋历史博物馆，纽芬兰纪念大学，加拿大

下图：比基莫米尔住宅区，阿姆斯特丹，1970。供图：OMA档案

新居民按照自己的需求，将这些为典型的荷兰白人家庭设计的单元进行了改造。他们打掉了屋墙或者地板，以便有更大的室内空间来容纳他们的大家庭。很多人来自农村，到了这里还过着热带村子的生活，只是适应了更冷的气候。公寓里养了牲畜，室内点了营火，垃圾被直接从阳台上扔下来，而不是通过垃圾管道扔进垃圾筒里。在废弃的停车库里建起了天主教堂，公寓在闲暇时被用作苏里南的传统宗教“温提教”（Winti）的庙堂。在那些公园里会举行鸟鸣比赛，人们会打赌看哪种色彩鲜艳的鸟儿唱的时间最长。人们建起了爱畜动物园和农场，有段时间还生产过一种“比基莫奶酪”。建筑师们的社区活动的梦想实现了，不过不是以他们设想的有序的方式。

这片公寓原本存在的外联不畅、设施缺乏的问题仍没得到解决，于是一些较为稳定的、经济条件较好的家庭在有能力的时候就搬走了。比基莫住区越来越差，犯罪现象越来越多。原本为绝对安全、绝对舒适而设计的人行道变得不安全了；底层的仓库变成了卖淫和吸毒的场所。第一批入住者开始抱怨种种缺陷，公寓也就此得了恶名，而这种名声如今更甚。种族主义者把这里叫作“黑鬼区”（Negro-ghetto）以及“猴子山”（monkey mountain）。顶尖的建筑师带来了改进的总体规划，但没能实现。1992年，一架以色列航空公司的波音747货机在两个引擎掉落后试图返回史基浦机场，途中坠毁在这里，将其中一座六边形大楼的120度角处撞出了10层楼高的裂缝，43人在事故中丧生（可能还有更多人，由于大量移民没有注册，难以统计）。虽然事故实为偶然，但它更确立了比基
52 莫米尔住区作为“厄运之地”的形象。空难之后，官方开始拆除大楼，如今楼体部分早已所剩无几；而同时，这个备受摧残的地方却开始显现出成功的微光。

这里的居民有印度人、安的列斯人、加纳人、白种荷兰人以及苏里南人，他们自发组成了一个社区团体，其规模足以让官方机构听到他们的声音。这里启动了每周一次的集市，生意兴隆。人们还举办了叫作“与比基莫同乐”（Blij-met-de-Bijlmer）的文化节，直到十六年后才关闭，原因可能是名字太过昂扬，从而不堪重负。更成功的一个庆典活动叫“夸

科埃”(Kwakoe)，它从一系列的非正式的足球赛，演变成了融汇音乐、舞蹈、体育、食品的大型活动，吸引了四十万人来参加。比基莫住区的犯罪率开始下降，它虽然还称不上人间天堂，但也早已不再是曾经人们眼中那个绝望的深渊。

比基莫住区的故事的重点部分在于，一个计划庞大的开发项目如何被不可预期的情况（苏里南独立、飞机坠毁事故）打乱常轨的。它也讲述了移民人群如何不无艰辛地在最没有希望的地点建成自己的家园。很难想象还有哪里比比基莫住区千篇一律的巨型大楼更缺少家的感觉，或者对外来的苏里南人而言更加陌生。它们没有给出什么关于“如何在这里安居乐业”的提示、标识或是建议。它们层层叠叠，如澳大利亚沙漠和北极荒原一样毫无生气，不同的是，澳大利亚土著和因纽特人已经绵延了许多代，学会了善用沙尘中的蛛丝马迹和风吹雪堆的痕迹。比基莫的居民不得不用几十年的时间，用适应、行动、成功和失败来发现如何在这里定居下来。他们与迪恩和索恩相反，那两人是投入了一切，致力于把家建成一成不变的构造。比基莫的居民却在不尽如人意的构造的基础之上，创造出了他们的宇宙。 53

小说家、艺术评论家、艺术家、颇为幻灭的共产主义者约翰·伯格，将“家即是宇宙”说成是人类基本的观念，是认识世界所必需的。他说，在“传统的”社会里：

> 没有家作为现实世界的中心，一个人不仅会没有庇护之所，还会迷失在非存在感、非现实感中。没有家，一切都是碎片。

游牧民族并不排除这种宇宙观：他们在哪里扎下帐篷，就在哪里建立起家的概念。但对于伯格来说，这种随处扎根的生活并非20世纪那些流离失所的人群的经历。那些人迫于经济上的压力，斩断自己的根脉，搬到陌生的城市。移居外地“总是意味着瓦解现有世界的中心，走向另一个迷失的、不知所终的碎片世界”。为了找到一个新的中心并延续自己的身份，城市定居者们不得不仰仗于行动而非外在形式。他们不得不建立起“替代的”家：

> 不在于是什么建筑。头上的屋顶、四面墙壁……与内心保存的神圣的东西已经毫无关系……移民们延续了自己的身份，并即兴创作般地建起了庇护所。是用什么建成的呢？我想，是用习惯，用重复作为原材料，把这些变成了庇护所。这些习惯包括言辞、笑话、观点、手势，甚至戴帽子的方式。实物和地点——一件家具、一张床、屋内一角、某个酒吧、街角——为习惯提供了场所和布景，而真正起庇护作用的，是习惯本身。

换句话说，人类生来就是要生根的，并且无论到哪里，都在运动中。在遥远的过去，他们从土地中被掘出，而在遥远的将来，在伯格梦想的共
54 产主义社会可能实现的那天，他们也许还会被送回土地。在此期间，他们不得不在没有人情味的城市里，用自己占领空间的各种仪式和姿态，来安慰和补偿自己。

伯格这里说的是“人民大众”，是那些失去财产的、地位低下的人们，尤其不是那些“资产阶级，他们有城里的房子，郊区的房子，三辆汽车，好几台电视机，网球场，酒窖”。但他的话仍可以解释属于资产阶级的迪恩花园。不管拉里·迪恩用什么“巧取豪夺”的手段在亚特兰大贫穷的街道上建立起了自己的空间，那都已经超出了伯格所说的范围。他建造自己的花园，这可以被视为在竭力寻找世界的中心。这种努力失败了，因为世界中心根本无法找到，也因为过多地、过于形式化地将精力投入了物理构造、墙壁和屋顶上。这座原本作为宇宙修建的住宅变作了游牧式的，或者至少是暂时性的。迪恩一家住在里面的时间，也不过比他们住在旅馆的时间稍长一些。

伯格也许将此太过神化了。他反对“传统的”人们搬到没有灵魂的大都市的想法，似乎过于极端，就像他区别“人民大众”和“资产阶级”一样。但他很好地描述了“居所”(dwelling) 的性质：它渴望实现生根的愿望，但也包含了短暂性和机动性。我们希望借由它沉浸于或者连接

到伯格所称的“现实”，即与世界相关联的自我的感知。居所并不完全等同于一个实体意义上的家以及它的围墙和边界，它还可以包括行为方式，或者外表，可以出现在城市里，也可以出现在一片山水中。

家的静和动是同等重要的两个方面。它们确如同一事物的不同形式，都试图重新安排这个令人迷惑的世界，以找到自己的位置和道路。家总是有这样那样的不完美。它并非十分稳定，也不能完整无缺。住在
城市里更是如此。住在陌生人为我们修建的街道和房屋中，并且还要与 55
大部分我们都不认识的人共同生活，而他们也在寻找属于自我的宇宙。芸芸众生（建造者和居住者）的愿望，从来不会完美地结合在一起。

对于建筑师和城市建造者来说，居所的性质（如果他们在意的话）存在着一些问题。他们不能一无所成。他们必须搭出某种架子，以便人们在身体上和心灵上能够居住，但他们却无法预料居住的方式。并且，居所常常不是那种测量精确、构造考究的建筑形式，他们总会在某种程度上出点差错。他们总要造出一些形状，预示某种生活方式，并且承载一些关于身份、地位、社会秩序或者某种家庭幸福梦想的概念。但是，不管他们怎么做，生活总会发生于这些建筑物及其周围，它会利用、颠覆、扭曲或者无视人们为它而准备的种种形式。

漠然以对是一种选择，而且是房地产开发商和投机者常采用的一种选择。很多城市建设是由那些对未来的居住者没有多少感情的人来完成的。但如果目的是为了钱，那至少也应该关注一下潜在的买家和租客的需求和欲望。既然城市是规划者和政客塑造的，它们就代表着共同的社会规范，代表着事情应该是怎样的。那些最成功的创造聚居空间的尝试不是漠然以对的，但它们也没有给出规则。它们仅仅是提出建议。它们还有些偶然性。

一个成功的例子，便是维多利亚时代伦敦西区的扩建。在1974年的《柔性的城市》（*Soft City*）一书中，乔纳森·拉班写道：

……城市变得柔性化。它等待着身份的印记。它邀请你来重

56 塑它，加固它，无论好坏，好让你能住进去。你也一样。决定了你是谁，城市就会在你周围展现出某一种形式。决定了这是一种什么形式，你的身份就会被展现。

拉班发表的是对所有城市的概括性看法，而他想到的却是伦敦这个特例。他钦佩这座城市能包容自身的不同版本，使住在其中的人们有借用和改造的可能。缺少固定形式和规定性，是“柔性”的要素，不过它与“中性”不同。他描述的伦敦是启发性的，有很多种面孔，很多种伪装。

弗莱德·司各特是一名建筑学教师和作者，他详细讲述了19世纪40年代到60年代建起肯辛顿、北肯辛顿、诺丁山和诺丁谷这几个区的经过。他把建起数以万计的新房屋看作一项世界奇迹，一项堪与金字塔媲美的建筑壮举。新的社区在未开发的荒地上拔地而起并且取得了成功，这也是不可思议的。这项任务因艰难而广为人知，在其规划过程中，有很多次从无到有地建立新城区的尝试，结果都令人失望。然而如今，这些伦敦西区的城区，成了世界上最令人向往、最昂贵的地方，而这就是成功的体现。

这里的房屋是为富有的大家庭设计的，他们都有仆人。每座房屋有很多房间，人们按照等级和功用区分它们，从食品室到客厅都有。灰泥外墙在等级和装饰上精确地对应着墙后的人和活动的社会重要性。然而一百五十多年以来，这些房屋曾经被分割成了公寓，有时变成了脏乱的出租房；接纳过移民、放浪不羁的文化人和学生；后来又重新变得体
57 面；被改回了原来的大房格局；有些被欧洲最富有的人们收入囊中。这些房屋在当初建造时是有特定的环境的，后来却能经历社会、经济以及技术上的变迁而不倒。

屋内的资产显得有些多余、重复，或者说是慷慨。房间都很大，而且数量多到不切实际，房内天花板也很高。布局简单（长方形，布置的构思很容易看明白），而大小和朝向不一。这些房屋没有最好的建造质量，也没有得到过哪怕最低限度的维护，但建造材料是可逆的：灰泥，可以打补丁，还可以再上色；木地板，可以覆上不同的材料；砖；木材，做框架的隔

断，可以打凿和改造。人们所需要的，不过是一些算不上难的建筑手艺。这些房屋是有可塑性的，它们的空间也比较宽松，没有太死的条框限制和规范制约。

装饰也起了作用。门廊仿照乔治时代的先例，修建成了帕拉第奥式乡村别墅那种整齐划一的平台，重点突显了中间部分，并在两端配有向外延伸出的隔离带。它们看上去就像由无数房间组成的庄严堂皇的宅邸，这是资产阶级对贵族形象的借用。古典的细节十分突出，但却不够学院派或者严密精确。这样的外墙就像一幅素描：关于尊严，关于“宅邸”的观念，关于历史与古代。它们却并没有过于具体，这使不同使用者都能有自己的解读。

站在门廊的两头看，这些房屋的正面和背面有着明显的不同，两者之间如同用直尺画了一条分界线。均匀对称的灰泥，原本是打算做成石头的形状，结果变成了不加修饰的砖块，散乱地延伸到后墙，人们后来又随意进行增添和修补，从不考虑整体的构造。庄严肃穆的正墙背后是自由随意的后墙。它在某种程度上是一张面具，一种掩饰，一张给外人看的脸，不是为了压制内在的身份，而是帮助它们获得成功。 58

这些地区的成功不仅是外部的，还是内部的。建造者们认为有必要将街道建得足够宽，好种一些高大的梧桐树，并且要有足够的灵活性，以实现城市的多种用途——家居、零售、社交、公共职能。他们建起了宽广的花园广场，并将它们放在了简单有效的街道、方形地块、新月形地块的规划中。时代变迁，这些仓促完工的地区后来成了伦敦的公众印象的一部分，很少有英美浪漫喜剧不会加上这样的镜头：越过格温妮丝·帕特洛、朱莉娅·罗伯茨或者斯嘉丽·约翰逊那丰满匀称的肩膀，便能看见投机商的灰泥外墙。

这项众人的奇迹不是某个顶尖天才的作品，也不是伟大建筑师的杰作。它是房地产开发商为追求自己那些或明或暗的个人利益而创造的。房屋、街道、广场按照既定的样式而建，而这些样式则顺应市场的喜好而变化。源自古罗马、经意大利文艺复兴流传下来的，以及18世纪贵族的帕拉第奥式别墅的建筑细节，被复制、粘贴了上去。保存下来的绘画很

诺丁山门廊正面，伦敦。版权：罗恩·穆尔

少，因为当时并没有多少画，并且大都很简朴。

此外还有偶然性的影响。这些地区的发展经历了繁荣与衰败，以及优胜劣汰的斗争，那些相对单纯无知的人将财富输给了更强势的人。有时建筑的洪流停下来，留下尚未完工的门廊再无人问津。根据1861年的一段描述，如今最昂贵的一些街区，在当时是如下的景象：

> 残缺的房屋，萧瑟的废墟……裸露的骨架，崩塌的装饰物，碎裂的墙壁，黏糊糊的水泥面，夏天的高温和冬天的冷雨在这里留下了它们破坏的印记，如今依然清晰可见……伴着不幸而来的是侮辱，
> 毫无生气的街道被冠以“棺材街”的骂名，因为那里的窗户正是那 60
> 般恐怖的模样。还有一排房屋被称作“树桩”，那本是给绅士们居住的地方。整片地区就像是埋葬希望的墓园。

19世纪60年代末之前，在这些聚居区的外部边沿，房屋供给大于需求，房屋价格也直线下降。有些房子多年无人居住，很多被分割成了小单元。数十年间，这个地区一再沦陷，最终沦为被贫民窟房东盘剥的对象。其中最臭名昭著的，要数20世纪50年代在诺丁山地区做生意的彼得·拉赫曼。伦敦西区形成了类似比基莫住区的楼群，在那里，失败了的野心为移花接木、始料未及的事物、灾难与实验、种族暴乱和饮宴狂欢提供了空间。（不能排除这样的可能性：如果当初人们允许荷兰的混凝土怪物留存下来，它最后也会看上去如伦敦西区那样光彩夺目和充满魅力，也会引发人们对造就它的建筑智慧的分析。）

按照乔纳森·拉班的理解，维多利亚时代的门廊是柔性的（soft）。他在20世纪70年代将破败的诺丁山单独列了出来，因为它具有“强烈的多样性”和“杂乱拖沓”，“是一个一切皆有可能的地方，一场交织着机遇和选择的噩梦——或许对某些人来说是天堂”。他写道：“拉德布罗克丛林路周边的街道，以及沿线的白色糖果般的灰泥建筑，就像拥挤混乱的兔子窝，它们有古怪的私密性；这里居住的是没有参与到人们通常一致认同的城市生活中去的人——穷人，黑人，以及靠国家救济生活，或者在

建筑工地打临时工，或者干些居家手工（比如串珠子、做蜡烛等）的无能的年轻人。”

后来这种杂乱无章在房地产领域有了价值。大学毕业生开始喜欢上这个地方，这里可以买到毒品，他们还在这儿买了自己的第一套公寓。房屋价格涨了上去。诺丁山在1963年曾经是“普罗富莫事件”这一低俗
61 故事的发生地，到20世纪90年代又爆出了另一桩政治丑闻。这次事件的焦点在于当时最有魅力的首相彼得·曼德尔森为何拥有一套价格似乎远超其薪水的住宅。前文所说的浪漫喜剧出现了，它们把拉班笔下那个“毁掉的伊甸园（它盘根错节、不同常俗、生长过度，人们只能在垃圾碎片和一堆杂物中寻找标示牌）”，变成了简·奥斯汀笔下美好整洁的巴斯城。

这里成为一个年轻富态的保守党未来政府的哺育所，其中几个光彩夺目的成员构成了所谓的“诺丁山组”。市面上出现了一些扬扬自得的描述诺丁山生活的书，都是住在那里的人写的。那里的居民越来越有钱，于是花销也层层攀高。灰泥因其本身性质而容易受到永久性毁坏，于是它们常常被新漆覆盖。安保系统把这个曾经是波希米亚风格的城区重重锁起。柔性的城市变得僵硬，如同住户们的发型和他们的四驱越野车一样，被套上了一层外壳。它变成了最初计划的那种时髦漂亮的地方。即使难免存在一种嫉恨之情，我们还是可以把它看作这些建筑变化过程中的一个阶段。

创造者们心存尊严和秩序的概念，但他们无法预言这片土地上将出现怎样的生活。他们对未来、对城市建设、对建筑、对他们所做的工作，都没有什么理论层面的认识。这是种无意识的建筑，它的视野和意图都有限，却反映了未来使用者的需要和欲望，包括那些房子里的住户和马路上的行人。它使处于半游牧状态的城市居住者得以构建他们多重的、交叠的宇宙。

在迪恩和索恩的例子中，家的观念看上去像一种病症，索恩为之着
64 迷，并最终变得如科贝特描述的那样“不正常”。索恩所处的时代，是建

俯瞰伦敦西区的街道和广场。版权：罗恩·穆尔

上图：1953年诺丁山区的街道。版权：爆破图片社/格蒂图片社

下图：2012年诺丁山区的街道。版权：罗恩·穆尔

筑师们将自己从高超的匠人转变成有组织的专业人士的时代，而索恩建造自己宅邸的一个重要目的，就是储藏、展示和传播建筑学知识。它是一座私人的研究所，是英国皇家建筑师学会的原型，后者是索恩晚年时英国成立的专业机构。索恩一直被称为建筑业“之父”，这个称呼有些令人惊讶（鉴于他作为自己儿子的父亲是不成功的）。这么说来，我们可以认为，英国的建筑行业是个人的不正常所孕育的。你可以说，它的DNA的一部分，就是忽视人的因素，创造专业的、偶尔还是美丽的逃避之所或慰藉之物，就像索恩的宅邸和博物馆。这个理论可以顺理成章地解释一个半世纪以来的建筑灾难。

“家”（home）的多重意义，它在简单的四个字母中就能包含“家庭”“生活”“房屋”“归属感”“渴望”“住宅”“村庄”“土地”“财产”“身体和心灵上的庇护所”“容纳与所容纳之物”等概念的能力，使人们不断开发利用它。比如它可以用在政治说辞中：约翰·伯格指出过，它是如何维护令人怀疑的家庭道德观，以及好战的爱国主义（比如用在“家园”中时）的。

这个词的信息密度和轻便性——它能够用这么简单的方式承载这么多意思——使那些想给自己的作品加码的建筑师都很喜欢它。很多在处理家居环境时困扰重重的建筑师就是家庭环境的预言者。路德维希·密斯·凡·德罗和弗兰克·劳埃德·赖特的人生中都留下了婚姻失败和被人遗弃的痕迹。两人都在单身公寓上创造了自己的宣言和代表作，比如密斯的范斯沃斯住宅和赖特的流水别墅。这些是神奇的建筑，是空间和构造、人类与自然的光彩夺目的篇章，它们从“家”的概念中借取了力量。如果仅仅将其视为空洞的雕塑，如果不去想象住在里面的感觉，它们就会乏味很多。而真正有人居住的时间也不过几十年，甚 65
至几年。很快它们就成了按流程管理的纪念物，在密集的筹款运动后被小心地复原，向以饥渴的实习生们为首的公众参观团开放。它们成为暴露在外的博物馆展品，展示着家的理论。

还有勒·柯布西耶。他与一个女人伊冯娜·加利维持了三十五年的婚姻，但他们之间的关系交织着他的不忠、她的酗酒、没有子嗣以及他强势的母亲。1934年，柯布西耶和伊冯娜搬进了他设计的一座建筑的顶楼上的一套公寓加工作室，其所在的那条街是以两个飞行员的名字（南盖瑟和柯利）命名的，离巴黎的法国网球公开赛赛场不远。他们一直住在这里，直到去世，她是在1957年，他是在1965年。这里是勒·柯布西耶对自己人生感受的无意识却雄辩的总结。

总体上它是美丽的，它敞开怀抱迎接日光和巴黎的风景，时而也有阴晴晦暗。像勒·柯布西耶这样每天早上作画的人，用他的眼光构造出了色彩斑斓的区域。中世纪古朴风格的楼梯盘旋而上，到达屋顶花园这处最受人欢迎、最具柯布西耶特色的地点，它通过一座玻璃亭子，实现了室内外的重叠。工作室是他作画的地方，那里很宽敞，有高大的穹顶，一缕缕阳光越过界墙上粗糙裸露的石块照了进来。

而卧室却是狭窄的、不安的。勒·柯布西耶喜欢现代化的家电，因为它们是纯粹的工业产品，是实现清洁生活的途径。在这里，洁具好似炮兵部队。两个盥洗池、一个浴缸、淋浴设施、坐浴盆、抽水马桶占领了这个空间，它们或是暴露在外，或是由隔墙稍加遮挡。固定的壁橱又给房间添了一分拥挤。床是由高高的细钢管撑起的一张宽木板，这样便能越过室外的挡墙看见外面的房间。要说放松、性爱、柔情，它都不沾边。[柯布西耶设计的另一张婚床则更糟糕。在他为母亲建造的位于日内瓦
66 湖上的一座房子里，他为自己和伊冯娜安排了一张斯巴达式的上下铺。在于法国里维埃拉的马丁岬（Cap Martin）建造的叫作“Cabanon”的小小幽居之所里，他只布置了一张坚硬的单人床；而伊冯娜只得睡在隔壁的咖啡馆。]

工作室的宁静和华丽与卧室的紧张不安相比较，流露出这个人在工作中比在家里更轻松自如，并且书面证据也证实了这一点。然而勒·柯布西耶不只是像密斯和赖特那样将私人住宅建成了著名的艺术品，他还为未来的城市提出规划，将家庭住宅置于高楼大厦中间，并作为塑形和组织的主要元素。家庭住宅未必一定要成为城市的最主要的构成元素，以前的城市大规划都是以公共空间和纪念碑为中心，比如19世纪50年代和60年代奥斯曼男爵在巴黎布下的街道网，或者16世纪晚期教皇西

勒·柯布西耶和伊冯娜·加利的卧室，南盖瑟—柯利街，巴黎。由勒·柯布西耶设计，1934。版权：FLC/ADAGP，巴黎；DACS，伦敦，2012

克斯图斯五世在罗马城开辟出的条条大道。

勒·柯布西耶选择将家庭住宅作为他的主要元素，是因为他认为重新设计家居是重新塑造社会的关键。他说："家居的问题是一个时代的问题。今天社会的平衡就依靠它。建筑在这个万象更新的时期，首要的任务是带来价值观的更正、家居构成元素的更正。"一座住宅应该像机器一样实用、高效和漂亮（"人们**可以**为拥有一座像打字机一样耐用的房子而感到自豪"）。"如果我们从自己的心里、脑子里去除所有关于房子的僵化的概念，从批判性的、客观的视角看待这个问题，我们就能实现'房屋机器'，即批量生产的房屋，它们健康（道德上也是如此）、漂亮，就像伴随我们而存在的劳动工具和仪器那样漂亮。"这不仅仅是一个功能主义
68 的概念——"艺术家的感受力能增加严肃和纯粹的功能元素"的活力也是其中的一部分。无逻辑、浪费、含混不清以及矫揉造作的情感被排除在外。

勒·柯布西耶的理论的命运，是建筑界讲得最多的故事之一。战后重建需要在短时间里建成数量庞大的家庭住宅，欧洲各国政府以及承包商们发现他那种大型、可复制性强的高楼大厦的概念很吸引人。他计划中的某些重要因素被丢弃了，这是由于时间和金钱的限制，也由于人们的漠不关心。他想象中的在大楼之间安排的管理良好的公园和运动场地，大都没能实现。"艺术家的感受力"很少出现。他的高效的观念被采纳了，他对美的想象却没有。

人们后来发现，是勒·柯布西耶误读了人性。他认为"详细制订计划并批量建造，可以使人产生平静、有序和整洁的感觉，会不可避免地推进居民的纪律性"。然而人类不是如他所愿那样会轻易放弃感性。理性的设计与有纪律的生活之间没有不可避免的联系。事实是，或多或少地按照他的理论实施的公共住房项目，很快就被人形容为没人性、没灵魂，是流氓和犯罪行为的庇护所。

故事被过于简化了。人们可以强调布满高楼的住宅区是多么幸福祥和，也可以强调在传统的街道上生活是多么邪恶和麻烦不断。但有一种说法是公平的，即他认为通过建造"漂亮和健康"的住宅就可以让社

会变得更好，这样的想法被证实是错误的。像迪恩和索恩一样，他高估了物质世界的救赎的力量。

我们很容易认识到，那种相信砖瓦工程有治愈能力的想法有多么荒唐，那是迷信，是泛灵论；但人们却一次次地掉入它的陷阱，这也并非毫
无道理。因为如果认为一座住宅可以修补一个家庭的想法是错误的，那 69
么反方向的思维也是错误的。也就是说，建造背景与我们的生活不是不相关的。换成否定的说法就是，错误的建筑会给人带来痛苦和沮丧。如果居住变成了纯粹的技术问题，那样的世界就不那么有趣了。

更积极点说，我们希望建筑能起到装饰、美化、带来尊严、吸引注意、疏导情感的作用。我们希望它给我们建议、给我们能量：告诉我们未来的可能性，使它成为现实，并给我们以自由。迪恩、索恩以及苏里南人投入住宅上的激情，向我们展示了这件事是多么重要。家的观念，无论是作为一个稳定的宇宙还是游牧式的流浪，表明了一个基本的道理，即我们占有的空间对我们来说不是中立的。我们无法用超脱的眼光来看待它。我们身在其中，我们塑造了它，它也塑造我们。

真正神秘的，是物质环境与我们的欲望互动的方式。如果迪恩花园或者柯布西耶批量生产的住宅看上去武断而又笨拙，它们到底是哪里出了问题？建造者或者建筑师怎样才能在物和人之间建立更和谐的关系？

迪恩花园、索恩的住宅、勒·柯布西耶的理论背后的假设都是，形式和内容之间有着密切的对应关系：如果一座住宅代表幸福的家庭生活，这样的生活就会在其中呈现，或者说整齐的设计会造就有秩序的居民。(类似的认识在全球经济中也起过作用，“有一座住宅就有了稳定性”的幻想促成了美国的次贷危机。美国住房和城市发展部部长肖恩·多诺万说：“建筑环境推动了经济危机的发生。”)

苏里南人对比基莫米尔住区的占领，差不多是迪恩设想的对立面：它表明人们可以在任何地方建家，可以不受或者无视建筑形式的影响，尽管这需要相当大的努力。诺丁山的故事表明，城市的规划和设计无论
如何会对它们的未来产生影响，这个过程中有运气，也有无法预料的起 70

起伏伏。

迪恩、索恩和柯布西耶的失望表明他们误判了形式的力量，将无生命的物和有生命的人之间的关联想象得太过直接。如果无机物和人之间有因果关系，它更会是迂回曲折、交互影响的，而不那么直线式。如果
71 说建筑中有什么真理的话，它的形状也不是一眼就能看出来的。

第三章　真实的冒牌货

“家”可以表示容器，也可以表示容纳在其中的东西，这就表明建筑物既是象征，也是工具。它们代表目的，同时为这个目的服务。如果说“家”将这种双重性极为紧密地结合在了一起，那么在其他的建筑形式中我们也能找到它：办公室、学校、教堂都可以既是建筑物又有实际功用。

“建筑既是象征又是工具”这一点使建筑具有欺骗性和轻浮易变，有时还显得滑稽可笑。一座建筑可能看上去是做某用途的，而实际上却不是，甚至实际功能会妨碍表面功能。这是拉里·迪恩付出高昂的代价才发现的。他的家，那座建筑，远未能巩固他的家庭，最终导致自身的瓦解。

可笑的是，建筑本应该有最大限度的实用性，但它总在自己的这点伪装上栽跟头。戴安娜王妃的继母、斯宾塞伯爵夫人瑞恩每次需要更换她在伯格纳里吉斯的大宅的电灯泡时，都要把建筑师叫上门，他也总是随叫随到，直到她把欠他的账付清。她看待建筑师的角色就是十分功用性的，不过这个行业里的很多人都不能认同：他们普遍认为自己的工作，是给遮风避雨之所提供一些附加的东西。建筑师希望有一种尊严、一种专业风范，但现实可能会让他成为傻瓜。建筑的本意是一回事，它们被如何使用又是另一回事。

英国建筑师理查德·罗杰斯曾说： 72

> 我们一直在寻找的东西，是某种建筑形式，它不像古典建筑，一经完成便是完美的、固定不变的……我们在寻找像音乐和诗一样的

建筑，它可以由使用者来改变，是一种即兴发挥的建筑。

罗杰斯设计了伦敦的洛伊德大楼，与伦佐·皮亚诺一起设计了巴黎的蓬皮杜中心，它们的审美就是基于这种即兴和变化的。这两座建筑分别于1986年和1977年完成，将管道、电梯和自动扶梯放在了外面，以便为内部留出不受阻隔的空间。理论上这些元素可以被拆除、替换和移位，来满足建筑使用者们不断变化的需求。在蓬皮杜中心，他们设计了活动性的画廊，隔墙和艺术展品可以随意重新摆放，而沿大楼正面对角线盘旋而上的自动扶梯吸引公众进来探索。蓬皮杜中心闪耀着20世纪60年代的自由观，它意在反抗传统博物馆作为藏宝地那种封闭、坚固、严肃的概念。它预示着解放、变化和流动性。

管道看上去也很引人注目。在巴黎秩序井然的白骨颜色的街道上，它们制造了颜色和生命力的奇异景象，宣示了革命的意图。在伦敦，它们的外形光亮夸张，错综复杂，某个评论家将其比作摩托车引擎，另一个称之为“高蒂的景象”。

但是据美国作家、环保主义者斯图尔特·布兰德说，蓬皮杜中心“需要大量的维护工作”，是“一个锈迹斑斑、油漆剥落的言过其实的丑闻”。

而洛伊德大楼是：

> 有史以来建成的最贵的建筑。1988年的一项调查显示，75%的
> 73 使用者想搬回街对面他们那座1958年的大楼里。被大肆吹嘘的适
> 应性都是高科技的，并且规模宏大，完全忽视了单个工人或工作组。

（至少这是他在自己在美国出版的书《建筑如何学习》中说过的话。他的英国出版商迫于罗杰斯的律师的压力，将这些话换成了更温和的段落，讲的是别的建筑师的作品。）

换句话说，布兰德认为，具有灵活性的外表是一回事，现实是另一回事。罗杰斯关于洛伊德大楼的一段话，更是显而易见地模糊了外观和实用性：

上图：蓬皮杜中心，巴黎，由皮亚诺和罗杰斯设计，1977。版权：罗恩·穆尔

下图：洛伊德大楼，伦敦，由理查德·罗杰斯合伙事务所设计，1986。版权：罗恩·穆尔

> 这种将各个部分并排放在一起且不断变化的关键是，每个技术组成部分的角色都十分清晰可见，并在功能上得到了全面的表达……每一个组成元素都被分离出来，并用于建构秩序。没有任何东西被隐藏，一切都被表现了出来。组成部分的清晰可见，成就了大楼的规模、纹理和阴影。

罗杰斯无意识地摇摆于功能（“技术组成部分”）和外观（“规模、纹理和阴影”）之间。他曾经在其他场合解释过管道外置是为了实现灵活性（意味着它是实用性的），在这里成了“表现”和“清晰可见”的问题。这座建筑是灵活性的象征，同时它也是工具性的象征。

布兰德在给罗杰斯的高大的建筑挑毛病的同时，还盛赞了“低地”上的建筑的各种优点。朴素的、实用的结构，能轻易地进行扩展和改造，并且常常被改造成初建时没想到的用途。车库变成了服装店，货仓变成了图书室。这些房屋的设计者通常是不知名的，或者没有职业资格，他
75 们的美学要求不高，但随着时间流逝，他们也激发了人们的情感。

他在麻省理工学院的两座建筑之间做了界定性的对比，它们分别是20号楼和传媒实验室。20号楼是“一座蔓延25万平方英尺的三层木结构建筑……1943年为了适应安装雷达的迫切需要而仓促建成，当时为防止毁坏就给楼顶铺上了石板”。传媒实验室是经过筹划在1986年建成的，是为“针对快速演化的计算机和通信技术进行深层次研究开展合作的人员”而建的。这座楼的设计者是贝聿铭，几年后他被美国建筑师学会票选为“最有影响力的在世美国建筑师”。

20号楼最终在1998年被拆除，比当初计划的超出了几十年，据一位使用者所讲，它成了“有史以来最好的实验性建筑”。它还被叫作“胶合板宫殿”或者“神奇的孵化器”，在那里诞生了麻省理工学院最伟大的一批成就，包括通信、语言学、核科学、宇宙射线、声学、食品技术、频闪观测摄像、计算机等方面。使用者们说秘密在于它是“一座非常实际的楼”，在里面“人们从来不用担心破坏了周围环境的建筑价值或者美学价值”。研究者们可以按照自己的想法移动隔断、在墙上凿洞、钉钉子、

挖窗户。他们可以根据实际需要进行改造，使自己的一角个性化。20号楼的另一个伟大特质是它横向延伸的布局，这为偶然的会面和即兴合作提供了条件。

相比之下，布兰德指责传媒实验室是“4500万美元的自命不凡，实用性差，没有适应性”，“巨大的、空洞的中庭”，“把人们分割开来”。“在五层楼高的空间中，你不管站在哪里都看不见另一个人影。可能见到人的地方都被内窗上的茶色玻璃仔仔细细地挡上了。”这座楼的刻板僵化使“成长和新项目几乎不可能”，它的规划“从一开始”就加剧了“学术势力争夺战”。 76

布兰德是有说服力的：要在脚踏实地的智慧和自命不凡的愚蠢之间做出选择的话，很少有人会支持后者。不过，如果走到极端，他的理论会导致所有的建筑都像Gap品牌的卡其裤一样：实用，但是沉闷无趣。诸如外观、幻象、梦想、象征、想象之类的角色，也几乎未被他提到。

这一点在他描述15世纪威尼斯的黄金府第时就更加清楚了。他喜欢这座建筑的侧墙，这面砖墙有漫长的改造历史，正符合布兰德的应变和灵活性的品质。这样没错，但是他没有给主正墙以太多的关注，这面墙像一块大理石幕布，高高遥望着自己映在大运河中的倒影，上面布满了雕刻。它有些过于浮华，并且缺少变化，跟实用性没多少关系。最初的时候它的各部分都用金箔和深蓝青色漆装饰，不久这些华饰都在威尼斯湿咸的空气中斑驳脱落了。主人知道这种情况会发生，铺张浪费才是重点。正是这面一意孤行、造价昂贵的正墙，而非那面任人改造的侧砖墙，使“黄金府第”名扬天下，并吸引了上百万的参观者。布兰德的论断无法解释这一奇怪现象。

从最显而易见的层次来说，建筑具象征意义的特质可以用展示和宣传来描述；建筑是用来传达信息的，不管信息是对是错。黄金府第是为马里诺·孔塔里尼建造的，他的家族几个世纪以来为威尼斯提供了八位总督。正如历史学家黛博拉·霍华德所说，它“荒谬的奢华姿态”是“为了展示其财富和地位”。她猜想这座府第还可能是为了纪念他早逝的妻子。因此这座宫殿不仅是住宅，还是仪式性的，并且也是照此来进行设

上图：麻省理工学院20号楼，马萨诸塞州坎布里奇市，1943。供图：麻省理工学院

下图：韦斯纳大楼，麻省理工学院，马萨诸塞州坎布里奇市。由贝聿铭设计，1986。供图：麻省理工学院。照片版权：克里斯托弗·哈廷

黄金府第，威尼斯，1421年开始建造。版权：罗恩·穆尔

计的。

蓬皮杜中心的创造者是一位保守人士乔治·蓬皮杜总统，为了显示他自己的进步性。1968年5月的学生暴乱发生一年后，蓬皮杜就任法国
79 总统，他当时的主要任务是恢复秩序。他下令在那个不久前铺路的石块还被凿出来抛向警察的地方建起一座先锋前卫的艺术殿堂，他的目的不是为了庆祝革命，而是为了驯服它。如果年轻的建筑师长发披肩，看上去就像是学生暴乱者，那就更好了。对循规蹈矩的人来说，这样的建筑看上去可能让人担忧。它还兴许真的会创造一些乐趣和自由，让人们用新的方式来使用和欣赏这座老城，比如众所周知的乘外露的扶梯蜿蜒而上。但从一个信奉戴高乐主义的总统的角度来看，激进的建筑总好过激进的政治。中心前面的广场可以让年轻人玩玩接球，表演个吐火，那可比扔石头和燃烧弹好多了。

伦敦的洛伊德大楼是1688年就开始运作的保险市场。这个客户也很保守，也担心自己看起来过于陈腐，也想表现得有一些变化。罗杰斯使蓬皮杜中心和洛伊德大楼披上了具有现代性的令人眼花缭乱的外衣，履行了自己的职责。他的成绩不只是在宣传上：蓬皮杜中心的确改变了它所在的玛莱区的经验，也改变了巴黎的经验，尽管它对政治现状毫无改变。它是当权者与青年建筑师的一次谈判、一个协议，双方都得到了自己想要的东西。

要了解建筑物怎样能彻底地误导人们，你可以看看苏联农业展上金光闪闪的展览馆。农业展位于莫斯科郊外的奥斯坦基诺（Ostankino），占地面积超过了摩纳哥公国。它是这个国家比较显著的欺骗性建筑之一，他们曾给全世界留下了“波特金村”（Potemkin Village）的概念。农展会
80 构思于1935年，是为了庆祝苏联农业的丰收，而这正值连年饥荒最严重的时候刚刚过去两年。苏联共产党的政策引发了这场持续不断的饥荒，有600万到800万的人口因此丧命。它也是为了庆祝苏联的16个共和国的团结友爱，而当时地区身份受到了残暴压制。

最初的计划是农业展于1937年开幕，来纪念革命爆发二十周年，但

由于建设缓慢，被延期到了1939年。接着一处败笔被发现了：临时性的木结构让人觉得不够震撼。因为这项罪行，并且还因为不幸地选错了政治上的赞助人，项目建筑师维阿切斯拉夫·奥塔茨赫夫斯基在沃尔库塔的劳改集中营流放了四年。

展览会在二战后重新开张，接着1947年又发生了一次饥荒，100万到150万人丧生。这次它没有受到影响。最终竣工是在1954年，展览会有一片开阔的场地，其间点缀着慷慨激昂的建筑，颇有世界博览会和大型展览会之风。每个共和国都有一个展馆，每个重要的农业分支也都有一个展馆，比如谷物、肉类、兔子繁育。而且展馆本身远比其中的内容重要。在农业机械化和电气化馆，在玻璃穹顶、镀满金银丝的钢架墙的映衬下，一组联合收割机显得相形逊色。更突出的是一组巨型雕像：一群坚定的劳动者，身旁是一群吹喇叭的儿童，在向着一面金色的旗帜和闪闪发光的五角星攀登。

与世界博览会和大型展览会不同，农业展的建筑几乎没有表现出面向未来的倾向。1851年伦敦向世界展示了水晶宫，1889年巴黎建造了埃菲尔铁塔，1958年布鲁塞尔则展示了一座原子状的建筑。莫斯科的展览圆了斯大林二十年来对真正的苏联建筑的追寻的梦想：它呈现的是希腊和罗马古典主义；亚洲风格的细节，让它变得天马行空；美国式的摩天大楼，又让它变得庞大无比。它的风格削弱了对未来的兴趣，而是从过 81
去的建筑中提取了母题。

党的致辞声称，这样做的目的是“对遗产的继承”，以及“确保清晰和精确……必须让人民大众容易理解和把握”，“艺术像今天在我们苏联见到的英雄主义一样，极为简单”。随着时间的推移，震撼人民大众的愿望胜过了保持简单的任务，比如在莫斯科著名的地铁站，马赛克、大理石、枝形吊灯、洛可可风格的卷轴这些腐朽贵族阶级舞厅里的东西，被用来装饰城市的公共和实用空间。就像斯大林的公众形象一样，这座建筑结合了力量和魅力、闪闪发亮的眼睛和包着铠甲的拳头。

农业展上的各个展馆最低限度地受到收纳展品的功能的限制，它们的风格倾向于一种狂乱状态。建筑师们似乎将奥塔茨赫夫斯基因沉闷而受罚的事放在了心上，进而抒发了自己的感情。希腊和罗马、巴比伦和亚述都被唤醒了。建筑物树立了典型的紧凑型的节奏，有拥挤的柱子、旗帜、雕像、庄稼和苏联五角星的雕刻。这些部分表达了力量，有着军事色彩的重复和傲慢的冗余。柱子又大又多又密集，显然没有必要，无论它们支撑的是什么（通常也没什么）。它们告诉你，塑造它们的那个力量可以挥霍一切，无所顾忌。

然后是魅力的部分，它表现为充满幻想的小尖塔和圆屋顶，加了褶皱和装饰物的矮墙，以及如儿童画册般明晰的雕刻。白色和金色是主要色调。门窗洞上挤满了丰盛的农作物的雕刻，有玉米、向日葵、梨、葡萄、南瓜，数量众多，墙壁几乎不堪重负。人物雕像高贵而英俊，衣着整齐。卡累利—波兰馆的山墙上刻着伐木工用电锯伐树的场景，而建造该馆的
82 木材也就是那样来的。

写实主义占据了主导地位，但它也是有缺陷的。肉类生产部展馆的柱子上站上了牛的雕像。农民、猎人、牧羊女和矿工扛起了西伯利亚馆的柱顶盘，其中却没有劳改营犯人的迹象，尽管当时该群体占这个共和国人口的大部分。兔子繁育馆的壁缘上是兔子的浮雕，它们嬉戏欢闹，大概是在交配前后，尽管雕刻者太过羞涩，没有把馆名中的繁育过程表现出来。

一条中央大街延伸开来，街上布置了几座大型喷泉。其中一座叫“石花”，上面堆砌着装满水果和蔬菜的篮子、水罐和喷水的鹅。另一座叫“国家友谊”，十六个金色的妇女象征了苏联的各个共和国。她们的颜色如电光石火般闪亮，像糖浆一样甜美，她们双臂伸开，一片平和的模样。中央耸立着一垛镀金的小麦，顶端是水的浪花，像微微点头的麦穗。

这个展址后来被改名为国家经济成就展，又加上了太空探索之类的主题。直到今天，它一直是商品交易会的举办地（当地人口倒是很少），商业的泥沙在这里俱下。卖羊毛、电话机和纪念品的小商户点缀在巨大的柱子脚下；郊区展览屋出现在白柱的展馆旁；小贩们兜售着与海绵宝宝、《怪物史莱克》中的角色拍照的机会，背后是古旧的列宁青铜雕像，它备受冷落却无能为力。这个地方太大了，要推倒不容易，要充分利用

共青团地铁站，莫斯科。由阿列克谢·休谢夫等人设计，1952。版权：罗恩·穆尔

也不容易。

苏联农业展通过它的建筑，不遗余力地、苦口婆心地说出了显而易见的谎言，那就是：苏联的农业是高产高效的，是富足的；苏联的共和国是幸福的、友爱的。还有一个谎言：农业展是斯大林的权威的宣言，是在他的影响下设计的莫斯科的高楼大厦和地铁站的风格的极端形式。它
84 是时间长河里的一簇泡沫，它忽视了当时几乎可以在任何国家找到的建筑的现代风格。看着这些自信的建筑，你不会想到斯大林在它们竣工前一年就去世了，而对他的狂热崇拜正在消退的边缘。正如建筑常常遇到的情况一样，它庆祝的，恰是将要消失的东西。

同时，如果你知道怎么看，这里还能看到真相。展馆中最闪亮的一座，是位于中央地带的、在石花喷泉旁的乌克兰馆。它点缀着不断重复的垂直线条，来使人们想起麦田，其顶部还有一个皇冠状的构造。它的富丽堂皇反映了乌克兰共产党第一书记的意愿，此前的展馆被他认定是不合格的。如果你觉察到这个想在他的同志们的建筑前独领风骚的人有什么政治野心的话，你就猜对了。这位第一秘书就是尼基塔·赫鲁晓夫，他在斯大林死后成为苏联领袖，并且领导了去斯大林化运动。作为时代的权力政治的记录，这个展览至少在某种程度上是十分诚实的。

把建筑的主题定为宣传，这样的例子是丰富的。我个人最喜欢的是机井洞（Kijŏng-dong），它是朝鲜的一个小镇，看上去富庶、祥和，正好在韩国的位置可以看见。实际上，房屋的窗户都没有玻璃，墙的后面也没有房间，那里的灯光时亮时灭，好让它看上去像是有人居住。那里有世界第二高的旗杆（最高的在阿塞拜疆），以便韩国无论再建什么都要矮一截。建筑是混淆黑白的强有力的工具，也是将故事当作事实展示的有说服力的方式。这是建筑的一个重要特点，也是其比较片面的一点。

用来为政治发声，这只是建筑的一大堆功能中的一个分支，此外它还有作为公共关系、作为刺激、作为推销、作为讯息的种种功能。在过去
87 的二十年里，标志性建筑的观念逐渐壮大，人们认为外形壮观的建筑会给一座城市引来游客和投资，1997 年的毕尔巴鄂古根海姆博物馆是早期

“国家友谊”喷泉，苏联农业展，莫斯科，1954。版权：罗恩·穆尔

乌克兰馆，苏联农业展，莫斯科，1954。版权：罗恩·穆尔

的一个例子，目前仍是最著名的一个。这种观念被证明十分持久，尽管早期有批评家表示了怀疑的态度，尽管显而易见的事实是，它就像货币，泛滥了就会贬值：如果密尔沃基、米德尔斯伯勒、瓜达拉哈拉和成都都有自己的标志性建筑，那么每一个都会像另一个一样有趣，或者说像另一个一样无聊。

当建筑被用来传递信息时，它就如同语言一样。一座建筑就成了一个词语或一个句子。有时这种“建筑是词语”的观念被用到了极致：批评家查尔斯·詹克斯曾经颂扬形状像热狗的热狗摊、形状像甜甜圈的甜甜圈摊。他还让人们注意18世纪法国建筑师的那些想象中的建筑，比如让—雅克·勒柯的以牛做外形的牛圈，以及克劳德—尼古拉·勒杜的阴茎形状的妓院。

但一旦建筑的信息被转换成了词语，它的生命就被掏空了。相较于写作和说话来说，建筑只能允许沉闷严肃的句子，如果花费那么多金钱和劳动只是为了笨拙地表达如下句子，似乎都不值那么大的麻烦：“买个甜甜圈吧”，“斯大林统治之下”，“来毕尔巴鄂投资”，“这里有牛/性”。有一小类的模仿性建筑，包括詹克斯的热狗，它只能作为一小类，因为它的观念只能让你认识到这里没有什么好说的。

勒柯的牛圈和勒杜的妓院都是吸引人的，但只是在人们把它们当作故作荒唐的时候——你驻足观看，是因为你无法相信居然有人能做出这样望文生义的事来。既然有那些个活生生的动物在，你还需要一个巨大的、没有生命的牛像干什么？此外，巨大的牛像与真牛完全不同，与它们毫无共同点——没有生命，没有气味，没有体温，体型上也不对，而仅
仅是牛的形状。而可以吃的甜甜圈，比只能看的甜甜圈带来的乐趣要多 88
得多。

建筑的核心特征就是它们是建造而成的。它们是时间和材料的杰作，是从大地中提取的材料，经过劈砍、切割、编织、熔化、烘烤、过滤、电解，最终站立在风雨中和阳光下。材料有自己的特点、限度、美和反抗性，将它们聚集在一起需要力量、技巧和劳动。建筑蕴含了风险和危险性：盖楼可能会有伤亡，建筑项目会让人破产。它们经过装修和布置，再

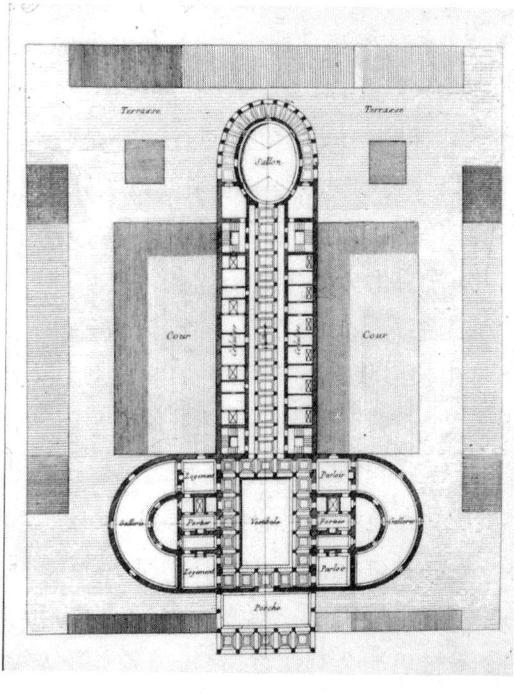

上图:“青翠草地上的牛圈”,由让—雅克·勒柯设计。版权:法国国家图书馆

下图:Oikema,或称“快乐屋”,由克劳德—尼古拉·勒杜设计,1775。私人收藏

装修、再布置，通常主人与最初的建造和设计没有任何关系。

它们是通过合作和竞争完成的。它们经过了客户委托、银行资助、规划者监管、建筑师和工程师设计、承包商和分包商建造、房产代理人销售的过程。律师起草合同，管道工修管道，批评家写评论。从劳动者挖洞到金融家付账单，建筑是少有的牵涉了截然不同的财富、兴趣和舒适度的人生的创造性活动之一。牵涉其中的人们不太可能喜欢、理解对方，他们甚至互不相识，但他们不得不一起完成这件事。每座建筑在一定程度上都是巴别塔。

然后它们被居住或被使用。居住的方式之一，也是很少见的方式，是客户住在他亲自建造的房子里。更常见的情况是，人们购买或租赁开发商委托建造的房子，而开发商们是住在别处的，或者早已去世。一所学校的居住者，包括老师、学生、守卫、来访的家长和管理者，每个人都以不同的方式使用它和看待它。一座建筑也会成为一座城市或一处景观的一部分，会由过路人和邻居来体验，成为他们生活背景的一部分。

使用者和使用方式会发生变化：办公室、工厂里，工作人员来来往
往；每年新入学一批学童；医院的病人出院回家或者走向坟墓。20世纪 90
30年代建成的都铎风格的郊区是为了迎合盎格鲁—撒克逊裔职员的品位，而它可能被南亚的中产阶级占有。学校可能变成公寓，发电所变成画廊，教堂变成清真寺。一座大楼可以改建和扩建。或者，即使它的结构保持不变，对它的认识也可能发生变化。它的风格可能会落后于潮流或者赶上潮流。一个建筑可能被一代人认为是沉重压抑的，而另一代人可能会喜欢它。

看上去如此坚固的建筑，实际上常常处于运动中。从创意之初到彻底毁灭，建筑是制造、使用和体验它们的人们之间的博弈。它们也会变老，也会历经沧桑。它们是对其中可以容纳的生活的提示，并且一直在迎接变迁。它们容易变成报应和闹剧：比如破产银行的石门廊、被赶下台的独裁者的宫殿、一座没有尽头的桥。

建筑合同通常主要说的是确定性和完整性。它们说的是，怎样才算是达到“所有参与者都一致认可工作完成，可以去进行另一个项目了”

的地步。要创造一座建筑，人们几乎无一例外地需要绘图、测量、拆拆补补。建筑在杂志和历史书里被描绘成是受限制的、不能活动的。它们被拍在照片里的样子总是它们最原初的状态，一般是在清晨，这时摄像机更容易把握光影的平衡。无关的东西（比如路标、别的建筑，常常还有人）一般被排除在镜头外。建筑物的首要地位得到了强调。

然而建筑常常是不完整的。或者说，它们只能由以其为场景的生活所填满。建筑的迷人之处，以及对它的误解，大都来自这层矛盾。

91 这一切使建筑与意图和事实建立了某种关系。一座建筑不同于一个句子，句子原则上能够较贴切地匹配和表达一个思想。建筑与语言不同，它不是线性的。与词语的流动性相比，建筑笨拙得简直触目惊心。但是，它可以供人们居住和生活，而书却不能。

一座建筑往往始于一种意图，而经由许多人和事件的改造，最终有了背离原意的、截然相反的或者多重的结果。它创造了一个不同于其所宣称的目标的现实，并且允许将来的未知的现实在其中发生。这是建筑的一个特质，即它变革的能力。而不好的建筑的一个定义是，它否认建筑有易变的复杂性这种特殊形式，并且试图竭力表现得像词语一样。比如一座想让自己的样子像钻石的豪华公寓楼，一座献给一位喜欢养鹰的酋长的博物馆，据称形状像翅膀上的羽毛。这样的作品简直是对其周围环境的暴力。

在葡萄牙南部有一个公共洗衣房，它或许已经成为过去，因为洗衣机的最终胜利也许已经带来它的毁灭。从外面看，它就像一个简陋的公交车站避雨棚，是一个窄长的长方形结构，一边是敞口的，墙壁用混凝土砌成，涂上了白色的灰泥。上面是浅浅的单斜水泥屋顶。仅有一根中央支柱在敞口一端撑住屋顶。没有门窗，没有玻璃。它位于灰尘四起的路边，周围草木丛生，无人管理。没有什么记号来表明它的身份：村外的人不需要知道，它的用途也是不言自明的。

屋顶下的一池水在没人洗衣搅动时光亮如漆，一圈规规整整的边沿将水挡起来，在一处留有豁口，好让水流出去。两根管子不规则地从墙里伸出，它们是粗糙的没有阀门的水龙头，用来引水。水龙头的下方和周围的墙上不均匀地散布着潮湿的斑痕。在炎热的日子里，阴凉中的水 92 池是缓口气的地方，是穷人的阿尔罕布拉宫。池深无法目测，因为水面倒映着粗糙的水泥天花板和一小片天空，天空的颜色本来是苍白的，映在水中变成了湛蓝。

边沿外有一圈沟渠，再外一圈是水泥做的搁台，向里微微倾斜着。搁台区域错落地摆放着方形的大理石板，以便在上面刷洗衣物。大理石板每隔一段距离放一块，以保证每个洗衣的人有足够的活动空间。整个房间的面积得到了合理的安排，水池周围有空间供人们走动，在有人洗衣时也可以在边上走动。

这座功能性建筑是与气候和社会相适应的。在天气稍冷的地方，它就不会以同样的方式起作用，作为一个社区的建筑艺术，这个社区要有一起洗衣的习惯，并且有某个集体组织来负责建造这样的公共设施。它是专门为洗衣而定制的。水泥、大理石、水等材料，也是根据需求在使用。细节上或粗糙或精确，视需要而定。我们很难知道它在设计时对自己有多少把握，但它的指导原则是经济从容。它是不加修饰的，但在不经意间却显露出感性。

不管是否有意，它都起到了连接作用。它将人与气候连接起来，它涵盖不同的温度，从里面冰冷的水到外面炎热的尘土。这个无名的作品创造了一种独特的内与外的模糊性，而这正是现代主义建筑作品所称道的。

它具有代表性。它是空间和时间中的一个断裂，它由某些价值观所塑造，又塑造了一些价值观。只有发生在其中的人和事才能使其完整，而这些人和事也只能因其而完整。它不倚仗文字。它不去模仿：洗衣房没有试图让自己变成衣服的形状，却塑造着这样的活动，并被其塑造。

我们很容易想象一座建筑应该看上去与其内容相一致，比如一座艺术博物馆应该看上去像某件艺术品，应该有“创造性”和“雕刻感”， 94
或者一座机场应该看上去像正要起飞的样子。或者不发达地区的开发应该呈现希望升腾的线条。如果说这种观念非常奇怪，那也不会显得有

洗衣房,葡萄牙南部。版权:罗恩·穆尔

多夸张，尽管一些久负盛名的建筑师手下的庞大昂贵的建筑都是以此为理念的。再想想勒柯的以牛做外形的牛圈，也许能帮助我们认清它的荒唐：恐怕没有理由让一个容器看上去像它的容纳物。一座建筑如果造得像一件交通工具，那就像用砖头造的船一样笨拙；我们要吃的草莓，不一定非得盛在草莓形状的盘子里。

建筑与餐具的共同用途，依据制造它们的方式和材料，就是改变它们所服务的事物的物质经验和社会经验。骨瓷盘子里的一餐饭不同于塑料盘子里的一餐饭，或者白盘子与黄盘子不同，装饰着鎏金枝蔓的盘子与绘着彼得兔吃萝卜的盘子不同。筷子和餐叉代表着不同的菜系和不同的礼仪。建筑也是一样：它们添砖加瓦，它们反馈和共鸣。

建筑的特点在葡萄牙洗衣房和“国家友谊”喷泉这两座与水有关的建筑上得到了充分体现。两者都有代表性，但一个是通过用途，另一个是通过标识；一个是通过动手使用，另一个是通过观看。大部分建筑是两者的结合。慕尼黑市的阿萨姆教堂，又叫内波穆克圣约翰教堂，更倾向于喷泉的一边而不是洗衣房的一边：它是用来劝服人的，但把它称作宣传就太草率了。它是建筑的现实易变性的一个不错的例子。

教堂修建于1733年至1746年间，位于市中心的左近。埃吉德·基林·阿萨姆和科斯马斯·达米安·阿萨姆兄弟借由它来表达对上帝和对建筑的忠诚。两兄弟都有着建筑师、雕刻家、灰泥工、画家的技能，两 95
人一起因创造了18世纪巴伐利亚的令人目眩神迷的教堂而成名。埃吉德·基林当时花钱买了一块地，并自费建了一座教堂，这样他们两人就可以不受制于客户的兴致，完全按自己的想法去建造。他又在隔壁买了一座房子，加建了新的房屋正立面，并住了进去。房子和教堂的隔墙上开了一扇窗，这样他就可以从自己的家中看到他和弟弟的作品了。

阿萨姆教堂如同约翰·索恩爵士的住宅和博物馆以及迪恩花园一样，也属于有强迫症色彩的个人宇宙的类别。同时，它有公共用途，会众可以在那里做礼拜，这也是它所在的文化的一部分。阿萨姆兄弟的事业是为巴伐利亚选帝侯（Electors of Bavaria）统治的社会服务的，在天主教

内波穆克圣约翰教堂，或称阿萨姆教堂，慕尼黑。由埃吉德·基林·阿萨姆和科斯马斯·达米安·阿萨姆设计，1746。版权：罗恩·穆尔

会的帮助下，统治者们决心保留带有一部分中世纪色彩的世界观。当时科学革命已经到来，工业革命即将开始，启蒙运动很快也会出现，然而阿萨姆兄弟、他们的主顾以及统治者们希望将这些全都摒弃。他们的教堂是一种自信的，或者说绝望的，对旧秩序的肯定。

如今它膨胀、发泡，变成了沿街一排六层的外形平整的楼房，并且向上高过了教堂的檐口。除白色外，它的颜色还有粉红、肝紫色、橙色、潜艇绿或者孔雀石绿。它们是合成色而不是原色，不是纯净的而是混合而成的。灰泥制成的水果形状的垂花饰连成一串，技艺精湛地表现出了现实主义和脆弱的特点，捕捉着清爽的空气。水果栩栩如生，仿佛再离建筑远一点，就会掉下来似的。隔壁埃吉德·基林的房子的正墙上布满了缎带、树叶和天使的装饰，使它也加入了教堂的喜悦中。最奇特的是，一座假山在人行道上伸展开来，看上去就像教堂是扎根在高山上一样。石
头的自然色彩使它们看起来更不真实，因为周围环境中的一切都显示， 97
你并没有身处阿尔卑斯山中（在天气晴朗时，你可以从这座城市望见阿尔卑斯山）。

这只是外墙，属于在走进正室前的“清嗓”。但在介绍占主导地位的“恐惧留白”*这种艺术风格（它要求建筑表面要随着装饰物扭曲摆动，就像漂亮的甲虫在被翻过来的石头上爬动那样）的室内前，我需要介绍来自另一个世纪德国另一个地方的一种思想。“建筑要么就作为背景为人感知，要么就根本不存在。”20世纪法兰克福学派思想家瓦尔特·本雅明说道。

乍听上去，这似乎很悲观，或者至少是一种对冷静的诉求。它似乎在提醒人们，建筑的角色是站在生活的动作和剧情背后，保持谨慎和沉默。在不同时期，建筑师们和作家们都推崇过这种带着默默无闻的尊严的建筑，它们全然不同于阿萨姆教堂。正像哲学家、偶尔也兼任建筑师的路德维希·维特根斯坦在评价都柏林的乔治王朝风格的砖砌平

* horror vacui（来自拉丁语，意为“fear of empty space”，即对空白空间的恐惧），也叫作kenophobia（来自希腊语，意为“对空白的恐惧”），在视觉艺术中，是指将一个空间或一件艺术品的整个表面填满细节。——译注

台时说的，这样的建筑“有不错的品位，知道自己没什么重要的东西要表达”。

再细想想，本雅明的话就显得没那么多的束缚性了。阿尔卑斯山可以作为背景，里约的狂欢节也可以，曼哈顿的天际线，甚至一场战役，这些都曾在戏剧或电影中作为背景。有些电影，像《大都会》《银翼杀手》，它们的布景与它们的故事一样为人们津津乐道。如果建筑作为背景，它可以渲染、塑造、制止或者强化我们生活中的事件。大部分值得怀念的事情，都与它们的发生地紧密相连；如果没有背景，它们将是无法想象的。这就是为什么人们喜欢选择在哪里结婚，在哪里举办纪念会，在哪里庆祝生日，也通常会记住他们在哪里坠入爱河，或者在哪里听到噩耗。如果建筑作为背景，它会变得更重要，而不是不重要。

简单点说，选择不锈钢、橡木镶板、天鹅绒帷幕还是丽光板，这可以
98 决定饭店的性质，以及在其中发生的一切；壁砖用在盥洗室里比较正常，而用在餐厅里则会显得奇怪，除非那是17世纪荷兰的餐厅，或者是伊比利亚人的餐厅。

如果建筑做了背景，那么就会有相应的效果。第一就是需要所有的建筑空间（不管多么宏伟或者完美）都要被其自身外的某种东西填补完整，即使有时它不过是路过此处的某人的一个私自的想法。如果建筑师忘记了这一点而试图将一切都呈现在眼前，不留填补的空间，那么建筑就会是失败的。

如果建筑与生活经历交织在一起，那就要问一问，沉默无语的建筑材料怎么能做到这一点。怎样描述无生命的物质的效果，而不去依靠不可信的泛灵论，或者那些在磁力或重力被认知以前科学家们非常倚重的隔空移物的概念？如何避免伪心理学那种笨拙地盯着建筑的柱头和通气口的东西？

并没有现成的答案。但要慢慢探寻的话，我们最好回到阿萨姆兄弟那里，看看他们是怎样看待自己的作品的，他们认为自己的建筑蕴含了什么真理，他们又真正实现了什么。阿萨姆兄弟也许毫不怀疑地认为建

上图：阿萨姆教堂和埃吉德·基林·阿萨姆住宅的细节。版权：罗恩·穆尔

下图：马里昂广场，都柏林，1762年后。版权：考曼克·金塞拉，2012

筑可以代表某种超越其自身的现实，从最简单的层次上讲，他们的教堂就是许多世纪以来所有教堂的样子：那是天堂的景象，通过精致的雕塑和绘画展现出来。因此，走进室内，你会被带到一个圣坛前，它被如太阳般光芒四射的圣灯照亮，而天花板上是一幅充满幻想的画，那里天光大开，无边的天空中，内波穆克的圣约翰乘云而行，天使从他殉教的伏尔塔瓦河上飞升。钉在十字架上的耶稣悬在圣坛和拱顶之间，连接了上下两
100 个世界。他的周围聚着一群圣徒。强壮有力的横木结构（栏杆和檐）在世俗肉身的你与头顶的神圣世界之间划出了界限，这界限只能经由十字架上的那个人的调解才能跨越，并且还需要教堂的帮助。

情况到此为止已经十分明了，但也十分无趣，因为从这番描述中看不出这座教堂与宗教传单，或者与那种描述末日善恶之战的“喜乐书”有多少不同。那是对信仰的描述。使教堂更有趣的是，它必须在某个时间和地点，用来自泥土的物质来呈现这样的景象，并且还要作为人们的栖息之所。从俗世到天国，这个念头相当简单，可它的实现方式却无论如何都不简单。阿萨姆兄弟运用他们所认识的物质和技艺，发掘了材料的多重属性，营造了共鸣、反转和惊奇的效果。

教堂沿袭了古老而基本的模式，大厅四面围墙，屋顶由柱子支撑，并且由柱子划分从属空间。只不过在这里，对重量和结构的估计有些混乱。墙是由薄薄的铸模制成的，看上去也显得纤细脆弱。而粗壮显眼的柱子则有些突兀，看上去无着无靠——它们作为“建筑支撑者”的这个公正而勤劳的角色被剥夺了，被当成了装饰品的一部分，就像建筑工人站在时装发布会上一样。这里的规则似乎是，任何看上去沉重而丰满的东西必须飞起来，而承重的墙必须看上去轻盈而平薄。

在外表与真实之间也存在一些把戏。大理石有些是真的，有些是假的，不过要判断出来并不容易。有时在座席和忏悔室里，木制品显而易见是木制品，而有时那些水果和鲜花编成的花环也是用木头雕刻成，真假难辨。日光因为黄色玻璃和镀金雕刻的梁柱而得到增强。天花板上有画上去的建筑结构，跟下面的三维立体实物对接。

101 雕刻而成的饰带的S形曲线、大起大落的檐口、天使们带褶皱的衣

阿萨姆教堂内部。版权：罗恩·穆尔

服以及植物形状的铁部件，在空间中回响起高低起伏的歌声。画中的两缕清烟连上了像大麦棒糖一般蜿蜒而上的柱子，石头变成了烟雾，又变成了云，承接飞升的圣徒。天花板的画中，一群市民见证了神迹，他们站立的城市（布拉格，圣徒殉教的地方）有清晰可辨的中欧的高塔。尽管这些人被放在了天国的位置，还在天使和圣徒的上方，但他们很明显是尘世之人，是用来回应站在其下的活生生的会众的。

这样看上去，教堂开始变得像是仅由一个泡沫做成的，其中每一种材料和图像的真实身份消失又重现。而之所以看上去如此，是因为尽管教堂热衷于动态和幻象，阿萨姆兄弟依然坚持体现事物的不同和地位的高低。他们不想让人忘记动物和物体的区别、人和上帝的区别。他们的目的不是融合所有的知识，而是创造一个空间，在经验和表象之间，把我们不曾识见的东西展示出来。

非物质的东西，即天堂，由物质的东西来展现，而且是在一个装满了脚步琐碎、散发着体味的不完美肉体的地方。要到这里，只需跨过一道门廊，走进开在森德林格大街上的一扇门（它距离人行道不过几英尺）。它是1733—1746年巴伐利亚的天堂的景象，这个时间和地点正体现了它对自身所处时空位置的看法，它创造的建筑和艺术品只能打上自己的印记，想打破这一规律是不可能的。

阿萨姆教堂因此成为绝尘之物，一个被打上时间印记的永恒，一个带着界墙的无垠，一个编了门牌号的天堂。也许阿萨姆兄弟可以将他们的天堂仅仅描绘成一幅画，让它与观看者的空间完全分离。他们还可以将观众放在黑暗中，就像电影院中的观众一样，这样他们的存在就被最
103 小化了，图像和司空见惯的外表之间就形成了一条隔离带。但他们仍不可能纠正他们理念（使人们见到圣徒就像见到商店主一样容易）的不一致。他们也不能逃脱这样的事实：他们的景象不得不靠建筑材料来完成。湿漉漉的灰泥浆变硬成了壁画；从树林中砍来木材，做成支架；从岩石中提炼出金属，加热让它们成形；石头经过削切和搬运，沾满了汗水和咒骂。他们的天堂要有照明，不管是透过窗户的自然光（当然窗户需要开凿），还是用动物脂肪和线做成的蜡烛。

阿萨姆教堂渴望劝服人们。它在技术允许的范围内，将幻象表现得尽可能生动。不过它的设计会让你想看一眼整个布局体系。门口的岩石是真的，不像里面占大部分的厚纸板实物，但放在这个位置，一看就是属于人工布景。它们是教堂中最真实又最虚假的成分。它们从一开始就暗示你，你会被献上一幅幻象。

天花板上的实景画与室内的建筑融为一体，画中的柱子和斗拱显然由下面的实体结构延伸而出，不过这也要取决于观看的角度。在有些地方，画的没影点与实体空间的没影点没有重合，这是虚幻构图的固有笑话：设计越精巧，从错误的角度看过去就越是显得怪异地扭曲。没有人会觉得，他们是真的在冥想天堂的事，或者他们有必要在这里冥想。

阿萨姆兄弟想表现他们的真实，但运用了伪装的手段。想让虚假的东西看上去真实可信，那就是在说谎，不过他们偶尔也会揭示他们的幻象的虚构本质。真实与虚假互相调情。两者的结合就产生了可以叫“真实的冒牌货”的空间，也正是两者的作用使教堂勉强没有被列为庸俗作品。对比一下电影里或者原教旨主义基督教文字里对天堂的描述吧。 104
它们对自己的说服力更有自信，尽管没多少理由。它们的景象是规定性的、压迫性的，没有给观看者或者读者留下思考的空间。

如果阿萨姆兄弟是想创造一个个人的宇宙，他们便会有把乏味无趣的东西强加给别人（更糟的是，把个人的想象强加给别人）的风险。听别人谈梦想，通常是件很乏味的事，而生活在别人的梦想里，则更是如此。将梦想强加给他人，是建筑师们臭名昭著的恶习。然而建筑师的工作就是创造世界，而仅仅带来漠然或者中立的建筑师，创造的是另一种形式的专制。

尽管阿萨姆教堂气势凌人，它仍然给想象力留下了空间。这个空间只能由其中的朝圣者和参观者的动作、行为、解读和想象来填补。这是它不完整的或者作为背景的一方面，此外还有其他的方面：它是作为宗教仪式和行为的场所而设计的，音乐、话语、香火和蜡烛是构成整体的一部分。如果某些部分（比如天花板）只能由眼睛和心灵欣赏，那么其他部分则需要调动整个身体和所有感官。它是时代的独特产物，它的种种姿态（对传统细节的非传统应用，借自同时期建筑的主题），都有着特殊的意义，而现代的参观者们却无法领略。

但对我们今天来看它的人来说，它也不是一种浪费。我不是18世纪的巴伐利亚人。在我眼中，教堂画中描绘的神迹，就像古埃及人所相信的"太阳是让一个大屎壳郎在天空中推来推去"的观念一样不可信。它的华丽风格，对于我成长过程中所培养起的新教、不可知论、现代主义的品位而言，是隐约让人反感的。我是作为旅游者、观察者、建筑作家，到这里来参观的。它已经成为一个历史遗迹，需要一点想象力让它复活。我对它的体验与18世纪的朝圣者们相比更加疏离，我主要通过眼睛和心
105 灵，而不是像他们那样通过身体、动作和除眼睛外的其他感官。但它对我来说不是无意义的。它没有让我感到冰冷。

我欣赏它的良苦用心和精湛技艺。而且，我还有了一种被吸引到其中的感觉，被吸引去思考关于人及其在宇宙中的位置的命题。对阿萨姆兄弟来说，这个命题就是唯一的真理，而对我来说，它是真理之一，就像在戏剧或绘画中一样。我不一定要一点不差地、完完全全地接受作者带到作品里的思想，被它所打动或者启发。这是因为它不是话语而是建筑，是用物质和建造来展示的，而不是一则讯息。它不是布道会，不是公告牌，而是一个空间，我可以居于其中。我可以在其中移动，并且通过我的动作改变我对它的体验。

阿萨姆教堂是用戏剧来表达忠诚，幻象和技巧在其中创造了一种现实。还有另一种差不多截然相反的对于建筑中的真实的看法，是在19世纪和20世纪发展起来的。它有不同的分支，但共同的中心思想是，建筑应该忠实地展现它们本质的样子。幻象、伪装和渲染成了禁忌。把建筑叫作"戏剧舞台"成了一种侮辱。

约翰·罗斯金在1849年出版的《建筑的七盏灯》中写道：

> 让我们不要说一点谎。不要把一次虚假看作是无伤大雅，另一

> 次看作微不足道，再一次看作无心为之。把它们都扔到一边去：它们也许并不严重，也许是事出偶然，但它们就像火坑里丑陋的烟尘。最好把我们的内心打扫得一尘不染，用不着去顾虑哪个最大，哪个最黑。

他希望艺术家们和匠人们都忠实于“真实之灯”，也就是真实地展
示建筑所用的材料和技术，而美也会随之而至。忽视了真实，就会导致 106
堕落和衰败。

他认为有三种“建筑欺骗”，即伪造建筑的结构、材料和技艺。他痛恨不起任何支撑作用的柱子，那是种“虚假的大理石那绿中泛黄的病态”，以及机器制造模仿手工的装饰物。他怒冲冲地说：

> 就像一个有真情实感的女人从来不会戴假珠宝，一个有尊严的建筑师会蔑视虚假的装饰。用这些东西就像赤裸裸地、不可饶恕地说谎。你用了一个假装有价值却没有的东西，一个假装花费不菲却并非如此的东西，那是一种强迫，一种粗俗，一种无礼，一种罪恶。把它扔到地上，把它碾成碎末，把它在墙上的位置空出来，即使那里凹凸不平。你没有花钱买它，你与它毫无关系，你根本不想要它。

真实的建筑得到的回报是巨大的，而虚假的建筑得到的惩罚更大。罗斯金认为，中世纪的建筑在14世纪走到了一个命运攸关的转折点，当“到达离天堂最近的地方”的时候，建筑师们开始摒弃他们的真实的原则。主要的罪恶在于，“花饰窗格的设计让它们看上去像是一张编织而成的网”。这一点似乎没什么害处，在罗斯金描述的大堕落之前或之后出现的作品中，现代旅游者们都能找到其有趣和无聊的地方。比如他们可能喜欢剑桥国王学院的礼拜堂（坏的例子），也喜欢沙特尔大教堂（好的例子）。对罗斯金来说，对立是坚决的：一旦石头被雕刻成编织物的形状，它就是在伪装成它原本不是的东西。一旦中世纪的建筑犯了这样的
错误，“它自身的真实性就消失了，它永陷沉沦……错误的热情、奢华的 107

温柔将它击倒，将它消解”。

这评论已经接近发疯的程度了，它是用精练的语言说出的责骂的话。在建筑细节中看到世界末日，就如同那个常年背着三明治式广告牌在牛津大街上走来走去，宣扬吃小扁豆引发贪欲的狂热者一样，是没什么道理的。然而这是建筑史上最有影响力的文本之一，它暗含了一个在现代建筑中重现的主题，即建筑应该“忠实”于其功能、材料、结构和时代精神。这个观点后来带来了去装饰化，因为那是一种欺骗；它也倡导使用工业材料，因为应该忠实于机器时代。罗斯金一定也会憎恨这两种发展趋势，但正是从他的话中，最终生出了坦率地展示钢筋水泥骨架的办公楼。所以当理查德·罗杰斯选择将现代建筑必不可少的管道和管井裸露在外时，他实际上是受了罗斯金的影响。

罗斯金将自己推入了困境。在宣称“真实与虚假之间的对立是绝对的、不可亵渎的”之后，他发现了一些灰色区域。比如镀金就是被允许的，尽管人人都知道那不是实实在在的金子，而是覆在别的东西上的一层膜。米开朗基罗的西斯廷教堂屋顶画中的建筑是可以允许的，因为你可以看出它们并不是真实的。他的现代主义的传承者们做出了类似的扭曲：勒·柯布西耶设计的建筑看上去像是用了真正的现代建筑材料强化水泥，但实际上那只是涂了灰泥的厚石块。密斯·凡·德罗在纽约建的西格拉姆大厦有直立的钢条贴到外墙上，象征了大楼的骨架，但实际上真正的骨架藏在防火层的后面，支撑着整栋大楼。

罗斯金讨厌钢铁结构，根据他的逻辑，钢铁结构不应该像石头或木
108 材一样裸露在外。他给这种材料的可见性做了分配：“很显然金属可以，有时候也必须在一定程度上应用于建筑工程，例如木建筑中的钉子，同样合理的还有石头中的铆钉和焊接处。”

当罗斯金试图将自己热诚的个人经验变成不可更改的法律时，他就更加偏离了常规。他用《圣经》一样的语言，试图为未来的所有建筑定下戒律，并且像亮出最后王牌那样，去评判哪些建筑应该受到祝福，哪些应该受到诅咒。然而他也要求人们注意他带到建筑中的敏锐的认知力和感受力。他给建筑材料注入了强烈的情感，这一点无人能比。经由他

的眼睛，它们变得生动，同时也有些病态。比如在《威尼斯之石》中出现的圣马可大教堂：

……墨绿色的蛇纹石点缀着雪花，大理石半推半就地暴露在阳光下，像克莉奥帕特拉，“要吻他们最高贵的血脉”。

他写的关于真实的文章蕴含着这样的事实：建筑的方式和材料不是中立的。不同的石料、木架或者模具压制而非手工刻制的装饰品，都有自己独有的特征。桥墩上的花岗岩石块是因为它的坚固而被使用，旅馆浴室用大理石镶板是为了维护方便，并且显得豪华。黄金府第的复杂精细的雕刻，暗示了赞助人的财富。麦当劳那个不变的黄色“M”，宣示了一家公司将自己推向全球的决心和力量。这就是材料中的政治。

你可以称赞材料的特性，可以把玩它们，或者可以滥用它们、伤害它们。一朵用肥皂刻出的玫瑰，一头用水泥做成的牛，都是令人惊诧的，
因为材料被派上了意想不到的用场，同理它们也近乎庸俗。如果给现代 109
办公楼安上一个帕拉第奥式的正墙，透过窗框可以看见纵横交错的日光灯，那样的效果会让人不舒服。帕拉第奥式建筑通常意味着某种形式的石制结构，要有蜂窝状的房间、立面上整齐排列的窗户。对一个室内没有隔间的办公楼来说，从外面一览无余总让人不安。如果给砖墙贴上薄木片，让它看上去类似都铎时代的硬橡木结构，或者用玻璃强化塑料来模仿手工制作的木质装饰线条，得到的效果可能也会是廉价和糟糕的。如果一根柱子伪装成是在支撑什么东西，而它的比例或者材料表明它不可能起任何实际作用，那它看上去可能会很痛苦。

大多数人像罗斯金一样赞叹黄金府第竖在大运河上的立面，沉重的石头看上去很轻，几乎像布一样。大理石或木头的纹理出现在涂料或者塑料中可以有迷人的效果，尤其是当它明显不足以说服人的时候。古典建筑中再找不出比多利安风格更严肃和有威严的了，而它是以仿木制结构的石头为基础的，并且细致到会费力模仿重现一排排叫圆锥饰的木栓(原本是固定横梁的木结构)。阿萨姆兄弟展示了一个极端的例子，建筑

师可以试验建筑各种明显的以及内在的特性（看上去像大理石的东西，看上去支撑大楼的东西，而实际上可能是也可能不是），以创造一种戏剧式的真实。情况并不是一定要变得那么极端：伦敦西区的灰泥正墙的房子有些地方也像剧院。它们是一种面具，或者妆容，或者渲染，是对以下理念的认同：要成为你自己，你需要一些伪装。

没有什么规则，只有一种感觉：建筑的特点可以被尊重，也可以被忽略。可以用罗斯金的方式来尊重它，就是要珍惜并发挥出它内在的
110 品质；也可以用阿萨姆兄弟的方式来尊重它，就是用这些品质来创造幻象。重要的是，无论做什么，都得是有意识的：明白灰泥是一回事，钢是另一回事，我们对两者都有认识和期待。一种途径和另一种途径之间找不到最终的平衡，关于“什么是对的和什么是错的方法”，并不存在确切答案。

由于建筑既是符号又是工具，就会出现一些混乱，就像理查德·罗杰斯在伦敦的作品和在巴黎的作品（与伦佐·皮亚诺合作）。这些作品象征着自由和变革，但是，由于罗杰斯是罗斯金的继承者，他不能允许自己在现代主义建筑中使用阿萨姆兄弟的戏剧式的伪装。他不得不将裸露的管道和设备作为符号，作为柱子和舞台布景，同时还表现得（也许他自己深信不疑）仿佛将它们的主要角色视为工具，而它们在实际应用中真能让蓬皮杜中心和洛伊德大楼比别的建筑更加灵活和自由。没多少证据证明事实真是如此，这让罗杰斯成了布兰德嘲笑的对象。管道的双重角色，就像管道工身着紧身衣和紧身裤，或者克莉奥帕特拉穿着工作服一样，有些荒唐可笑。如果它只是出于卫生需要的实用的工具，为什么要涂上颜色并暴露在外，这样防冻的费用都会有不少。如果它是戏剧的盛装，那么能不能找点不这么世俗的东西来承担这个角色？

在形象的层面，蓬皮杜中心和洛伊德大楼是光彩照人的。它们有巨大的视觉活力，散发着精湛技艺和自信，仅仅凭视觉效果就改变了两座城市的认知和经验。而且它们的出彩之处还不仅仅是在视觉上，至少蓬皮杜中心是如此。运动的方式，以及建筑、广场和电动扶梯创造的实体

关系，改变了巴黎的经验和认知。

我宁愿让一个罗杰斯来设计一座大城市里的一个艺术殿堂，而不愿意他是布兰德，但如此倚重外表的力量就会削减掉建筑的许多内容：首 111
先是其他的感官感受，再者就是材料、光线和空间所能表达和展现的范围。把符号和工具混杂在一起，试图把一个当作另一个，会为自己设置陷阱：这样混杂容易为了外表而牺牲功能。但是，用途和戏剧效果，或者说工具和符号，不一定就是对立的。

建筑中的符号不像一个词语、一个句子、一个路标或者一则广告，或者一座雕塑、一幅绘画。它更加难以捉摸。它的出现要经历时间，是基于“建筑既是建造的，又是有人居住的”这个事实，要经过材料、空间、光线、形象、运动和用途的相互作用。一座建筑的意义和用途是不稳定的、不可控的，尽管如此，建筑师们必须给它以固定性和确定性，这样才能建成某种东西。一座好的建筑是果断而不刻板的，这也是建筑难懂的原因之一。

建筑的不稳定性也是它的优雅之处：这就是为什么那些在腐败、专制、贪婪、恐惧、狂妄、压迫的帮助下建成的地方——其中包括欧洲很多最受人称赞的公共空间——可以是美丽和自由的。这就是为什么客户和建筑师可以创造出比他们有限的雄心所能想到的更为丰富的东西。 112

第四章　不连贯的地平线，或建筑中的情色注解

> "但是你的伯爵夫人……"她说，停顿了一下。
>
> 我正要回答，只见门开了；我的回答也被赞叹所打断。我震惊了，又十分愉悦，我不知道自己着了什么魔，我开始真诚地相信魔法。门关上了，我再看不到刚才走过的地方。现在我眼前只有一幅没有间隙的树林的鸟瞰图，它似乎不站立、不停靠在任何东西上。是的，我发现自己在一个大笼子里，四周铺满了镜子……

在维旺·德农写的小说《没有明天》中，年轻的主角在一夜之间被美丽的T夫人引诱了。事件在一系列的室内场景中展开，从剧院中毗邻的包厢到月光下的马车旅途，到城堡中与年老的T先生的一顿冷淡的晚餐，再到城堡的花园。尽管花园是在室外，它也有室内的特征，为夜幕所笼罩。

事件继续发展，种满树的庭院、长着草的河岸、一座小亭。中间有些耽搁，当时T夫人的"正派的原则"竖起了微弱的屏障；那个关于他的情妇（伯爵夫人）的话题出现了。但最终"我们的膝盖打了弯，我们无力
113 的胳膊相互交缠，我们无法再支撑对方，沉在了一张沙发里……月亮渐渐落下去，它最后的光辉很快揭起了端庄的面纱，这端庄正变得格外让人厌烦"。接着他们听到了塞纳河水拍岸的声音，因为花园正位于河畔，它似乎与他们跳动的心合拍。

从剧院包厢到亭子，空间成了引诱的共犯。它提供了庇护所、私密性、娱乐消遣、暗示和伪装，还有及时和实用的帮助，比如长满草的河岸

和沙发。它刺激了各种感官感受，何况相伴的还有波浪声和月光的神奇效果。从歌剧到月亮到城堡到河，大自然和人工交替变换。

在亭子事件之后，还有一段犹豫的时间。然后两人往回走，去“城堡中一个更加迷人的房间”。他们穿过一座“迷宫”：没有照明的楼梯和过道、一扇秘密的门、一条窄小黑暗的走廊，叙述者将这段路比作一个入会仪式。就在他们走进屋子前，T夫人的顾虑又出现了：

“但是你的伯爵夫人……”她说，停顿了一下。

没有间隙的房间的景象阻止了他的回答，他被幻象般的树林和“铺满镜子的笼子”所迷住。这里的光源是神秘和隐蔽的，这里有香炉、点着烛火的圣坛、花朵和花环、丘比特和其他神的雕像，这是一座格调轻快的神殿。有一个黑暗的洞穴，它的地毯是仿草地的样子，还有“一个华盖，下面是一堆堆的枕头，小爱神丘比特撑起它的锦缎”。

主角一度坦白说：“我渴望的不再是T夫人，而是那间小屋。”但不可避免的事情发生了，或者说开始发生，在装满镜子的空间，“在那一刻，由于我们两人的映象在每个角度都出现了，我看到那座小岛被快乐的恋人完全占满”。他们进了洞穴，被设计精巧的弹簧推到一堆坐垫上。在某个恰当的时候，她又问起他的伯爵夫人，可他的回答又一次被打断了，这 114
次是一位忠诚的仆人通知他们天亮了，他们不得不离开了。

他发现自己回到了花园中，白天的阳光驱散了魔法，那间小屋就像一个梦。“我看到的它只是天真的，不是迷幻的。”他说道。他无意中遇到了侯爵先生，T夫人长期的情人。他想到前一夜是一个精心布局的阴谋，他自己、侯爵、她的丈夫牵涉其中，只有她纵览全局，并操纵一切。他毫不知情地在一出没有观众（读者除外）的戏里做了演员。让故事得以开始的戏剧表演（他们在演完第一幕后就离弃了这种表演，以追寻各自的冒险），后来又以不同的形式上演，经过一系列的场景变换，直到故事结束。

小屋当然是虚构的，是文学构思，如果变成真的，它的魔法弹簧和仿草地的地毯会让人笑掉大牙。但德农描述了充满情色气息的空间的特点和效果，它可以在小说之外被找到。他的世界几乎都是室内的，甚至包括花园。从剧院到密室，有一系列的空间和氛围的变换，但在其中，屋顶、正墙、砖石结构和其他外部特征几乎都没有被提及。

这个世界是多知觉的——河水的声音，香烛的气味，柔软的坐垫，视觉的迷乱；并且经验从一种知觉蔓延到另一种知觉：光线是柔和的，叹息（它属于声音）表达了激动。人工与自然相映成趣，这个人工痕迹浓重的小屋中出现了树林、花和凉亭的形象，它们“画得如此惟妙惟肖，让人感觉所有东西都出现了一样”。尽管小屋属于室内且没有窗户，但它是两人先前调情的花园的一个压缩的、更急迫的版本。内与外的界限在此
115 消融了。

德农的空间分解了视角和重力。那里从来都没有地平线，一切都渐渐淡入阴影或不确定的边界。树木“似乎不站立、不停靠在任何东西上”。小屋与世隔绝，像是解了锚的船，需要经过迷宫一般的过道才能到达它，而且屋门一关上就消失了。在这里，一对情侣不得不创造自己的地平线，自己的重力和自己的自然。

他们处在众神和丘比特（以及天花板上描绘的神话人物）的注视下，这些都是色情的附属物，虽然已经不那么流行了（但不完全是：我们可以在伦敦的脱衣舞俱乐部这类地方，看到显眼的古典维纳斯的雕塑）。在德农那里，它们似乎是为一种安全的暴露癖（这对情侣被窥视，但不是被真人所窥视），以及一种意在委婉或者证其权威的目的服务的，其方式是将当下的情欲放到古典神祇的永恒领域中。如果要给这个情节找个不太雅观的现代对应物的话，那可能就是在色情电影背景下的性爱行为了。这间屋子将个人化的东西上升到了一种普遍层面。

这对情侣还被镜子注视着。镜子是性发生的地方的一个经久不衰的重要存在，比如它们被装在了妓院的天花板和床头板，还有花花公子们的巢穴中。我在迈阿密见到过一个装了很多面镜子的公寓卧室，它曾经属于一个叫“美洲狮”（the Puma）的拉美歌手。我还在一个苏塞克斯郡农庄见到过建于20世纪70年代的一组扩建房，它显然是为欢娱设

计的。这里有极丑陋的卡拉汉时代的肉欲特征。有一个棕色砖墙和棕色皮装饰的迪斯科吧；一间泳池，窗户上镶着花边女短裤状的粉红荷叶边；一座桑拿室，为免你体会不到其中的深意，它的灯具上画着风中的苏格兰男子，在被风吹起的短裙下，在阴茎处，正是要按的开关。在这里，咖啡色的泡沫浴池装了很多面镜子，就像一个内部被翻出来了的迪斯科舞厅。

“欲望的景象能够再造欲望”，德农说道。这就是镜子的力量。它使
情侣们能从外界完整地看到自己，此时他们正身处一幅毕加索风格的拼 116
贴画中，既在这个时刻，也在这个时刻之外。镜子赋予他们风采，使他们既是自己的明星，又是自己的观众。它使他们的行为向外延伸，像一个旋涡，构成他们所在的空间，而在此之外是一个更为广阔的世界。

德农的秘密小屋的现实非文学版本，也许可以在日本的爱情旅馆的形象中找到。这里的房间可以按小时出租，它面向的是人口密集的城市里常常被剥夺了家庭隐私的一群人。或者还有另一种解释是，它适应了这样一个大部分体面婚姻与个人隐秘欲望截然分离的社会的需求。

它的渊源可以追溯到江户时代的艺伎茶馆。它们提供了一个个漂浮的世界，没有外观的概念，与外面城市的关联也很模糊。有些为不愿意被人看见的顾客装备了特别不显眼的楼梯，有些有自动入住登记系统，以便在进门的时候不与任何人接触。这些旅馆布置了丝绸般光滑闪亮的毛绒表面，还有很多镜子。有些以人造自然为主题，走廊里植了树，卧室里是海的风景。

旅馆里还有德农所没有的设备：X状的木床和手铐，用于四肢展开式的捆绑；锁链、精巧的座椅和秋千、笼子、振动器和润滑剂发放机。有些旅馆有相连的两个房间，隔墙上安了窗户，如果愿意，情侣们可以透过窗户互相观看。最重要的是，它们都是有主题的。从某种程度上说，德农的小屋也是有主题的，它有假花园和古典神话。而爱情旅馆更直白一些。它们有监狱牢房、罗马浴室，有花玻璃的“大教堂风格”，有太空船、地铁，有“顽皮护士游戏室”。幼稚是一个普遍的主题。你会发现一个旋转木马，或者一间“Hello Kitty SM室”，或者一间教室。违反规则也受

到欢迎，比如有一个基督教式的十字架，被漆成了黑色，上面有手铐和脚镣。受人认可的还有怪异风格，它有着随意描画的极丑的动物图，以及
117 令人反感的颜色和表面的组合。

为何人们如此热衷于主题，原因不是十分清楚。日本作家桐野夏生称:“当日本人享受性爱时，他们需要一种非现实感。他们喜欢性爱过程中的幻想而非性本身。”(像德农的男主角一样，那一刻他更渴望那间小屋而非女人。)也许可以说，主题增加了逃避的意义，就像不装窗户、使用昏暗的通道一样，可以玩角色扮演的房间，把情侣们从日常世界中隔离出来。同时，庸俗的和动画的影像降低了威胁和恐惧感。人们通过把性当作一个大大的玩笑，释放了它的一部分力量。

室内装饰可以被视为一种形式的典雅。通常在谈论和写作中，对与性爱相关的行为和部位的指称是保守的，人们喜欢用暗示或者间接的手法做些掩饰。选择主题也是一样：对主题的不懈追求，成了对色欲的追求的一种类比。主题是什么(外太空、古罗马、Hello Kitty)，比不上坚持将它实现重要，它只不过是被用来代替某种不容易命名的东西而已。

至于所有这些装备在激发情欲方面能起多大作用，情况还不是很清楚。据我所知，目前尚无任何同行认可的研究，是关于“宇宙飞船的形象，相较于家里或者传统旅馆里普通的床，会不会强化性的愉悦和表现”。有些内部装饰竭力想让人激动起来，却传递出一种不顾一切的感觉。当垃圾筒和空调这种日常用具闯入幻想的空间时，这些装饰容易变得陈腐。

爱情旅馆的卧室是性的象征，它们更多是关乎概念而非现实，因为活生生的性爱现场不需要室内设计。它们使我想起英国的一个房地产开发商说过的话。他说，能不能卖掉一套公寓不在于它有没有漂亮的厨房(虽然最近这种情况比较多)，而在于有没有能容得下两个人的淋浴设
119 施。我想，尽管这个命题也没什么学者研究，但它也是观念比事实更重要的例子。当一套公寓被买来，它的淋浴设施的情色功能被探索过数次后，它就如同一台被弃置的健身自行车，意图多过实际应用。

尽管存在于现实中，但爱情旅馆似乎像德农虚构的小屋一样，充满

爱情旅馆内部，东京。版权：米斯蒂·吉斯勒，2010

机巧和不真实的感觉。两者都有过度的修饰和束缚，就像迪恩花园对于家庭生活而言一样。通常，性不需要建筑来为它书写剧本。它可以在任何场合发生，比如巷道、公园、厨房、飞机、卡车加油站或者网络。对大部分人来说，在大多数情况下，有没有顽皮护士游戏室并不重要，重要的是有一瓶酒、一块面包，还有你。

一名叫迪恩·鲛岛的艺术家拍摄了一组称为“仙境”的照片，记录了洛杉矶市男同性恋性爱俱乐部的外墙。这些建筑苍白而低矮，沐浴在城市无所不在的阳光下。它们的窗户或者是堵上的，或者是不见踪迹。它们是夜晚的存在，在白天的阳光下闪闪地眨着眼睛。每堵墙都涂了颜色，因为它们不得不有种外表面。颜色是单一的，选择很随机：松树的墨绿色、暗紫红色、红黄色。这些长方形的立面有竖长的、有横卧的，像这座被汽车延长了的城市里的大部分建筑一样。

它们的苍白差不多是工业化的，或者说是超越工业化的（因为工厂通常都有标识）。沉默被应用，变成了一种广告。由于实在没有东西可供人们思考，于是每扇前门（虽然也是空白一片）都变得富有意味和充满情感。这些镜像的力量在于感官感觉的缺失，而那些东西只有在鲛岛给它们的标题中才能找到。比如“未命名（12个小隔间，一架皮面双层床，室外花园，一处喷泉，一张美容椅，窥视孔，中国式的室内装饰）”。如果说爱情旅馆像迪恩花园，那么这些小屋就像比基莫住区的居民楼，展示了人类驯化那些最没有希望的地方的能力。

鲛岛还拍摄了一处公园中与性有关的场所。像俱乐部一样，照片上
120 没有人迹出现，而力量正在于没有展示出来的地方。周围是矮小的树，有位置正好的茂密矮木丛，一些野草一样的黄花，中间被踩出了一条小径。花丛中的小径是非常纯真的景象，只不过踩出这样一条路是有目的的，它通向矮木丛的隐蔽处，那里躺着一根树干。一条粗绳子搭在树干上，而关于它的用途，我们只能猜测了。

这所公园不是为性而设计的，但它的偶然的特点被欲望的奇妙构思所利用了。同性恋性爱俱乐部占据的楼房也不是为它们专门设计的，即使照片标题中描述的室内装饰让我们想到了爱情旅馆和迪恩花园的特

上图:《无题(“老人”,1995)》。迪恩·鲛岛拍摄的同性恋性爱俱乐部照片。供图:佩雷斯项目,柏林

下图:《无题(哈珀市娱乐公园)》,1996/1997。由迪恩·鲛岛拍摄

点。设计与欲望的关联可以从最直白跨越到最间接。

性以不同寻常的力量挑战着建筑可以依其内部的行为而定制的观念，因为性可以发生在任何场合。我之所以从小说中找到一间专门为做爱而设计的屋子，是要表明这样的地方是秘而不宣的。爱情旅馆的例子说明，建造色情空间的尝试可能会变得小题大做，并且错失重点。

但是说背景不相关是不对的。它可以暗示、挑拨、激发、鼓励、扑灭热情、阻碍行动或者赋予能力。对大部分人来说，在大多数时间，要求是很简单的：舒适、透光性、私密性、氛围等一些品质，专业的品位则有更细致的要求。但这些要求无论如何是存在的。建筑的角色经常是暗示一种东西，比如规范得体，以便其对立面，比如激情、危险、违规能够发生。如果建筑是背景，这一点在与性相关时尤其突出。背景与行为的关系在
122 这里非常扭曲，常会有事与愿违和出乎意料的情况发生。

1981年7月29日，威尔士亲王殿下乘坐敞篷车从圣保罗大教堂出发，沿舰队街和斯特兰德大道行进，穿过特拉法加广场，路过圣詹姆斯公园，前往白金汉宫。坐在他旁边的是他二十岁的美丽新娘戴安娜，举国上下都知道她是一个处女，并且这个细节在当时似乎特别重要。沿途有60万民众为他们欢呼，电视直播也是欣喜若狂。

这对皇室夫妇可能不知道的是，在两个世纪前，这条路线正是伦敦的罪恶主干道。这里在18世纪是一条热闹的商业大道，连接伦敦区和威斯敏斯特区，也给卖淫行为提供了机会。这里是人头攒动的处所，是交易和运输、展出和买卖的集散地。巷道和院落像毛细血管一样，从大动脉延伸到泰晤士河，为主干道上达成的交易的圆满完成提供了场合。同样的还有妓女们租住的密集楼房，以及隐蔽的角落和公园里的灌木丛。

历史学家丹·克鲁克善克曾经记载，从公众眼皮底下的斯特兰德大道和舰队街到私密的巷道，这座城市的形状和组织结构为性交易提供了内容和形式。它提供了大量的客户，并给他们所需的空间。1787年《泰晤士报》报道说：

> 每晚在萨默塞特官前都会有成群结队的妓女做不体面的勾当，

这不仅使端庄之人感到脸红，还使路过这个地方变得十分危险。

著名的作家詹姆斯·鲍斯韦尔给出了他的亲身经历。他写自己：

> 找到一个低贱的妓女，称自己是个理发匠，跟她谈妥了六便士，挽着她的胳膊走到了公园深处。将自己的机器伸到运河中，表现得 123
> 再像个男人不过了……在斯特兰德大道我找到一个小荡妇，给了她六便士。她让我进了门。可这个恶妇拒绝我表现一番。我可比她强壮多了，也没管她愿不愿意，我把她推到了墙边。

这条路线除了供异性恋者使用外，也供同性恋者使用，特别是在丹麦人圣克莱蒙特(St Clement Danes)教堂一带、圣保罗大教堂周围、皇家交易所(Royal Exchange)以及中轴线的最东端。这里的码头工人，或者叫"水老鼠"，成了一道风景。1699年，一位作者讲述了他自己的经历：

> 被推到了一群黑黝黝的同性恋中间，我的朋友称他们是"非比寻常的私通者"。他们会对英俊的年轻男子频送秋波，那色眯眯的模样就像是一个地道的英国嫖客在盯着一位漂亮的处女。

并不是说乔治时代的伦敦性交易就仅限于斯特兰德大道到舰队街一线；要想在18世纪的伦敦找到不这么猖獗的地方都是困难的。像克鲁克善克描述的那样，卖淫的行当曾是伦敦经济的一个重要组成部分，赚来的资本还被投在了房地产开发上。伦敦的乔治时代的广场和廊台，如今被人称赞的是它们的品位和谨慎，但它们在一定程度上正是皮条客和妓院老板们洗钱的产物。

性交易造就了它自己的建筑类型，比如"色情浴室"(bagnio)，它在伦敦的建筑史中基本已经不见踪影了。它们是一些蒸汽浴池，有时被设计成具有异域风情的土耳其风格，在这里洗身或多或少是卖淫嫖娼和非法私通的前奏。在泰晤士河南岸，有一个叫沃克斯豪尔愉悦花园

（Vauxhall Pleasure Gardens）的地方，那里常有聚会和娱乐活动，性是主要
124 但并非唯一的吸引人的手段。它是河对岸砖砌的城市的另一个版本，它是枝叶交错、树荫浓浓的所在，在这里引诱的舞台变成了开放展示的空间，造就了半隐秘的餐馆包厢，并延伸到幽暗的小树林和绿树遮盖的小巷中。

还有梭霍广场的卡莱尔屋，这座经特丽莎·科内利斯扩建和豪华装修的17世纪建筑。特丽莎·科内利斯是出生于奥地利的一名歌女、演员、舞者、妓女，曾是卡萨诺瓦的情人。卡莱尔屋是作为假面舞会的场所修建的，在这种戴着假面具的舞会上，伪装使引诱、幽会和卖淫更加容易。当时的人把卡莱尔屋称作“仙宫”，它的宏伟壮观、“照明和装饰的光彩”构成了色情效果的一部分。它的内部是一系列的房间，有些装着镜子，装饰着洛可可风格的灰泥和枝形吊灯，有些是中国风格的，还有一间体现了荒野风格，沿墙都是树。扮演了角色的建筑与性的关联，早在这时就已确立，日本的爱情旅馆只是又对它进行了探索。风采全在内部：它的外观像寄宿学校一样平淡和刻板。

然而，18世纪伦敦的性行业，在大多数情况下都没有为自己定制的建筑，而是占用了为其他用途设计的空间。乔治时代典型的城区住房里，楼梯可以很高效地供几个房间共用，这种房子用作妓院就很方便。窗户成了广告，女人站在窗户前可以被看到的地方，有时裸身，有时做出淫秽的姿势。性侵入了公共空间，包括街道、小巷和公园。在这里，鲍斯韦尔找到了他直言不讳的欢乐，那与德农长篇大论的修饰相去甚远。

相同的差距还可以在伦敦人威廉·荷加斯的狂乱景象与一个世纪后生于法国的让—奥诺雷·弗拉戈纳尔的绘画之间找到。在后者的绘
126 画中，孩童般的贵族在精致的花园里调情和私通。像德农一样，弗拉戈纳尔的画中也有空间和欲望的共谋：玫瑰花与满面羞红相对应，树叶美丽的盘绕对应了女士的衬裙；人与自然之物一起伸展在欢乐中。他们沉浸在无处不在的柔软里，光线、阴影、织物、肉体，即使是石头雕像似乎也分享了这柔软。而荷加斯则表现了欲望的骚乱，繁忙街道上的不断探求和亲昵，情侣们在为尊严、生计而挣扎或者在酒精中寻求遗忘的人中间

沃克斯豪尔愉悦花园，伦敦，1751。版权：吉尔德霍尔图书馆，伦敦市/布里奇曼艺术图书馆

上图：让—奥诺雷·弗拉戈纳尔，《音乐比赛》，1754—1755。版权：华莱士收藏/布里奇曼艺术图书馆

下图：威廉·荷加斯，《一日四时：清晨》，1738。版权：利兹博物馆与美术馆联盟（城市美术馆）/布里奇曼艺术图书馆

互相探寻、互相扭打。斑点和疾病腐蚀的痕迹，一视同仁地出现在优雅和普通、多情和看似贞洁的脸上。

就像在弗拉戈纳尔的画中一样，在静物中也有欲望的回声。一根木棍、一根船柱、一根警棍、一座方尖石碑、一根弯曲的招牌杆都有暗示意味，还有流着馅儿的馅饼皮、开着盖的大酒杯，以及一篮子鱼。一个女孩饶有意味地摆弄着膝上的一把钥匙。你越细看，周围的空气变得越紧张，但它们却缺乏弗拉戈纳尔画中那种肉体、感情和空间的和谐感。画的背景是18世纪伦敦的砖砌四方院，与画中的人物很疏离，是坚硬和丑陋的，让人不禁想象，其中的性也是如此。

弗拉戈纳尔的人物徜徉在无所不在的郁郁葱葱中，荷加斯的景色可以辨认出是伦敦的某个部分，不过有时为了效果做了调整。1738年的一幅《清晨》可能会使建筑史学家们感到高兴：它展现了伊尼戈·琼斯设计的考文特花园圣保罗教堂的门廊，一个令人称奇的托斯卡纳风格的小品；还有耀眼却任性的巴洛克风格建筑师托马斯·阿彻设计的罗素屋。而荷加斯似乎对教堂前的一间小屋更感兴趣，它檐下挂着冰柱，透过门可以看到里面有一群暴民。小屋前有一堆人，最低处是一个乞丐，还有一个妇女在烤火；上方是一对正在接吻的情侣，还有一个男人将手滑向一个女人的胸部。附近没有被放荡景色感染的地方，有一个瘦骨嶙 128
峋、衣着整齐的女士，她目视前方，似乎看不见眼前的一幕。她也许是一个广为人知的退休妓女，在她身后跟着一个毕恭毕敬却面带不悦的小男孩。他们的一天开始了，而寻欢作乐者则刚刚结束他们的夜晚。

小木屋是汤姆·金的咖啡店，它实际上不在这里而在画中景物的一侧，这幅画将它移了位置。无论哪个阶层的男人都可以在这里聚会、喝酒、召妓，有时还打打架。它是应需求而生的，不过这个欢愉场的建筑一直都是最简朴的。

它坐落于考文特花园广场，这里是伊尼戈·琼斯一个世纪前构思的布局，是伦敦第一个也是当时最好的居民区广场，是后来几个世纪以来被竞相模仿的对象。它刻意仿照始建于1605年的巴黎孚日广场（最初叫皇家广场）。两者都是长方形的空间，一排排带拱廊的立面排列整齐，中间地带是为公众活动留下的空间。它名字中的“广场”和它的建筑风格，都会使人想到意大利版的正式的公共空间。

两者之间的区别在于，巴黎的这个广场是法兰西国王委托修建的，而伦敦的这个广场是商业地产投机，它的主人是贝德福德四世伯爵，这块地属于他的家宅贝德福德府。像大多数的地产开发一样，它的实际情况和表面的样子不同，有质量的投资会被放到最显眼的地方。所有的房屋以及圣保罗教堂面向广场的一侧，都是由壮观厚实的石材建造，而后方则变得朴素了许多。并且，如果说当初它是按照琼斯的对称规划卖出去的，也不意味着这个规划就能实现。它南边的部分被去掉了，这是典型的私人利益战胜建筑秩序的例子，因为它会侵犯伯爵的花园，而那是他不愿意看到的。

129 孚日广场的房屋是给朝臣们设计的，它的开放空间是为宫廷的一些特定的清楚明确的活动设计的，比如马上比武和各种庆典活动。考文特花园的房屋是给任何愿意付高房租的人的，广场上的开放空间用途不明确，给更喧闹嘈杂的公共生活留下了空白。它距斯特兰德大道不远，因此成为那条街上流溢而出的罪恶的汇集地。

18世纪早期，贝德福德的后人（当时已是公爵头衔）从这里搬了出来，拆了此处的府邸，把地皮交给了开发商。广场最初针对的富人居民搬去了新地盘，这里就挤满了卑微和不体面的营生。17世纪中期建成的以营利为目的的水果花卉蔬菜市场做了扩建。赌场、酒馆、性交易搬了进来。作家们把这里叫作“维纳斯的伟大广场”和“国家的大后宫”。艾玛·哈特（也就是后来的艾玛·汉密尔顿，海军上将纳尔逊勋爵的情人），很可能就曾是考文特花园的一名雏妓。广场如今混杂了高低不平的建筑，有精心设计的古典砖石建筑，还有像金的咖啡馆一样的粗糙小木屋。

柱廊作为皮肉市场的遮蔽物，很好地发挥了它的作用，琼斯的高贵建筑被妓院、妓女寓所以及兜售淫秽印刷品的小摊所占领。在一处角落里，有一个叫“莎士比亚社”（Shakespeare’s Head）的酒馆，酒馆的领班会定期出版一种实用的妓女目录，叫《哈里斯的考文特花园女士名单》，其中丝毫没有羞耻感。广场8号是“哈德克的色情浴室（Bagnio）”，它

孚日广场，巴黎。始建于1605年，举办了骑马长矛比赛来庆祝路易十三与奥地利的安妮的婚礼。版权：巴黎市博物馆，巴黎卡纳瓦莱博物馆/布里奇曼艺术图书馆

考文特花园广场，1631年由伊尼戈·琼斯设计，及后来的市场。由约瑟夫·凡·阿肯绘制，1726—1730。版权：伦敦博物馆/布里奇曼艺术图书馆

是联排屋中的一栋，装饰优雅的房间里共有22张床，布置着镜子、“印度纸”和威尼斯风光。有一些简陋的设施代表了这家色情浴室表面上的洗浴功能，还有一家咖啡店供妓女和客户们碰头。廊柱、咖啡店和卧房的紧密相连，使由公共场所到私密之地的转移更加高效和愉悦，这大大好 132
过从斯特兰德大道转移到后街僻巷的辛苦。

考文特花园广场不是为性交易而设计的，但事实证明它很适合这个用途。从18世纪它的状况来看，它是尊贵和卑微的结合，既承受色情业的蹂躏，在其建筑面具之后，又有着隐蔽和审慎。建筑的范围从小木屋到石砌联排屋及其精致的室内装修，这与居于其中的从富到贫的人群相匹配，这些人使用这里的空间和它带来的诱人之处，同时又被空间利用。这个在贪欲控制下的广场，是一个令人震惊的、可以说是野蛮的社会阶层的浓缩体。

荷加斯的《清晨》是一个叫作《一日四时》的系列中的一幅。另一幅画《夜晚》描绘了离考文特花园不远、位于舰队街—斯特兰德大道罪恶线沿线、靠近查令十字街的一个地方。在背景中，查理一世骑在马背上的雕像静静地矗立在火光和骚乱中；前景中，一个夜壶正被倒在一个傲慢的、看上去醉酒的男人头上，大概是一名治安官在假惺惺地制止骚乱行为。他们身后是一辆马车残骸。建筑上的招牌显示有两个色情浴室和一个“卡迪根社”（Cardigan Head），那是妓女们聚会的酒馆。

除了那尊国王的雕像，这一场景中的一切如今都已不复存在。19世纪初这一地区遭到清理，同时被除掉的还有一处多余的皇家马厩，那是为了腾出一大片空地来设计特拉法加广场及其周边环境。这种城市清理活动是要把无政府的、危险的组织器官，换成由政府监督和控制的、树满其标志物的冠冕堂皇的空间。原来的喷泉在20世纪30年代由埃德温·鲁琴斯爵士设计重建，这次它变得十分庞大，以减少不规矩的民众聚集的空间。

近几十年来，大家都认为这片广场十分单调乏味，对伦敦来说是件丢颜面的事，并且不断做出种种努力，试图焕发它的活力。比如花巨资对交通线路进行了调整，允许公众出资进行节庆和艺术活动等。我希望 133

这些努力能有好结果，不过它们的发起人也许没认识到这一点：这个广场之所以单调乏味，是因为它的设计意图本是如此。它是一剂巨大的预防药，是镇静剂，是压制一度泛滥于此的危险的贪欲的一种方式。这种贪欲仅仅以象征的形式，表现在了广场中央那个著名的突起之物上。（就像那个老掉牙的笑话所说："纳尔逊的柱子竖起来的时候，汉密尔顿女士是不是搭了把手？"）

考文特花园如今也变得温驯了许多，让位给了街头艺人、旅游商品店和时装精品店。舰队街—斯特兰德大道如今从高盛开始，到顾资银行（Coutts Bank）结束。当亲王和他纯洁的新娘沿着这条路行进时，作为完美无缺、举世公认的婚姻的象征，他们实际上是在给一场持久且成绩卓著的古街污垢清除行动冠以神圣的光芒。

性的空间，不管是像德农的小屋一样设计好的，还是像考文特花园广场一样借用的，都是建筑中情色意味的体现。还有一种情况是，无论是一间房屋、一条街道、一座博物馆或是一个公园，任何地方都可能反映出建造者的对性的理解。开发商、建筑师、规划者和理论家有他们自己的性偏好和复杂性，作为人类，这也不可避免地会影响他们的专业工作。即使是最受人尊重的建筑者，也会在某种程度上受欲望的本能和观念的影响。

我遇到的大部分建筑师（至少是男建筑师），都有征服者的性特征。其中一位的妻子的话曾被引用，说他是一个插头，"全世界布满了插槽"。另一位则向我描绘了一个想象中的聚会，聚会里有他，有一个开了一家著名夜总会的客户，"还有一百个超模"。有传言说，某个建筑师不得不收买他的职员，以免收到性骚扰的诉讼。还有关于某个好色的极简抽象
134 主义者的传闻。（在极简主义的纯洁风格和四处蔓延的阴茎持续勃起症之间似乎有某种关联，也许值得稍做一番审慎的学术研究。）

这里面也没什么新东西。勒·柯布西耶就以他的喜剧般的、有时候让人惊讶的引诱行为而著称（比如约瑟芬·贝克）。弗兰克·劳埃德·赖特据说早期是依靠为富人们的妻子服务并为他们设计房屋而建

左上：斯坦福·怀特。版权：贝特曼/科比斯图片社

右上：伊芙琳·纳斯比特。版权：艺术档案馆/阿拉米图片社

下图：屋顶餐厅，麦迪逊广场花园，纽约。版权：贝特曼/科比斯图片社

立自己的事业的。斯坦福·怀特是19世纪末美国一位十分成功的建筑师。他长着富有穿透力的眼睛、像森林树冠一样繁茂的胡须，在麦迪逊广场花园的西班牙—摩尔风格的塔形建筑里有一套公寓，而该处是他在纽约修建的一座宏伟宫殿。据他的曾孙女苏珊娜·莱瑟德描述，公寓里被涂上了棕土色、赭褐色、朱红色和亮黄色，装饰物有挂毯、动物皮毛、画作、日本鱼，还有一个青铜的跳跃状的裸体酒神女祭司。有一个红天鹅绒秋千，他在这里同女人们寻欢作乐。他曾办过一次聚会，聚会上白葡萄酒由一名近乎赤裸的金发美女端上，红葡萄酒则由一名黑发美女端上，还有一位美女从馅饼中跳了出来，并且还飞出一群金丝雀。1906年在麦迪逊广场花园的楼顶餐厅里，在演员那首《我会爱上一百万个女孩儿》的歌声中，他被枪击中面部而死，凶手是一个他曾经诱奸的女人的丈夫，当年她十六岁，他四十七岁。

阿道夫·路斯是与西格蒙德·弗洛伊德同时代的维也纳建筑师。他二十二岁时染上了梅毒，结过三次婚，特别喜欢年轻女演员和舞女，还被指控有恋童癖，但没有被定罪。他像柯布西耶一样对约瑟芬·贝克十分着迷。贝克是肉感的代表，她的舞蹈在20世纪20年代照亮了整个巴黎。这个时期路斯正好在巴黎长住。他为她设计了一座房屋（很可能是未经她请求），带玻璃墙的游泳池，四周都是走廊，这是为了欣赏她在运
136 动中的柔软的身躯。外墙饰以鲜亮的黑白条纹，与路斯在别处一贯使用的纯白色形成对比，也许是为了表达将他的欧洲式的克制与她的非裔美国人的热情相融合的愿望。不过那似乎只是一个贝克没有接受的幻想，而那座房子最终也没有建成。

他在性和建筑上有令人吃惊的观点。在1898年的一篇文章《女士们的时尚》中，他写道：

> 女士们的时尚！你这文明史上不光彩的一章！你揭发了人类隐秘的欲望。每当我们研读你的书页，我们的灵魂就会颤抖在可怖的迷乱和可耻的堕落中。我们听到受虐的儿童的呜咽，备受摧残的妻子的尖叫，受尽折磨的男人们的悲惨控诉，还有死在火刑柱上的

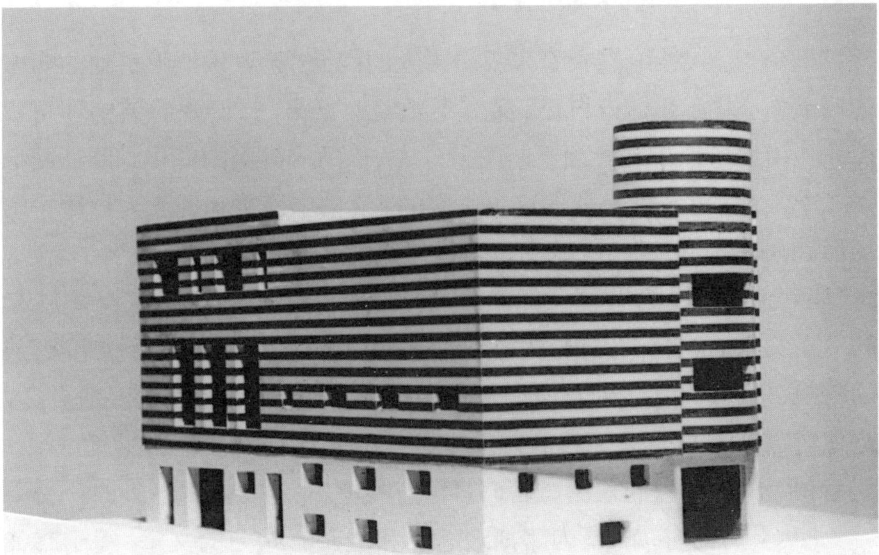

左上：阿道夫·路斯。私人收藏。供图：纽约新画廊。版权：纽约新画廊/艺术资源/佛罗伦萨斯卡拉博物馆

右上：约瑟芬·贝克。版权：罗杰·凡尔利特/盖蒂图片社

下图：约瑟芬·贝克巴黎住宅方案，由阿道夫·路斯设计，1928。版权：阿尔伯蒂娜博物馆，维也纳

> 那些人的号叫。鞭子噼啪作响，空气中弥漫开烧焦的人肉的气味。La bête humaine（衣冠禽兽）……

实际上男人比野兽更差劲。动物们也只是“每年一次”想要性交，而男人则无时无刻不惦记着它。“我们的肉欲不是简单的而是复杂的，不是自然的而是违反自然的。”另一方面，“女人的高贵之处在于只有一个欲望：她坚守自己的位置，站在那个高大、强壮的男人身边”。因此女人不得不争取男人的“非自然的爱”：

> 如果是自然的，那么女人就可以赤身裸体来面对男人。然而裸体的女人对男人来说是没有吸引力的。

于是“女人被迫靠衣着来吸引男人的肉欲，无意识地吸引他的病态的肉欲”。她必须打扮自己，穿上不实用的长裙，强调她的装饰性角色而非功用性角色。她必须不断变换外表，以适应时尚的变化。路斯回忆
138 一二十年前，在萨克—马索克等作家的“线条丰满柔和的女人与鞭笞的场面”的描写的影响下，风尚是“丰满圆润和成熟的娇柔”。到了后来，“青涩女人成了时尚”。

在文章的结尾，路斯出人意料地把他的争论变成了某种对妇女解放的呼唤：“女人将不再通过吸引肉欲，而是通过由工作换来的经济独立，来使自己获得与男人平等的地位……那时天鹅绒和丝绸、鲜花和彩带、羽毛和颜料将不再起作用。它们将销声匿迹。”

《女士们的时尚》是为路斯最著名和最有影响力的文章、写于1908年的《华饰与罪恶》一文所做的预演。在这篇文章中，他宣称“文化的进化同义于将华饰从日常使用的物品上移除”。孩童或者原始人可以使用华丽的装饰而不受谴责，比如“巴布亚人”，“会在他的皮肤、船、船桨，简言之，任何他够得着的东西上都文上图案”，而“现代人如果给自己刺上文身，那他就是一个罪犯或是堕落的人”。

他说，华饰有着色情的起源。“第一件艺术品，第一个艺术家在墙上

涂抹的第一个艺术行为，是为了摆脱他自己的天然的无节制行为。”路斯称，第一件艺术品是一个十字架：“一条横线：躺倒的女人。一条竖线：与她性交的男人。创造这幅画的男人有着与贝多芬一样的冲动，他体会到了与贝多芬在创作第九交响曲时一样的快乐。”

路斯明确表示，现代的、文明的、举止高贵的人，正如路斯本人一样，应该摒弃自己衣服上、建筑上和日常用品上的华饰。华饰与他在《女士们的时尚》中描述的堕落的、非自然的、危险的肉欲是连在一起的。现代人必须克制这些冲动，而穿戴朴素、精致的剪裁样式。他“需要把衣服当成面具”。这不是因为他为艺术而放弃了自己的意愿、个性或好色的冲动，而是因为，像贝多芬一样，他使这些得到了升华：“他的个性如此强烈，已经不能用衣物来表达。缺少华饰正是知识力量的象征。” 139

路斯的建筑与他的理论相吻合。他在维也纳和布拉格为商人、专业人士、实业家设计住宅，这些房子的外形是白色的毫无装饰的立方体，像面具一样展现在世界面前。它们并不炫耀，却卓然独立，就像路斯的衣着考究的贵族能在人群中脱颖而出一样。这些房子也像是衣服，这一点体现于它们的严肃，以及路斯按照居住者的生活而对它们内部进行的剪裁。

路斯试图为房子里的每间屋子找到适合其用途和氛围的尺寸、形状和材料，然后像一件衣服的袖子、衬里、口袋、衬料一样把它们组合到一起。客厅、书房、音乐室、卧室都有自己的长、宽、高和照明，还会有不同的墙面，无论是大理石、木镶板、灰泥、皮制还是布料的。这些空间明确地与性别相关：也许会有一间“女士房”，女士们可以退居此处，而男士们则在客厅里做生意。客厅会像剧院里的包厢一样高出地面，这样就对四周一览无余。正如建筑史学家贝雅特瑞兹·克罗米那所说，在路斯的房间里有错综复杂的视线的交叉，或者眼神的舞蹈：上、下、侧面、斜视。

总体的效果便是错综复杂，因为路斯将所有元素都装进了一个三维的整体空间中，有很多段短楼梯，有层次的变换，以适应每个空间需要的不同的高度。此外，路斯的室内设计是感官性的。他在《华饰与罪恶》中及其他场合曾经支持简单化，但简单并非节俭。如果说建筑的外表必须表现为一种伪装，那其内里则可以涉及感官感受。

比起人造装饰物，路斯更喜欢五花八门的天然材料的表面。他把这些材料进行切割、打磨，使它们展现出内在的图案和奢华。在长方形
140 的边框中，这些材料带着被压抑的生命力扭动着，脉络、纹理和斑点在大理石和木块上蜿蜒游动，胡桃木板上的树瘤像微生物一样四散开来。颜色是强烈的，有时很耀眼，比如焦糖色的石头、白底上的黑、海洋绿。在皮尔森的一套豪华公寓里（凑巧的是，1945 年当地的德国国防军指挥官在此自杀），你能从墙上的拼接大理石板组合而成的怪异对称图案中，读出魔鬼和女性外阴的形状，就像在做罗夏墨迹测验一样。在某个值得纪念的时刻，在布拉格的穆勒住宅里，他给带水波纹理的大理石墙面上嵌上了鱼缸，制造了一种矿物与水、地质与生命的共鸣，但它们都是冷冰冰的。这不是一种户外的、亲切的自然，而更像是怪异的、被文化所操控的自然。

尽管路斯在《女士们的时尚》里对天鹅绒和丝绸加以批评，他自己却在灯罩上和家具装潢上都用了这些东西。他还用了代尔夫特陶片，因为它们构成的画面很美；还有花纹丰富的东方地毯。之所以可以被使用，根据《华饰与罪恶》的规则，是因为它们是相对路斯而言的不发达文化的产物，而这类文化是可以有装饰的。路斯很高兴使用这样的装饰，就像他使用大理石的天然图案一样。只有在他自己的时代、自己的地域有意使用华丽的装饰，是该被禁止的。

路斯的室内是触觉的、恋物癖的，坚硬与冰冷、柔软与温暖交替使用，外墙材料（如大理石）与室内材料（如抛光的木材及布料）相互混杂。地平线消融了，这有点像德农的小屋，尽管有不同的方法和效果。外界的景色是有限的、受控制的，有时用不透明玻璃加以阻挡。强有力的水平线条展现出了一条人工的地平线，但它们是不连贯的。像德农和索恩的房间一样，室内空间会形成自己的宇宙，在一开始打乱了方位感后，你就不得不去开创自己的空间。

还有镜子。在维也纳的斯坦纳住宅，一面镜子被放置在了一个看不
143 见风景的窗户前，它完完整整地照出了餐厅的模样；原本在这个位置，你

上图：穆勒住宅，布拉格，由阿道夫·路斯设计，1930。外墙。版权：罗恩·穆尔

下图：穆勒住宅，布拉格。“女士房”。版权：罗恩·穆尔

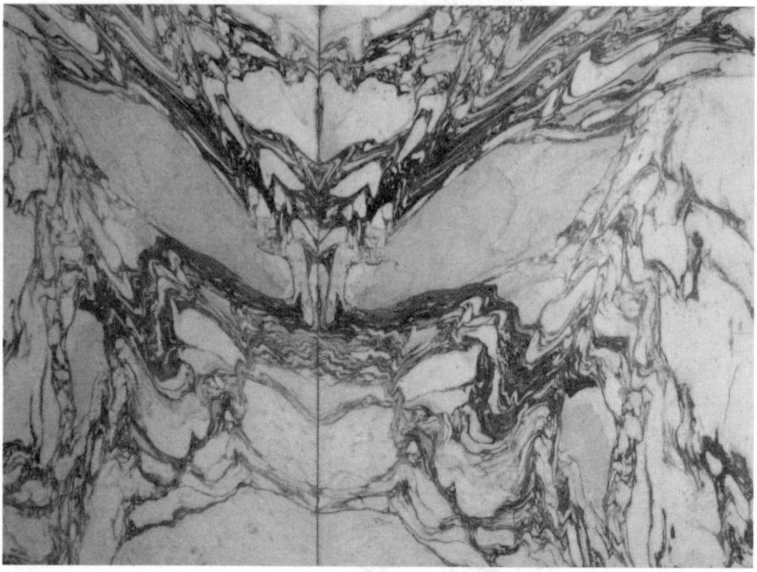

上图：室内的大理石图案，皮尔森，捷克共和国，由阿道夫·路斯设计。版权：罗恩·穆尔

下图：穆勒住宅的鱼缸，布拉格。由阿道夫·路斯设计。版权：罗恩·穆尔

可以期待一片窗外的风景，现在则只有一片长方形的白光。内部的风景取代了外面的风景。其他的镜子还被用于将观看者的影像抛回给他、消融一间屋子的边界或增大它的体积。镜子也参与到了表面与体积的游戏中，就像大理石和木材的组合，以及不透明玻璃那样。三维的东西被压缩成了二维，然后又变成了三维。脉络和纹理是对材料的深度和重量的证明，但却无法直观地被看到；它们是时间的证明，记录了地质的历史或者树的生长过程。一面镜子会捕捉空间并将它再次展现。不透明玻璃将天空装进一个平面，并且取代了它。

对路斯来说，"房子不必把一切都展现在外观上"。感官享受如此强大而又危险，必须把它放在面具的后面。但它还是明显存在的，如同1903年他为第一任妻子莉娜设计的卧室所展现的一样（他的这次婚姻持续了两年）。这间卧室与勒·柯布西耶为自己和妻子伊冯娜设计的那些修道院般的光木板截然不同。它是有三个表面的空间，每个表面都是柔软的，但程度不同。地板被皮毛所覆盖，那皮毛显得太多太厚，并且还延伸到了放在卧室中央的床的四围。床上铺着整洁的卧具，比如亚麻床单。床后是墙，墙上挂着丝绸帷幕。在留下来的唯一一张照片中，长方形的床空荡荡的，仿佛在等候身体去占领。丝绸帷幕在中间形成一个凹槽，床就放在凹槽中。床在整个房间十分对称的布局中显得很突出，像是幕布前的舞台或者圣坛。设计的意图是清晰的：为欲望创造一个背景、进行一番庆祝，而这欲望曾被路斯形容为病态的、复杂的、非自然的，被他比作"瘟疫"，被他与堕落联系在一起，并且少了它，他便无法生活。

路斯的慷慨激昂像罗斯金一样差不多到了狂乱的地步。像罗斯金一样，我们也很难仅仅把他称作一个疯子，这是考虑到他的洞察力、技巧和广泛的影响力而言。他是现代主义建筑的先驱，在他之前，没有哪个 145
建筑师把建筑设计得那样简朴，他们都要依靠外部的形式和比例。他为后来者勒·柯布西耶铺就了道路，后者也将装饰从他的建筑中剔除，只不过他的理想是赤裸（认为建筑应该像阳光下的裸体一样），而不是路斯那种衣服和面具般的联系。

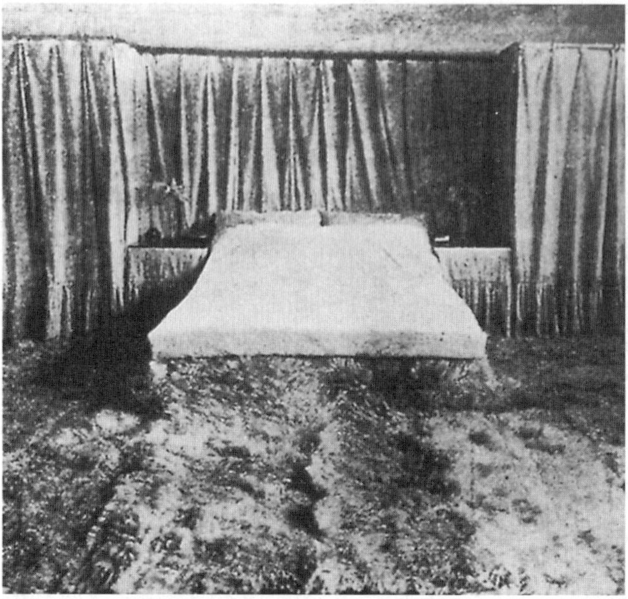

上图：莉娜·路斯的卧室，由阿道夫·路斯设计，1903。私人收藏

下图：穆勒住宅，布拉格。从客厅看向餐厅。版权：罗恩·穆尔

密斯·凡·德罗从路斯那里学到了简朴，并且改造了这个奥地利人对光彩照人的大理石和镶板的使用，将它们以纯净的面貌呈现出来，以达到感官上的效果。缺少装饰这种看上去似乎不受肯定的品质被当成了一种诚实，一种到达更高的物质、精神、艺术体验的途径，后来成了现代主义建筑最明显的共同特征。它带来了骨架交错的办公大楼和公寓楼，它们看上去早已不再与灵魂或肉欲体验有什么关联了。

路斯去除装饰物的主张后来发展为“极简主义”，它是一种室内设计的方法，流传时间很长，引人注目。它经常被用在强调感官感觉的地方，比如豪华酒店和公寓、饭店、服装店、养生馆。在这些地方，材料的简单而奢华就是一切，其目的是通过减少和克制，创造出更高层次的奢华。这种风格的一处典范，就是香港国际机场的国泰航空贵宾休息室，由极简主义者和感官论者约翰·波森设计。在机场大楼带有拱顶的构造中，有一些私密的房间，像享乐主义修行者们的居室一样，里面有朴素的石头、木器，还有一段长方形的水流经过。在这里，旅行者们可以尽情休憩，抚慰他们劳累的身躯，并且可想而知，他们也会做爱。

所有这些，诸多简朴的办公楼和公寓楼，以及复杂的当代欢愉风格，在很大程度上源于阿道夫·路斯。他在文章中表达得很清楚，他的文化和建筑的观点出自他对色情的独特看法。路斯自身交织着的欲望、激 146
情、罪恶感和憎恶感，帮助塑造了这个世界。

路斯远不是历史上唯一一个将个人对性的态度转化成建筑理论，进而变成建筑和城市的形状的例子。的确，看上去建筑理论似乎一直是男人们对性的疑惑不解的表达，没有它就没有建筑理论。比如有一个众所周知的故事，是讲罗斯金对他妻子的身体感到恐惧；故事不知道是真是假，但我们知道他的婚姻由于“不可治愈的性无能”而宣告结束，并且罗斯金是个热切的自慰者，后来还迷恋上了只有十岁的露丝·拉·图什。我们不难推测，这段历史是如何影响了他对建筑和建筑材料那种充满感情的描述。

15世纪时，莱昂·巴蒂斯塔·阿尔伯蒂写下了建筑学上最有影响力的著作之一《建筑的艺术》(*On the Art of Building*)。它共有十册，这是为了模仿古罗马的维特鲁威在奥古斯都时期所写的大约同等篇幅的关于建筑的论述。在他的另一本书《关于家》(*On the family*) 中，阿尔伯蒂把性形容为“令人憎恶的欲望”，“淫荡的和野蛮的”，“可耻的和下流的”，“维纳斯的道德败坏的影响”，“兽性的和无情的贪欲”。关于欲望，他写道:“她真是一个令人逃避和憎恨的大师。”

他的厌恶决定了他关于房屋设计的观点，他在这两部著作中也做了表达。女人应该离来访者越远越好，应该被关在“如同献给宗教和贞洁”的屋子里。男人由于“更加强壮”“心智更加高尚”，可以在广阔的世界里行走。女人“由于一直囿于家中，应当善守职责，勤于操持，严于观察，照看一切”。丈夫和妻子不应同居一室，以避免互相打扰，但卧室要有一扇门连接，以便他们谨慎地完成生产后代的任务。一个姑娘结婚时，
147 她的丈夫要训练她，差不多像训练一只狗那样，教她如何使用他们的房屋。这些理论是沿袭了古希腊的文本和先例，特别是色诺芬 (Xenophon) 的《经济论》(*Oeconomicos*)，并且他带着十分的热忱放大了它们的清规戒律。

按照文艺复兴时期关于微观宇宙和宏观宇宙的描绘，阿尔伯蒂把一座房屋看作一个微型城市，他把隔离女人以及与之相连的令人恐惧的欲望的原则不仅应用到了家庭，而且应用到了城镇中。他说:“如果我们的妻子穿梭于市场上的男人们中间，在大庭广众之下，她就很难赢得我们的尊重。”阿尔伯蒂关于城市规划的观点很大程度上关系到“纯洁”和“清洁”，关系到如何引导和隔离肉体的道德败坏的影响。他辩称，“一个众所周知的荡妇”应该被禁止为她的丈夫建造纪念碑，而一个贞洁的女人则是可以的。

他对于控制欲望的关注，启发了他在建筑和谐性和建筑外观方面的观点，而他又试图将这些观点应用在诸如里米尼的马拉泰斯塔教堂等建筑上。阿尔伯蒂说，一个建筑的宏观部分和微观部分应该有和谐的关系，建筑应该在人、建筑、城市、宇宙这一系列的等级关系中选择合适的位置。建筑师必须“考虑是不是每一个元素都被界定清楚，都被安排在了合适的位置上”。作者马克·威格利曾说，阿尔伯蒂的意思是危险的

和不平衡的性的观念必须得到抑制。阿尔伯蒂说，建筑师必须“谴责对建筑的不守规矩的热情：每个部分都要合理”。听上去与路斯很相似，阿尔伯蒂赞同外观为白色的简单建筑，反对建筑“五颜六色，粗俗地涂抹着引诱人的图案……竭力吸引并诱惑观看者的眼睛”，正如一个女人不应该“虚加修饰、涂脂抹粉、描眉画眼，穿上淫荡的不合规矩的衣服”。但与 148
路斯不同，在室内装饰方面，他并没有放松对肉欲的苛责。

阿尔伯蒂对我们如今的生活方式的形成是有促进作用的。他那种以道德健康为由来规划家庭住宅的观点，已经涉及将住宅划分为专门用途的房间的思想，在此后的世纪里，这种情况不断增长。他不重装饰而重形式以及他关于比例的观点，被其他理论家补充和发展，如今已经成了西方文化的老生常谈。你可以看到它们在18世纪英国的乡间别墅和城市广场上得到体现，也可以看到它们被应用于华盛顿特区的公共纪念碑，还有很多类似的建筑。大部分人如果关注和谐的美来自合理安排局部而构成整体的观念，他们就会发现这一点耳熟能详，并且很合理。勒·柯布西耶与威尔士亲王在建筑上的品位经常不同，但他们对于亲王所说的“和谐、平衡和统一这些永恒的原则”，有着共同的热爱。

勒·柯布西耶比阿尔伯蒂要感性得多，但也像他一样，将数学比例视为男性秩序的独特工具。对他来说，那就是生殖的力量。在写到他的和谐理论时，他使用的形象是有性高潮色彩的。他描述建筑或者艺术对其环境的“影响”时写道：“波浪，尖叫，骚乱……线条迸发而出，向外辐射，像是爆炸所产生：周围的一切，邻近的和远处的，被搅动了，被撼动了，被占领，被爱抚。”一个房间、一座城市、一片景观受到艺术如此强有力的冲击，并做出回应，带来了“这个地方需要承担的重量，这里有一件艺术品，是人类意志的表达；它在这个地方留下了它的深度和高峰，它坚硬或柔软的质地，它的狂暴和它的温柔。一种和谐生成了，简直就像是道数学练习题”。

他还描述了他一直装在口袋里的，能揭示秘密的测量纸带。纸带上
标注着标准尺度的等级变化，那是他自创的比例体系，依据是一个标准 150
男人的各项尺寸。他希望自己的体系能被广泛采用。一天，他乘坐吉普

里米尼的马拉泰斯塔教堂，由莱昂·巴蒂斯塔·阿尔伯蒂设计，约1450。版权：阿里纳里/布里奇曼艺术图书馆

车在当时还是不毛之地、现在已是印度城市昌迪加尔的那块土地上勘查的时候，纸带从他的口袋里掉出来，找不到了。“它落在了那个地方，在它的中心地带，融入了土壤里。很快它就会开出花朵，在这个世界上第一座照其和谐标尺进行整体规划的城市中，在它所有的测量数据中盛开。”从口袋里掉出来的柯布西耶的魔力数学，将为一片土地带来滋养，一座城市将得以诞生。

如今，看见一座怡人的建筑，很少有人知道其背后的比例理论与讲述男女关系的奇怪论调之间有什么关联。但阿尔伯蒂没有留下什么疑问，其他文艺复兴时期的文件资料，也确认了和谐的观念与男性主导和凸显男性的观念紧密相关。以列奥纳多·达·芬奇所画的那幅内切于圆形和正方形的人像为例，它是宇宙的几何秩序的象征，我们对它太过熟悉，以至于可能会忽略了其中最明显的事实：它展示的是一个男人，赤裸、身材匀称健美，并且无论如何也不会换成一个女人。如果说达·芬奇太细致的话，那么另一个理论家塞萨里·塞萨里亚诺更强调了这一点。在他所绘的同一幅画像中，这个男人显示了雄壮的勃起。几何是男性的，秩序是男性的，两者都是神圣的。

换句话来说，有这样一种东西，我们称之为古典建筑。它的特点是对称、整齐、和谐，先外观后室内，先白天后夜晚，先固定后移动，先体积后面积，先形式后装饰。它更喜欢石质构造，浅色或者白色外墙。它喜欢划分范围，制定界线，把一切放在合适的位置。它的公共空间的概念是某种正式的东西，符合几何规律，例如一个广场、一座竞技场、一条大道。

它被广泛认为是自然的、正常的，但它至少是部分建立在对性和性别的偏见的基础上的，这样的偏见是不自然、不正常的。现代主义建筑看上去已经与过去分道扬镳，但却保留了古典主义的秩序、比例和规范 151
的理念；现代主义的一些理论家（如路斯），也像古典主义建筑师一样论述对肉欲的抑制。

这并不是说古典建筑和现代主义建筑不会很美，或者说它们必须总是厌恶女人，总是对感官感受加以抑制并充满敌意，或者秩序、比例和男

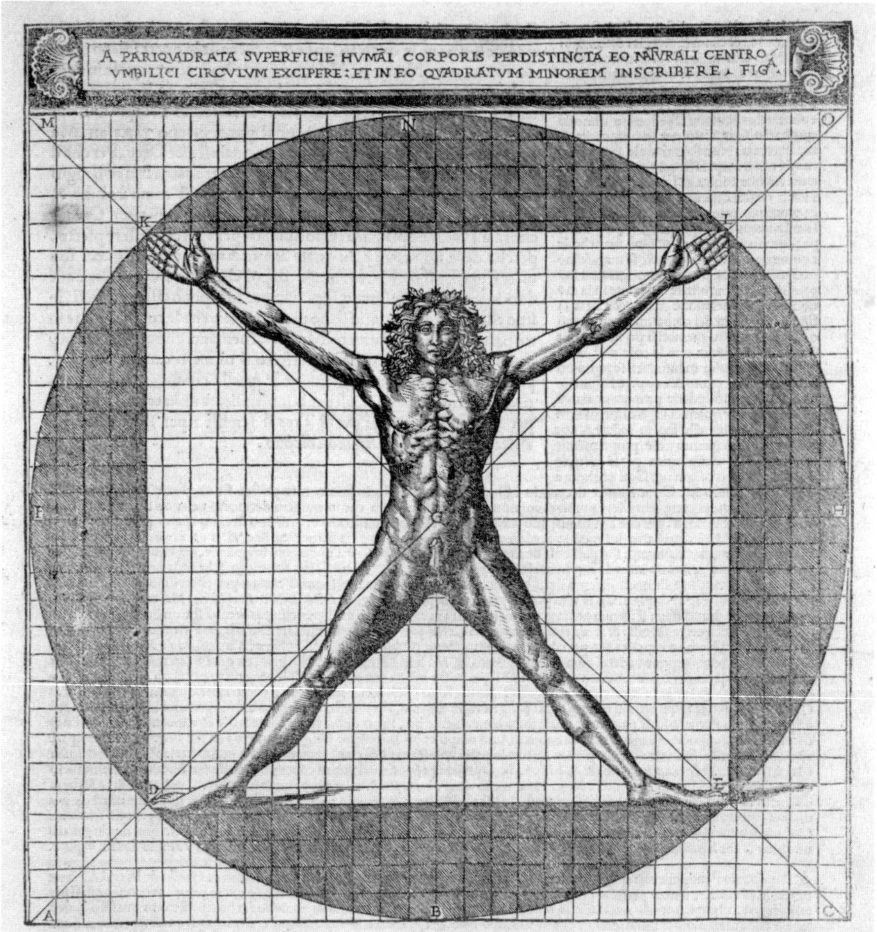

《维特鲁威人》,塞萨里·塞萨里亚诺绘,1521。版权:斯特伯顿收藏/布里奇曼艺术图书馆

怪兽园，波玛索。由皮埃尔·利戈里奥设计，16世纪中期。版权：罗恩·穆尔

性特征不是建筑的重要品质。由于建筑中的事实和意图总是不会直接显现，我们可以居住并且享用按照阿尔伯蒂的原则设计的空间，却不去采纳他的性观念和道德观。考文特花园广场的不光彩的历史就是一个例子：它的形式在很大程度上是依照他的规则，而它的内容（尽管是另一种形式的憎恶女性）却没有。

还要提到的是，古典主义传统，远比按照阿尔伯蒂的规则设计一些纪念碑要复杂和有趣得多。它包含了巴洛克风格、意大利文艺复兴时期花园里的喷泉和雕像、罗马浴池的泉水和大理石这样性感的空间、庞贝城的别墅以及如今再也见不到的古希腊庙宇中幽暗闪烁的内室。

但重要的一点是，建筑并非一定要是这个样子，秩序、分区、规范、稳固和日光也并非一定就是建筑最主要的品质和价值。它们不是一成不变的、永恒的，而是由某些人在某些时间和地点以某种态度制造的。想想如果不是这样会是怎样，倒是一件很有意思的事。如果建筑师们不去留意阿尔伯蒂这类人，不管他有多么博学多才，多么高雅智慧，结果会是怎样？一个充满感官欲望的建筑会是什么样的？

德农在这里变得有趣了，不是因为他作为教科书教人如何为实实在
154 在的性创造实实在在的空间，而是在于他对那些被阿尔伯蒂边缘化了的空间品质的描绘。它们包括室内设计、幻觉、阴影、瞬间、比视觉更多的感官感觉的重要性，也包括映象、表面、外观、人工自然，以及不连贯的地平线（边界和方位的消失，以便新的可以被建立）的重要性。

其他的可能性还体现于鲛岛的性俱乐部和公园、特丽莎·科内利斯的假面舞会馆、爱情旅馆以及荷加斯和弗拉戈纳尔的各种意象，这其中包括了走向极端的欲望空间，比如闺房、巷道、奢华（科内利斯）或贫贱（荷加斯）。偶然发现或者默默无闻（鲛岛）的地方隐藏着力量。爱情旅馆表明，从不同的地方借来不同的东西并将它们杂糅在一起的过程中，总是伴随着性欲望。

这些品质出现在小说以外的地方，出现在为做爱专门设计空间的专业定位以外。比如路斯的室内使用了人工自然、边界的消融以及对材料

的色情化的借用。对他来说这些工具是私密的、内部的，而按照阿尔伯蒂和勒·柯布西耶的传统，相较于那些完整的、充满阳光的、气概雄伟的稳定而坚固的东西，它们最多是外围的，甚至往坏处说是罪恶的。但事情并不是一个一定要比另一个更重要，石头不一定比镜子更真实，阳光未必比阴影更真切。

性以更显著的方式，在更普遍意义上揭示了关于生活和空间的真相，这体现在，它可以在任何地方发生，不需要设计的帮助。建筑是背景，但作为背景，它也可以改变在其中发生的事的性质和影响，包括生活和性。背景和行为的关系是交互的，背景改变行为，行为改变背景；但这种关系不是线性的或直接的，并且可能会有颠覆和冲突。建筑的角色经常像倒台的人，原本体面，后来形象被颠覆了。有些未经考虑的或者看 155
似琐碎的东西，比如一扇窗或一扇门的偶然的位置摆放，可能会比建筑师的本意产生更好的效果。

性观念与空间的关系展示了建筑的另一个真相：它通常是由一群很专业的人代表另一群更普通的人建造的。他们的愿望树起了它，我们的欲望占据了它。在愿望和欲望的相互作用中，在它们的相互匹配、互补和冲突中，是一种权力的游戏。根据游戏演绎的方式不同，结果可以是压迫，可以是解放，或者两者并行。 156

第五章　权力与自由

有一张丽娜·博·巴尔迪的照片，是她在圣保罗艺术博物馆的建筑工地拍的。她身着黑衣，穿长靴和裤子，坐在一把粗糙的木椅上，头转向另外一个方向，似乎一刻都不得闲。她尖削的鼻子和下巴几乎是侧面示人的，但她的目光从侧面回到了照相机上。她的腿和椅子的腿都放在铁锈色的钢筋网格上，而钢筋上面正等着铺上一层水泥。建筑工人在她身后排成月牙形，神色严肃，像足球运动员在等待开球。在她上方像飘浮物一样的，是一个水泥盒子的底面。她是处于一定的高度的，在上面的水泥盒子和下面的平台中间，可以看到远处的一片城市风景和天空。

在她身旁有一幅画，如今它的身价可能跟整座大楼的建筑成本差不多，它就是梵高的《学童》。在充满危险的建筑工地，这幅珍宝被固定在一块一人多高、没有边框的玻璃上，玻璃底部仅由一个水泥块稳住，以免倾倒。这幅画的色彩是三原色（红、蓝、黄），在周围以棕色和灰色为主的环境中很显眼。照相机后面的天空和云映射在玻璃上。博·巴尔迪摆这样一个姿势的原因，是显而易见的。她是在侧头朝向画中的男孩，他面朝她的方向，露出四分之三的脸。他的椅子也很简陋，跟她的很像。

这张照片拍摄于20世纪60年代中期，当时博·巴尔迪有五十岁左
157 右。那时她的丈夫彼得是圣保罗艺术博物馆的馆长，他把最好的一组西方艺术品汇集到了南半球，其中包括拉斐尔、波提切利、曼坦那、贝利、提香、波希、委拉兹开斯、鲁本斯、普桑、伦勃朗、庚斯博罗、透纳、戈雅、德拉克洛瓦、莫奈、马奈、德加、塞尚、梵高、毕加索、马蒂斯、莫迪里阿尼、恩斯特、达利、考尔德、沃霍尔等人的作品。这座大楼是由丽娜设计的，于

1968年对外开放；开幕式上，英国女王伊丽莎白二世也在场。它的目的是保存并展出这些藏品。

弗朗西斯科·德·阿西斯·夏多布里昂·班代拉·德·梅洛（Francisco de Assis Chateaubriand Bandeira de Melo）是博物馆的奠基人和赞助人，人们一般叫他查托（Chatô），或者“巴西之王”“巴西的公民凯恩”。他是一名记者、律师、媒体大佬、政客，出身贫穷，十岁之前没上过学。众人皆知的是，他常常以恃强凌弱、撒谎、恐吓、欺诈来达到目的。他的成就包括在1950年将电视引入巴西，创办了巴西小姐大赛，以及在20世纪40年代掀起现代航空引进运动，并且后来为巴西的训练学校捐赠了一千多架飞机。当他将眼光从飞机转向艺术时，他充分利用了战后欧洲艺术品价格低廉的形势，来打造圣保罗艺术博物馆，并且使用了速战速决、巧言令色和阿谀奉承来达到目的。他通过电报来购买这些伟大作品，由彼得·巴尔迪担任他的代理人，对于最好的交易，还会通过宴会和公众游行来进行庆祝。

巴尔迪后来回忆说，查托是一个多面人：

> 他曾经打扮成一个牛仔，曾经骑着骡子、穿着学院派的制服参加假面舞会……他还穿着米纳斯吉拉斯州军警上校的制服，开着时髦的劳斯莱斯在街道上穿梭。然而，在某个时间，在夜半时分，他回到自己孤独的办公室里，不是写报纸文章，而是精心制作节目，写政治、经济、教育、道德类的评论……我们一起创建了这座博物馆，但 158
> 它能出现就是因为夏多布里昂发明了一种“压榨”富翁们的技术，从他们那里拿走一百万克鲁，还给他们十亿克鲁，方式可以是升值、帮忙、政治上的好处……圣保罗艺术博物馆的存在，要归功于这位巴西未来的建造者。

查托是某种仁慈的暴君，对他来说，自我的提升与国家的进步是同一大厦的组成部分，压榨与慷慨同属于索取和给予这一整体。其他巨头、独裁者或者还有犯罪头目、文艺复兴时的大师都曾表现出类似的倾

丽娜·博·巴尔迪，在圣保罗艺术博物馆的建筑工地上，20世纪60年代中。版权：丽娜·博·巴尔迪学院，巴西圣保罗；AE/路·帕雷拉

向。有时结果是美的，有时却只是浮夸。圣保罗艺术博物馆令人惊奇的地方在于，查托的自负、权力和半合法的财富，通过丽娜·博·巴尔迪的建筑，被变成了为公众服务、为公众所有的东西。

博物馆分为平行的三个部分，建在同一个工地上，但高度差距明显。最低的部分是两层水泥结构，半埋在一座山坡里。中间的部分是一个开放的广场。最高的部分也是两层水泥结构，外墙由玻璃围成，看上去仿佛是盘旋在广场上方。这座博物馆就像三明治，由实体—空间—实体三层构成。

较低的、半埋的建筑包括图书馆、餐厅、剧院和“市民厅”。高处耸立的封闭建筑里有一些画廊，收纳永久性藏品和进行临时性展出。现有的地形上有弯弯曲曲的坡道，使广场得以与繁忙的八车道的保利斯塔大街平齐，尽管它还在两层楼的上面。隔街相望有一座公园，叫作特里亚农。

博物馆坐落的地方原来是一座公共的观景楼，它是几十年前修建
保利斯塔大街的承包商捐献给市政的，条件是旁边公园的美景能保留下 160
来。博·巴尔迪的画廊拔地而起，正好实现了这个目的，她让视线穿过空地，伸向远方。

拔地而起还有另一个目的，就是帮助创造下面的公共空间，即广场。这片地方是给城市的礼物，并没有既定的用途，只不过你可以从这里上到高处或下到低处的房间里。最直观地看，它是圣保罗的高楼大厦丛林中的一块空旷之地，有巨型长方形阴影为其遮挡炙热的阳光，有一把水泥制成的伞为其遮蔽热带的暴雨。

是周围的一切使它非同一般：风景、大街、公园、一边陡峭的落差。博物馆然后是剧院、礼堂和图书馆的上上下下都被加上了艺术品，建筑师们不断地给公众呈上各式广场，而公众经常把它们当作圣诞节的袜子——用意是好的，但不用放在心上。这里的空间可以用于有组织的以及自发的活动：音乐会、每周一次的古书市场、政治抗议活动、马戏表演、雕塑展、闲逛和聚会。它让人们以自己的方式栖居于此。

总的来说，博·巴尔迪没有把这个地方雕刻成滑稽的形状，或者加

圣保罗艺术博物馆，由丽娜·博·巴尔迪设计，1968。远处是特里亚农公园。版权：大卫·R. 弗兰茨照片档案公司/阿拉米图片社

上花哨的路面、艺术性的街道装饰品。她说，她不愿意用“稀奇古怪来使人震惊”。她仅仅塑造了这片空地，使周围非同凡响的景色显得突出，给潜伏于此的事物以空间。她还实现了另一件事：浮在空中的画廊给下方的空间带来了活力。你有被保护的感觉，但感受头顶上诺亚方舟的重量也让人兴奋和充满新鲜感。

空中悬浮的概念就像桌子一样简单，实现却不是那么容易。整个楼悬在两根70米的横梁之上，最终落脚在四角的四根柱子上。它是一种英勇的工程设计，但目的不是为了将目光吸引到自己的英勇上，就像有些 162
建筑师的作品一样。它的作用是使风景、空间和生活这些无形的东西成为可能。实体的东西被用来激发非实体的东西。

博·巴尔迪的发明在建筑内得到延续。在画廊的顶层她设计了单独的一间一面见光的大厅，来展出汇聚了查托的财富和彼得的精明的那些珍宝。她打破了画作必须陈列在墙上的橱窗里的传统，把每幅画都放在一块竖着的玻璃板上，就像建筑工地的照片中那幅梵高的画一样，玻璃板的底部由水泥块固定。这样每一幅作品更像是艺术家在画架上看到的它的样子，而不是博物馆解说员看到的钉在墙上的标本的样子。如一位建筑师所说，她的呈现带出了

> 画面的可触摸的真实感，以及某种创造出来的物质存在——**在空间中**，用笔和颜料，一笔一画地创作出来。

它们不仅仅是映入你眼帘的一幅图画，而且是画作，诞生于画家的一个个的动作。

在每块玻璃板的背后有这幅作品的信息，如博·巴尔迪所说，这样放置是为了“给观察者留下纯粹的不受影响的观察空间”，而不是让他们先看见标题再去思考：“你该欣赏这个，这是伦勃朗的画。”这样安排也使观看者不得不前前后后地绕着画走动，与它有主动而非被动的交流。画作变成了三维的、动态的，与人和雕塑一起占据了广阔的空间。

镶在玻璃板上的画一起构成了一片透明的丛林，参观者可以徜徉其

圣保罗艺术博物馆，画廊下的广场上举办音乐会。版权：丽娜·博·巴尔迪学院，巴西圣保罗；AE/伊塔玛·米兰达

中，可以同时看到哈尔斯和莫迪里阿尼，塞尚和莱热。点缀在画丛间的其他人成了景象的一部分，构成了活动的人群与画中的静物交织的芭蕾 164
舞表演。丽娜·博·巴尔迪委托别人拍摄了一组照片，表现参观者与画作之间彼此唱和的手势和姿态，就像她与梵高的《学童》那样。

她打破了几条展览规则，而世界上几乎每一个展出传统大师作品的博物馆都会遵循这些规则。其中一条是，每幅画的周围都应该是中立的，以便观众可以不受干扰地沉思。另一条则是，画作应该在均匀的、不变的、完全可控的照明环境中，而她的高屋顶、一侧光照、大窗户的房间不会有这样的环境。这些规则相对较为现代，是有些作品诞生几个世纪以后才被创造出来的。它们同时也忽略了这样一个事实：很多绘画是为远非中性的环境创作的（比如圣坛装饰画、装饰华丽的酒馆），灯光也远非完美。它们设想一幅绘画本质上是与其摆放的房间、观看它的人不相关的。这是一种专横的、无历史依据的设想，但却被广泛地采用。这样的正统做法部分导致了20世纪90年代晚期博·巴尔迪的展览遭到抛弃，被换成了更常见的封闭室内墙上排列画作的形式。

如果说建筑是多样化的思想和行动之间的无机间隔物，圣保罗艺术博物馆就是一个突出的例子。它是生活的框架，是城市环绕之下的生活，是画布上展现出的艺术家们的姿态，是艺术观赏者们的生活，是周围植被和水的生活。空间比实体更充满意义。这种努力、技艺以及设计和结构的力量使空洞变得有内涵，使空间中可以生发出一切。

它有很多光影的效果，从昏暗的地穴到光明的美术馆；它也富于质量的变化：它飘浮，并又扎根。它是一座需要看、同时也需要感受的建筑。它有韵律，并创造着联系。比如顶层的画廊，就像是下面的长方形 165
公共空间的更轻灵的版本。玻璃板上飘浮的画，对应了容纳它们的飘浮的屋子。

这座建筑是强有力的存在，却不是独裁者。它体型庞大并且对称，如同宫殿，而它没有装饰的外表可能会让人生畏。但它没有宫殿壮观的台阶和庄重的大门。它没有使用建筑师们常用的距离效果：比如宏伟的外形使你后退、仰慕，过于简洁的细节和表面，无处不在的艺术签

画作与女人，圣保罗艺术博物馆。版权：丽娜·博·巴尔迪学院，巴西圣保罗；AE

画廊,圣保罗艺术博物馆。版权:丽娜·博·巴尔迪学院,巴西圣保罗;保罗·格斯帕里尼

名。博·巴尔迪说她的目的是“消除文化上的势利”。她通过画展的形式、广场向大道敞开的方式，呈现了一种直观性。她把自己的方法称为Arquitetura Pobre，即“苍白的建筑”，其使用的是最基本的建筑材料，比如生混凝土、黑橡胶地板和戈亚斯石块路面。

它并非完全是一座具有民主色彩的建筑，而是一件自上而下的产物，来自查托的权力和财富，由受过教育的专业人士博·巴尔迪作为中介，献给圣保罗的人民。没有经过如今英国的大型建筑都必须有的详尽的公众听证会，并且“馆长的妻子作为建筑师”、“馆长与赞助人关系密切”这样的事实，会让人想到没有经过公正无私的选择程序。丽娜在建筑工地的照片，表现了权力关系的不平等：她是负责人，有技术、知识、性格上的优势，并且受到查托的赞助。她可以按照自己的意愿，将梵高的一幅无价之宝放在工地的危险环境中。她背后的工人们必须遵从她的命令。

但她慷慨大方地使用了借来的权力，来开启、丰富、创造各种可能性。她用金钱和工程设计使不可预见之物成为可能。她用实体的部件
168 来为空间服务。美国作曲家约翰·凯奇比大多数人更懂得停顿的力量，他称圣保罗艺术博物馆为“自由的建筑”。

建筑与权力关系密切。它需要权威、金钱和主权。建造的过程就是施加权力的过程，包括对材料、建筑工人、土地、周围的事物以及未来的居住者。去想象别的可能性的行为，不是出于无知就是出于虚伪。

厨房在一间屋子里的位置，表达了谁做饭、谁吃饭的相对地位关系。你可以通过伦敦城的结构，读出银行和政客们的权威度。大街上的一家超市，可以体现商家、消费者和当地社会体制的不同的力量。

独裁者们的一个屡见不鲜的特点，就是喜欢大兴土木。哈萨克斯坦的努尔苏丹·纳扎尔巴耶夫建了一座新都城阿斯塔纳，它长长的中轴线的一端是和平和解宫，它高62米，是金字塔的形状，由福斯特设计公司设计；另一端是“大汗帐篷”，一座帐篷形状的购物中心，也由福斯特设计公司设计。在这两极之间的是总统宫，它是白宫的翻版，被改良成了一

个大型的蓝色穹顶，此外还有拜特雷克观景塔，它有一个镶在尖形钢架上的大圆球，象征着神鸟“萨姆鲁克”(Samruk)下金蛋的白杨树。当地人把它叫作“珍宝珠”(Chupa Chups)，因为它的样子像这种众所周知的棒棒糖。

还有另一个例子，年轻时的阿道夫·希特勒曾申请为维也纳的建筑师奥托·瓦格纳工作，但没有成功。后来他计划将柏林建成宏伟的“日耳曼尼亚帝国”首都，这个想法一直延续到他最后在地下碉堡中的日子，甚至到了搞不清楚哪个更重要的地步：应该创造“日耳曼尼亚”为德意志帝国服务，还是创造德意志帝国使“日耳曼尼亚”成为可能。 169

从建筑师角度来说，他们中至少一部分人喜欢与权力调情。路德维希·密斯·凡·德罗在纳粹德国徘徊了很久，他不顾体面，显然是希望政府能采纳他的建筑风格。他为1935年的布鲁塞尔国际博览会设计了一个德国国家馆，上面有纳粹党的十字章，根据官方的创立计划书，它是象征“国家社会主义的战斗力和英雄意志”。密斯的一位年轻的美国崇拜者菲利普·约翰逊（后来成为20世纪建筑界最有影响力的人物之一）则走得更远一些：他赞扬《我的奋斗》，帮助建立了一个美国法西斯党“灰衫党”，1939年跟随魏玛政权到了波兰，在那里他把华沙大火描述为“激动人心的场面”。勒·柯布西耶曾努力确保苏联的赞助，但最终归于失败，后来又向卖国的法国维希政府献殷勤。

这不仅仅是一种偶然的或者便利的关系。独裁者和建筑师一样，都被占领和塑造世界的欲望所驱动，他们喜欢彼此的这种品质。无论是通过规模（以及给参观者以面对庞然大物的感觉），还是通过细节的掌握（在严苛的意志下使材料和劳动屈服的能力），一些世界上最令人仰慕的旅游景点，将其日程中的很大一部分，都安排为使一部分人俯视另一部分人。与建筑有关的语言印证了这种独占性：“技术大师”“规划大师”“建造大师”“现代大师”“大师级作品”。

一个令人不舒服的事实是，建筑的一部分震撼或者令人注目的效果，来自它对权力的运用，或者有时是残酷的力量。在印度，你偶尔会发现精致的纪念碑之外分布着一些坟墓，它们是为了纪念建碑的匠人，

拜特雷克观景塔，阿斯塔纳，哈萨克斯坦。版权：罗恩·穆尔

这些人被他们的客户即当权者杀害，以避免他们再为别人造出更美的东西。今天在亚洲有一位受人尊敬的建筑师，人们都知道他会对自己的职 171
员施以拳脚，打断他们的鼻梁，强迫他们睡在办公室里（如果他们还能睡觉的话），这样就可以最大限度地榨取他们生命中的精华，为自己的作品服务，虽然那也是他倾注一切的作品。建筑与人的牺牲自古相伴。

成功的建筑师有无边的意志力。他们需要这样的意志力，他们的设计才能在从创意到完成的过程中，要在诸多压力下延续。这些压力来自客户、规划者、承包商，来自预算、选址、简报，来自建筑过程中的各种事故。他们将力量与魅力结合在一起：他们能备齐达成目的所需的一切。干劲十足但又时常忧愁的斯坦福·怀特就是一个例子。

根据一个同时代人的描述，他：

> 性格中有巨大的能量，是一个有非凡力量的人。他能感染所有遇到他的人。我常把他看成某一阶段的美国生活的体现——那是一个沸腾的阶段，像长久地沉在溶液中的元素被突然搅在了一起，一起产生了某种强烈的情感。
>
> 他有巨人般的活力。他有神一样的狂热，想让自己为人所知。那是伟大的政治家与生俱来的热情。他具有渗透性。

他智力早熟，嗜酒，喜欢和女人调情，忧郁，喜欢社交，慷慨大方。他对于建筑的概念超出了建筑设计，延伸到了建筑中的展览和晚会；他既是设计师，也是制作人。他可以连续工作几昼夜来完成一件作品，他对客户毫不留情，有时会在建筑费用上将他们推向崩溃的边缘。

他既盛气凌人，又充满魅力。苏珊娜·莱瑟德将他描绘成一个“体型庞大的、有灵感的孩童，受溺爱，天使一样纯洁，健忘，专横”。一位艺
术家朋友说，他还有“高度的敏感，甚至使他失去本性”。年轻时怀特在 172
欧洲游历，他写道埃尔金大理石刻让他“头发竖起又倒下”。他在维米尔和委罗内塞的作品前落泪：“想想他们居然能创造出这么美好的东西，而我却做不到！”

他对人或物中的美的反应，首先是被征服，然后想占有它、消耗它、把它吸收到自己身上。作为一名为富人设计房屋的成功建筑师，他会劫掠年轻时让他非常感动的欧洲大陆的珍宝。他会将宫殿中古老的壁炉拆下来运到美国，卖给他的客户来获利。他有一次贿赂了意大利一个村庄的警察，让他们在村子里优雅的公共喷泉被拆走时睁只眼闭只眼。怀特把这种掠夺看作一个年轻强大的国家对老朽衰落的国家应有的权利。

他作为麦金姆—米德—怀特设计公司（McKim, Mead and White）合伙人期间的建筑作品，可以分成两个阶段。第一阶段，使他三十岁之前就已负盛名，他在纽波特和长岛为新贵和新的有闲阶层设计度假别墅，客户包括一位三十一岁的退休棉花交易商、数位实业家、数位地产要人、一位艺术品交易商。这些作品发展出了后来的“木板屋风格”，即美国日常的木材建屋技巧与审美感知力、精致的技艺相结合，并带有日本风格的痕迹。怀特那不拘一格的住宅会用轻便的建构（通常是用木材）来掩盖它的费用。如一位建筑史家所说，它们是“美国夏天的建筑”。

他第二阶段的客户不再是新贵，而是巨富。他们是范德比尔特家族（Vanderbilts）、惠特尼家族（Whitneys）、普利策家族（Pulitzers），是美国镀金时代的商界王子。他为他们设计庄园和社交俱乐部。怀特和他的
173 合伙人也开始设计当时的公共纪念物，比如波士顿公共图书馆、纽约的华盛顿广场拱门。对这些客户和项目来说，新英格兰农庄的浪漫灵感就不够用了。模仿的对象必须是巴洛克风格的威尼斯、路易十四时期的宫殿、法国文艺复兴时的城堡。其中一些宫殿建在罗得岛的纽波特，随着怀特事业的风生水起，它们也盖得越来越宏伟壮观。亨利·詹姆斯更喜欢这个地方简朴时的样子，他哀叹到，由于这些新庄园，

> 大自然的脸如今已被竭尽所能地抹去，原本羞怯的甜美被俗气的装饰所改变、所侵害……这是什么样的主意，将地球上的这片弯弯曲曲的沙滩、海中仙女与牧羊人唱答的地方，当成了华丽的废物的养殖场！

上图：艾萨克·贝尔住宅，纽波特，罗得岛。由麦金姆—米德—怀特公司设计，1881—1883。版权：罗恩·穆尔

下图：餐厅，金司科特住宅，纽波特，罗得岛。由麦金姆—米德—怀特公司设计，1880—1881。版权：乔纳森·沃伦，2012

奥格登·米尔斯住宅，史塔茨堡，纽约。由麦金姆—米德—怀特公司设计，1895—1897。

风景如画变成了对称结构，轻巧变成了沉重，木材变成了石料。怀特的一个学徒卡斯·吉尔伯特（后来雄伟的哥特风格的纽约伍尔沃斯大楼的设计者），指出了怀特与其建筑风格大致对应的性格上的变化。吉尔伯特说，直到自己将近三十岁时，怀特一直是“一个能力非凡的人，有最吸引人的个性”，后来他“开始有点讨厌他的傲慢，以及他将办公室里的一切成就都据为己有的做法”。

人们很容易就能看出，后来的建筑是如何表达权力的。它们征服了悬崖和海角，有最好的地址。它们体形庞大，外观华贵。它们可以从任何山林宫殿采集木头、石头、挂毯和雕刻，用轮船或火车运来。它们可以雇最好的工匠，驱使他们完成对物质行使主权的壮举。在弗里德里克·威廉·范德比尔特的海德公园中，一个巨大的文艺复兴风格的壁炉还不够，为了效果，它们必须成对，并且要为那个巨大的房间供暖。 176

它们借用了古老世界的财富和想象，并超越了它们。它们的爱奥尼亚风格和科林斯风格的柱子由整块的大理石或石料做成，在雕刻凹槽和凿出叶形装饰方面比欧洲的样板更规则、更精准。怀特还可能出乎意料地加上一处不对称的地方，让人想起“木板屋风格”，这是为了减少矫饰之感，但同时也表明他的权威性。他如今已经掌握了古典风格，并可以将它玩弄于股掌之间。

在怀特的作品中，还有更细微的权力游戏的体现，包括在“木板屋风格”的更柔和的房屋中。他对表面很痴迷，这从属于对记号和图案的一种高雅的狂热。在早期房屋的外表面，怀特将木板和瓦片摆成波浪、鱼鳞、扇贝的形状，加上五彩釉雕的嵌板，用鹅卵石、贝壳和碎玻璃拼成旭日的图案或者各种徽章。窗户由小块的窗玻璃组成，玻璃框由铅或者木材制作，显得细致优雅。窗玻璃与木板的大小一致，它们从墙到窗到屋顶，一起制造了一种整体上的小部件的共鸣。在室内，木材被雕刻和镶嵌满了各种图案，有植物状的、几何状的，有模仿织物或者帷帘的，有线和点的快速变换的。无数的条块汇成一片。数不胜数是目的之一：你会因为无边无际而眼花缭乱。

除了木材，还有黄铜、大理石、镜子、柳条，以及地中海蓝或大西洋绿的瓦片。玻璃是带色的、拼接成图案的，不透明、成簇或者清澈；铜是有光泽的、多处穿孔的。怀特使用他的材料的方式可能很不正统，他会把软木片摆成人字形，或者在墙上和天花板上用劈开的竹条，或者用室内装潢用的平头钉来钉门，来做成太阳和星星的图案。他会将金粉掺进灰泥中。

被怀特用来借取主题的那些古老建筑中，总有一些东西有待你去发
177 现。怀特决定用代尔夫特陶片来装饰自己的家，他没有像常见的那样将这些陶片用在壁炉边缘，而是用了一千片，覆盖了整面墙。像杂耍演员不断向空中抛出更多的物品一样，怀特将空间带到了某个临界点，然后超越了它。他也像杂耍演员一样，依然能泰然自若。这些地方并不让人感觉多余，而是让人着迷。

怀特对表面的狂热，在一定程度上是对其客户的财富的一种微妙展示，因为这些精致的东西都不便宜。它同样也是对建筑师的鉴赏力以及他的创造主权的展示。有一桩不成文的交易是：怀特的客户、住宅的法定主人授权建筑师按照自己的意愿设计每一个表面，作为回报，他也可以分享如巫师般的创造者的天才。怀特从不让你忘记他的存在。

将一座建筑的表皮神圣化的做法中，存在着一些色情的因素。而这种色情对怀特来说是与权力联系在一起的。在怀特为自己建造的麦迪逊广场花园的欲望之巢中，有着一种对表面的行家眼光，它表现为精心选择的闪亮色彩、织物、动物皮毛、天鹅绒，这与他对女孩的鉴赏力很像，比如他那著名的晚宴上的金发和黑发的美女侍者，比如美貌异常的十六岁的伊芙琳·纳斯比特，而她被迷奸的遭遇（据她后来自述），导致了怀特的死亡。似乎酒、女人和墙对他来说如同一体。感官感受激发了一种渴望，不得不用技艺来舒缓。在他那里，暴君和享乐主义者相结合，支配与精致是亲密伙伴。他的技艺并非表现在某一次的巧取豪夺中，而是表现为绵延不绝的艺术才华的展示。

他的装饰是精准控制下的原始的挥洒。它让人想起阿道夫·路斯
178 在他的《华饰与罪恶》一书中描述的巴布亚人的文身。据路斯说，这样的文身既是情色冲动的表达，也是艺术的本源。路斯从“堕落者们”画

在厕所墙上的涂鸦中也看出了同样的冲动。斯坦福·怀特也涂出了自己的墙壁，但是带着品位的。他将涂鸦变成了五彩釉雕。

怀特的华丽外墙，特别是后期带着借鉴色彩的东西，正是路斯所厌恶并试图用他绅士般的朴素所取代的。但两人有个共同点，就是将空间、物品和时间压缩到了内墙的表面上。两人都通过多种渠道来获取材料和图像（都十分赏心悦目），并将它们镶嵌在平整（或者近乎平整）而显眼的板块中。两人都在墙面上用不透明玻璃挡住光线。

这样的压缩，是注重感官但控制严格的建筑的一个共同点，其原因并不十分明显。部分原因在于压抑之下的激动和快乐，以及将生活和奢侈限制在严格的边界内。还有部分原因是征服和技艺，是从土地或森林中、从遥远的不同的时空中杂乱无章地取来所需，将它们精心处理，是它们丧失了空间的维度。像爱情旅馆一样，怀特和路斯的空间充满了四处借来的东西，但与爱情旅馆不同，他们将自己的材料融合、转变为一个个新的整体。或许其中也有对生殖奇迹的幻想。正如一位建筑师能将两维变成三维，将图纸变成建筑物或者城市，他也能将平整的墙面缀满物品和图像，模拟自己界限之外的世界。

建筑中有很多权力的象征和工具。有刻度、质量、高度和成本，可以用来震慑，或者统帅。一个大型建筑可以看上去令人生畏或者鼓舞人心，这取决于我们是否感受到它与我们的关系：它的宏伟是为他们的，还
是为我们的。 179

对称、成对、重复都是力量的象征。它们表明客户和建筑师对自己的劳动力有足够的掌控能力，他们可以一遍又一遍地以同样的方式做同样的事情，重复和冗余的成本是负担得起的。对称展示了面对常有的不对称因素的压力的胜利：受建筑的功能和选址的限制，房间可能要建成不同的大小，地块可能会是斜坡状的，或者有不规则的边界。

政治学存在于细节中。建筑材料有生命、有历史，它们本质上是天然的，有瑕疵、有纹理，在不同的温度和湿度中有不同的运动和变化方式。建筑师可以征服、忽视、利用或珍视这些特点。比如石头，在麦金

姆—米德—怀特公司后期设计的庄园中，它们被切割得像钢一样锋利，而同样的材料，在英格兰北部，会被松散地堆在一起，充当羊圈的围墙，不加任何修饰，也没有灰浆黏合。

建筑材料和建筑工人如何被指挥，有什么程度的自由或控制，可以在完成的建筑中体现出来。在建造中使用权力的情况，接着又可以暗示出一座建筑对其未来的使用者施加的控制程度。当建筑师坚持将建筑的各部分按照某种方式连接在一起，或者没能达到他的目的，这就体现了建筑师、建造工人、客户之间的权力和合作关系。这样的权力可以慷慨大方地使用，可以由合作来实现，也可以很自私地表达；可以是为了公众的利益、为了个人的喜好，或者常常是这些驱动力的相互矛盾的结合。如果建筑师要造一个考究的门槛或椅子，或者坚持不懈达到了美的目标，他就会受到此后几代人的感激；而如果这样做仅仅是由于过度自负，那会让人不快。

在《可怜的小富翁》一文中，阿道夫·路斯讲述了一个想象中的百万富翁要求建筑师“将艺术带给我，将艺术带到我家里。费用不是问
180 题”。他得偿所愿，“无论目光投向哪里，那里都有艺术，艺术在每一件东西上。当他去抓门把手时，他抓住了艺术，当他坐到扶手椅上时，他坐到了艺术……当他踩到地毯上时，他踩上了艺术”。建筑师“没有遗忘任何东西……他把一切都造出来了”。甚至屋外的有轨电车轨道都是重新铺设的，以便车辆“开过时是按照《拉德茨基进行曲》的节奏”。每一个装饰物都有固定的位置，这也带来了一些压力：“有几次建筑师不得不打开他的设计草图，来找到火柴盒的位置。”

不过富翁依然很高兴，直到有一天他邀请建筑师来庆祝他的生日。建筑师先是指责他的客户穿着为卧室设计的鞋子走到了它们不该在的地方，接着又很生气富翁打算找个地方放置家人送给他的礼物。“你怎么能让别人送你这些礼物！……我不是一切都考虑周全了吗？你什么也不需要了。你什么都有了！”

“可是我的孙子想送给我他在幼儿园里的手工作品怎么办？”

“你不能收下！”

路斯讲道，快乐的富翁“突然感到非常地不快……他被排除在未来的一切生活和奋斗、发展和欲望之外了。确实如此。他完结了，他什么都有了”。

路斯是在讽刺维也纳独立派以及新派艺术的建筑师们，他们追求将每一件物品都变成设计的产物，将房屋变成无所不包的空间、表面、细节的交响乐。尽管这样的建筑充满了生机，有弯弯曲曲的自然形式和炫目的色彩，但它是建筑师手中的生机勃勃，是在任何人搬进来之前的样子。住户们只能充当心怀仰慕的见证人，他们不能加入自己的任何东西。他们可以观赏，却不能安居。设计的固化或者完美化，无论有多漂亮、多智慧，都可能成为一种死亡，就像富翁的例子一样。在追求艺术的永恒时， 181
这样的建筑没有给活着的人留下多少空间。

建筑师的观点与使用者的生活之间的紧张关系，超越了阿道夫·路斯的时空，不断出现着。史学家们谈到“帕拉第奥的罗通达别墅”或者“勒·柯布西耶的萨伏伊别墅”时，好像它们是属于建筑师而非他们的客户的财产，怀特的住宅也是一样。有一个共识(或者叫误解)是，在法定的主人和创造者之间，建筑属于双方。这样的交易可能会是和谐的，也可能是充满怨恨的，这取决于某一方是不是觉得他们必须交出预想之外的领地。伊迪斯·范斯沃斯是密斯·凡·德罗的最著名的设计房屋的主人，可能也是他的情人，当她发现这座房子最终被归于他的名下时，对他感到十分震怒。她说，这个人“比我认识的所有人都要冷漠和残酷。也许他从来不需要朋友和合作者，他需要被愚弄的对象和受害者”。

对于为公众而非个人房主设计的建筑师来说，作品的目的，与作为其背景的生活之间的关系，会呈现出不同的形式。在私人住宅的情况中，主要关系是客户和建筑师之间双向的关系。在公共项目中，有使用者、路人以及客户，他们可能是一个由各种委员会和官员组成的复杂的机构，并且包括一个由不同咨询者组成的设计团队，这在私人住宅中是不需要的。

新派艺术风格的室内：尤金·瓦林设计的餐厅。版权：Hermis.fr/超级图库

权力和兴趣的关系会是什么形式？这并不总是清晰和可预见的。建筑项目背后的推动力可能来自客户改造一个地方的意愿——比如一个独裁者，或者一家公司。建筑师，比如为阿道夫·希特勒工作的阿尔伯特·施佩尔，可能会将他们的作用仅仅视为满足或者超越赞助人的梦想。其他人可能将自己视为是在使专制人性化或者文明化，将异于其独 183
裁者客户的价值观加入建筑中。

建筑师相较于客户可能更有施加权力的欲望。来自西班牙加泰罗尼亚的建筑师里卡多·波菲尔将法国新城马恩—拉瓦莱和圣康坦—昂伊夫林的经济型住宅楼变成了巨大的带廊柱的新月形状，以及膨胀了的"水泥版凡尔赛宫"。有时权力游戏不仅仅是统治或者压迫的问题，它还包括使用者、主人和设计者之间的互惠，或者像博·巴尔迪的圣保罗艺术博物馆一样，是从个人力量向共享的自由的转变。

几个现代的理论学家曾辩称，建筑中的古典传统本身就有压迫的倾向。在古代以及文艺复兴时代，古典型的城市有某种公共空间的范本，据阿龙·贝特斯齐所说，"它不是自然的一部分，不是生产性的，只是权力的展示。它是一片被征服、被清空的世界"。它是统治者和贵族用来粉饰表面的东西。它们不仅被用来表达男人对女人的权力，还用来表达市民相对于奴隶、下等阶级和外国人的优越性。与这些公共空间相伴的建筑是几何形的、固定的，是石头垒石头建成的。它是一种主要要在日光下观赏的建筑，是阿尔伯蒂后来推崇的建筑。那些黑暗的、不稳定的、被剥夺的、偏离常规的元素都被挡在了视线之外。

这种几何化的权力的一个后来的著名版本，是奥斯曼男爵代表拿破仑三世在巴黎纵横交错的城市构造中推行的街道系统。它们是控制的工具，是为了方便政府调动军队，并防止平民在革命事件中搭起街垒。 184
它们由石块砌成，看上去并且也被期待能长久使用。它们对称排列、数量庞大、笔直畅通，构成了一幅秩序的景象。

非法的东西都被驱逐到了街道背后的空间里，比如"通道"(passage)，20世纪20年代的超现实主义"都市漫步者"路易·阿拉贡的自传体小说《巴黎乡下人》，就以此地为背景。这个地方难逃即将被拆除的命运，它要被建成奥斯曼大街的延伸，继续实现奥斯曼男爵的理念。当地商贩大力呼吁保留这条街，而他们“沸腾的怒火”被地产公司的利益和地方官僚的腐败共谋推到了一边。如果它躲过了“大型啮齿动物”奥斯曼大街的屠杀，这个汇集着诗人、奇异品商店、妓女的边缘地带，这个“人类水族馆”，就是一个“迷信朝生暮死的人的圣堂，堕落的欢娱和被诅咒的行当的幽暗地带”。它是那些“灯火昏暗的地方”之一，在这里“整个人类陷入幻觉，他们像水生植物般四处漂浮蔓延”。（阿拉贡无疑也施展了他的权力游戏，他是妓女们的客户。）昏暗、没有规矩、变幻无常，“通道”是大街所没有的一切，这也是它要被清除的原因。

把所有几何形状排列的公共空间都看作男权的苍白的工具，这是一种简单化。它忽略了诸多欧洲和南美洲的广场和大街上，城市生活的力量超越了任何规划中的控制的意图。这样的地方让人们看到的不是最高权力，而是构成城市的人群和团体。城市人口自有推翻、借用、超越任何为管理他们而建的结构的能力。阿拉贡的“通道”实际上是早期为规划城市而采取的措施的一处遗迹，只有变得荒凉而易朽，才能成为那个
185 让他如此仰慕的不稳定的地下世界。

而马拉喀什的德吉玛广场（Jamaa el Fna）则表明，规范的形式对公共场所的活力来说有多么不重要。这里有讲故事的人、音乐家、耍蛇人、魔术师、药贩子、食品摊、市场、水贩子，长日入夜，街上依然熙熙攘攘，变换着各种活动。这里是世界上人口最密集、层次最多的公共场所之一。尽管常被称为“广场”，但这里几乎没有任何建筑形式。它是一块边界不规整的空地，周围是低矮的普通房屋。这个地方几乎完全是由其中的活动造就的。

如果一个开发商或者建筑师想表达他对公众的热爱，他可能会在自己的建议书中包括一块模糊的长方形地带，称其为“广场”（piazza），这个词是从遥远的古典传统沿袭而来的。“生活”是被期待在其中出现的东西，不过也并不是总出现，或者不会以预想的方式出现。如果说这些地方的实质和意图就是限制自发性，那也不足为奇。这是一个令人迷惑的形式与内容的例子。

修建歌剧院大道，巴黎：最后的拆除，1876。版权：法国国家博物馆/布里奇曼艺术图书馆

马拉喀什的德吉玛广场。版权：加文·海里耶/罗伯特·哈丁世界图片社/科比斯图片社

建筑中的权力体现在建筑中最基本的界定之一——物体和空间的界定中。

建筑很明显是物体，如果你看看标准的历史，你会发现一系列的寺庙、大教堂、宫殿、重要的现代主义别墅都耸立在清澈的天空下。建筑杂志和网站也喜欢庆祝单个建筑的落成，照片都将背景和居住情况缩到最小化。建筑师最常见的是受委托设计一样东西、一座建筑，它的边界由法定所有人、建筑合同、预算来决定。建筑工人辛勤劳作、风雨无阻，不是为了建造一个空缺，而是为了建造有实体的、坚硬的东西。

然而这个物体的目的大致上是为了制造或者调整空间。它的内部 188
是各个房间，外部与其他建筑相连，构成街道、广场，或至少与其他物体聚集成群，中间以缝隙相隔。这个物体要提供人们所需的保护、稳定性、气候控制、方位感、声、光、舒适度，以及为任何可能发生在其中或周围的事情提供背景图像。如果它处于一片景观中，它会或多或少地改变这片景观的空间。一片田地上的小屋改变了田地的空间，如同发电站的冷却塔改变了发电站的空间。

有空间就有自由，空间为自由提供了条件。它使某些行动更有可能或更不可能发生，这取决于它是游行广场、舞池、卧室还是山坡。它会随着时间而改变。它可以是令人畏惧或者使人亲密的，开放或者封闭的，不受约束或者受规则制约的。一点几乎无法察觉的调整，都可以使它发生深刻的改变。一条装了安全摄像头的街道，与一条没有安装安全摄像头的街道，看上去没有太大分别，但两者会变成不同的两个地方。是装钨丝电灯泡、日光灯、霓虹灯还是卤素灯，是采用硬声学还是软声学效果，都会使房间变得不同。

空间是想象力驻足的地方。材料、刻度、光线、装饰这些东西给一个空间以风格，激发联想，留存记忆，唤醒景象。它的力量来自它多样化的属性，它不仅要由身体，还要由想象力来体验。空间几无例外地是被分享的，必须容纳不同人的兴趣和想象。如果它们被非常精确地按照单一的世界观来打造（比如像极权主义建筑这样的极端形式，或者是路斯可怜的小富翁那座由建筑师设计的房子），它们就会变得有压迫性。

一个空间不能同时服务于所有可能的用途和人群，它总是属于一部分而非另一部分，蕴含更多，有更高的目的。完全空白或者中性的空间，在理论上可能是无限灵活的、可随意支配的，却像限定过度的空间一样，
189 是非人性的。建筑师的很大一部分工作在于，或者应该是，在这些极端之间寻找，兼顾开放性和规定性。

物体，即建筑，通常由建筑师设计、承包商建造，是制造空间的工具。它的效果在于客厅是有高屋顶还是低屋顶，购物中心是玻璃墙还是洞穴式的，广场是有围墙的还是廊柱式的。一座剧院是像19世纪巴黎查尔斯·加尼叶设计的古典主义的壮美风格，还是像扎哈·哈迪德在现代广州设计的自由形态的曲线风格，其效果是不同的，这种不同会影响到剧院以及它周围的城市。

一座建筑是一个强大的工具，但它也仅仅是这些——一个工具更甚于一个目的——并且它不是唯一的工具。像法律、光线、所有权、气候、行为方式、风俗、通信和监控网络、维修、打扫、气味和财务价值这些因素，也同样会影响一个空间的性质。建筑师大卫·格林曾说："牛津大街上下雨的时候，那里的建筑就同雨水一样不值钱了。"也许正是由于如这份评论中所展现出的诚实和谦逊的品格，他一生的大部分时间都是在教书，而不是在建造。

不过，夸大物体的重要性，可以更好地迎合建筑师的虚荣和客户的日程表。如果一座建筑获得了赞美，设计它的专业人士也会获得赞美。如果一家公司或者一个政府能指出自己建造的一座奇迹般的纪念物，它就可以吸引注意力，使人们忽略那些对公众无益的行为或不作为。相比较来说，建造并公开宣传一座引人注目的建筑，比维持一个城市的人行道的良好秩序更简单，比实施一套公平有效的住房政策更容易。如果伦敦的地产开发商想改变或者打破那些阻挡他们想盖多大盖多大的规划制度，他们会用"世界级建筑"这样的词汇来包装自己的
190 规划。

与对物体的赞美相伴的是对视觉的赞美。可以公平地说，建筑更多是视觉胜过其他感觉的艺术，但也不能一概而论。知觉、声音和气味

也能创造空间。尽管除了韩塞尔与葛雷特（Hansel and Gretel）的故事之外很少有“品尝”建筑的例子，但在餐馆、市场、商店，食物与建筑的互动在一座城市里是最基本的。在迪拜和得克萨斯州的休斯敦市，你的社会地位可以通过你待在空调房的时间长短，或者待在湿热的空间中的时间长短来衡量。使里约热内卢的棚户区变成贫民区的不是它们的外观（随意看上一眼，它们还像是惹人喜爱的意大利山间小镇），而是这里的恶臭。

体验一座建筑也不是后退注视就可以了，不像你欣赏一座雕塑的样子。它更要陷入其中，身临其境、切身体会。然而建筑在推广或公开亮相时会以纯净、静态的图片呈现出来，关于它们的讨论几乎全是视觉表象上的：它们看上去是“未来主义的”，还是“传统风格的”；它们是“宏伟的”，还是“优雅的”；它们是不是像一根小黄瓜，一个奶酪磨碎机，一堆硬纸盒，或者一台20世纪30年代的收音机？它们有计算机生成的图像，突出形状，排除了自然环境和时间元素，将材料简化成了千篇一律的光彩一片，将天气变成了无处不在的蓝天丽日。当然描画形状比呈现触觉、声音或气味更简单，但这样做也更合宜。各种感觉之间存在着微妙的互动机制，正如在各种建筑细节之间那样；空气是政治性的。聚焦于外观免去了为这两点都操心。

“眼光”（vision）这个词使用非常普遍，比如在“看向未来的眼光”“有眼光的建筑”中。这些词语暗示了一个半神一样的权威，并且将建筑局限在了视觉的界限内。它们通常描述的是一种未来想实现的东
西，它的规则由开发商和建筑师们来决定，它存在的前提是去掉建筑工 191
地上已有的任何笨拙、复杂、有生命的东西。而有眼光的建筑师制造出来的神奇的符号，将以其光彩照人和惊奇无限的视觉形状，满足活力、想象力、创造力、身份感、差异性等一切愿望。符号也成为一种营销工具，这也是再好不过的了：销售额与艺术齐头并进，这是双赢的结果。而事实上，外形无法独自实现所有这些愿望，这才是重点所在。委托造这些建筑的人并不真想要活力和差异性。他们在途中会找到。花钱买外观会更容易一些。

想一想罗伯特·杜瓦诺拍摄于1950年的著名摄影作品《市政厅前的吻》。在热闹的大街中央，一个男人抓住一个女人并吻了她，被摄影师抓拍了这一镜头。照片上车辆和行人和谐共处，还有咖啡桌，上面放着烟灰缸。后面偶然成为庄重幕布的是市政厅，它位于巴黎市的中心。背景上的酒店略显倾斜，似乎是拥抱的力量所致。这张照片可能是摆拍，但它捕捉到了有关城市生活的一点理念，即亲密关系和人群中的多样化。

现在让我们来看看现代伦敦市的同类地点，它位于市政大厦外，这座大楼于2002年完工，是为市长和伦敦议会办公用的。英国政府担心公共建筑的费用会超标，在经过一次招标程序后租得了一座大楼。招标过程中，开发商被邀请来给出计划中的、尚未修建的大体上合适的建筑，它经过修改可以用来容纳伦敦市的民主议席。这个主意是要做到商业化、成本效率高。在早期的招标程序中，未来的市政厅是盒子形状的大楼，被提议作为一个叫“更多伦敦”（More London）的商业开发项目。它由
192 福斯特设计公司的领袖人物设计，但公司的领导者诺曼·福斯特当时可能并不十分了解这个项目。这是一个平淡无奇的委托项目。

最终政府和投标人都意识到，这么重要的一座大楼不应该仅仅是座普通平常的办公楼。“更多伦敦”的主要对手请来了以创造性著称的威尔·阿尔索普来增加他们的计划的吸引力。福斯特本人对此产生了兴趣，便胡乱想了一个有眼光的主意：将盒子的形状换成球体，使它飞旋在泰晤士河上。它会像大家都喜欢的“伦敦眼”，但它是一个三维的球体，而非圆形，所以会更好。飞旋的球的主意被证明是不现实的，原因与楼的构造和河上交通有关。于是它被搬回了陆地上，扭曲成了倾斜的蛋形，并要以水环绕，来纪念最初那个建在河上的主意。不过这圈水域给未来的地方民主中心以一种不幸的“城堡与护城河”的形象，于是后来人们就将它取消了。

福斯特的设计大大利用了可视性。辩论厅的玻璃幕墙使公众可以看见他们的代表工作的情况。人们可以登上厅上方的一个螺旋斜坡，在那里欣赏城市的美景，并且向下俯视那些政客。人民才是主人。它将是

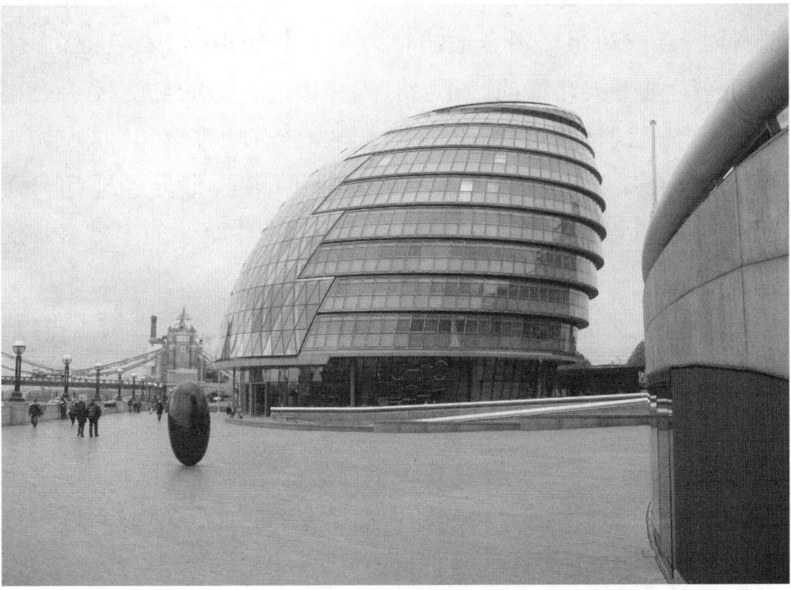

上图:《市政厅前的吻》,由罗伯特·杜瓦诺拍摄,1950。版权:罗伯特·杜瓦诺/伽玛—拉夫格蒂图片社

下图:市政厅,伦敦,由福斯特设计公司设计,2002。版权:罗恩·穆尔

一个透明政府的一座透明的办公楼。福斯特做了一个与柏林的德国国会大厦类似的项目，取得了一些成功。

“更多伦敦”和福斯特中了标，市政厅就这样建成了。同时建成的还有朴素一些的、容纳像安永这样的金融咨询公司的大楼。而它的民主化的魔法并没有奏效。出于安全考虑，螺旋斜坡几乎从不向公众开放。那种从玻璃幕墙外看辩论的平等化的体验只有跨过金属探测仪之后才能实现，并且无论如何，公众对观看这样的活动没什么兴趣：他们只能看见市议员的嘴巴一张一合，毫无声息，像水中的金鱼。

194 此外，外面的空间仍然由“更多伦敦”控制，他们会本着公司租户的利益进行管理。这是一个由灰色花岗岩、灰色钢筋、灰色玻璃组成的构造完整、细节完备、维持完好的世界，剪裁精当的灰色套装在其中来来往往、随心所欲。如果有人想反对市政厅里做出的决策，他们会被交给保安人员处理。如果有人想在附近停一辆自行车或者吃顿野餐，同上。

如果有人想在这里献上长长的亲密一吻，有杜瓦诺架起相机为他们拍照，他们会被劝止。不合适的行为和专业的摄影（未经特别批准）在“更多伦敦”是不被允许的。不会有人头攒动、车水马龙，不会有桌上的烟灰缸，因为抽烟是被禁止的。不过至少会有咖啡馆和咖啡，如果仅仅是因为卡布奇诺早已成为城市感的国际化标准、世界各地都一样的东西，那么就可以以此纪念和取代杜瓦诺的照片中暗示的丰富多彩的感觉和自由。

换句话说，那张巴黎的经典照片，无法通过一个伦敦版本得以复制。“更多伦敦”提供的是表面上的公共空间，因为它是开放的、修葺完好的，并且容纳了民众。但它比真正的东西更单薄、更多控制、更少自由。尽管市政厅一直宣称民主，但它其实不过是个喧闹的花哨玩意，至少对两位爱热闹的市长利文斯通和约翰逊而言是合适的。他们两位一直占据着这座大楼——在开发商的口袋里。

自创始起，“更多伦敦”就被宣传成一个新的概念，作为城市中的一部分，它被设计成一个品牌商品而不仅仅是一个地点。这就是为什么它有一个这么奇怪的、不像城区一般会用的名字，它是形象咨询专家想出来的。有时候它被写成“more-london”(连写，首字母小写，更有网络亲和力)，其中包含了公司的名称、地点、产品和营销理念。在建造过程中，人们搭起了巨型广告牌，上面描绘的是建筑工人竖起巨大的冰淇淋和哑 195
铃，并且就像好的营销所做的那样，有广告语与品牌相关联:“再来一口。享受美味。只要一口，你还想‘更多’(More)。”“多锻炼。这里有全新的体育馆和健身中心，工作修身两相宜。”这些舔冰淇淋、举哑铃的广告牌表明了“更多伦敦”感官感受的密集性。不过，即使你能在那里买冰淇淋，那里也没得卖。

把一个地方当作一个品牌是让人惊奇的。一个地方提供自由、可能性、多重身份。它是多重感觉的，并随着时间的流逝而渐渐打开。一个品牌将自身内容压缩成可营销的实体，它是一以贯之的、可控的。如果它允许太多的解读或变化，它就会失败。一个品牌，本质上就是视觉的东西。难怪广告牌呈现的是一个视觉形象，尽管它无法实现。

福斯特的建筑也是在视觉领域产生的效果。在“更多伦敦”刻板的灰色阴影中，最大的兴奋点在于市政厅的曲线和凸出的形状。它看上去令人震惊，至少很新奇。但这种兴奋只能由一个被动的参观者获得，它不会让你参与其中。将曲线视为感性是可以理解的。这座大楼很快就被人称作“睾丸”(testicle)，它就像是泰晤士河对岸福斯特另一个阳具般的设计“小黄瓜楼”(Gherkin)的一个同伴，尽管有些错位。不过实际上，这个巨型的扭曲球体并没有那么性感。

最重要的是，福斯特的设计试图通过透明的玻璃，通过视觉的效果，来实现它的奇迹。但本应显而易见的是，让市民听见政客的声音、了解他们的想法，比看他们的面相和手势更有用、更有参与性。再者，尽管建筑师们一再幻想玻璃是完全透明的，但事实常常相反。不错，它可以让你很好地看见室内的景象，但它也会反射，包括外面的天空和云朵。它可以透光，但它不会过滤其他任何东西。这也是为什么玻璃常被用作安 196
全屏障和银行的外墙。它是敞亮的，也是隔离的。建筑师们喜欢玻璃，因为它使他们能将听上去很高贵的概念，比如透明度，打包到这种神奇的材料中，只需如此点化，概念就生成了。摊开列着一串玻璃建筑的目录，他们就成了哲学大师。玻璃的确是很好的材料，但它也是复杂的、难以捉摸的，并非天生亲切。

市政厅和"更多伦敦"的玻璃的效果，与其广告宣传的正相反。玻璃的反光使这座大楼看上去滴水不漏并且遥不可及，它的众多的绰号之一，就是"达斯·维达的头盔"。这里有官僚、地方政客和安永职员的身影，你不会觉得你跟他们是同一个世界里的人。他们的与世隔绝倒是得到了强调。

这个项目就像一个图表，显示了公司、政府、公民的相对权力关系，那正是政府夸大对私有领域的智慧和能力的尊重的时代。从招标程序开始，房产商们奉命寻找差不多大小的办公空间，公众的利益就被大致界定了，并且得到了微弱的维护。事实上还可以有更差的结果，因为很多开发商造出来的东西可能更可悲、更让人无法接受。"更多伦敦"对自己的社会责任还是比较认真的。但最终的结果仍是一幅公共建筑的漫画，一份残缺的公共空间的概念。

建筑需要权力，也包含权力。问题是权力如何实现——由谁实现，为谁实现，对谁实现。

在一些明显的例子中，比如纳粹德国，压迫政权创造压迫性的建筑。常见的情况则更复杂一些。莫斯科的旅游者们喜欢它的舞厅般的地铁
197 站，并不在意这些地方是奴隶们在残酷的条件下建成的，是为了服务于一个丑恶的政权的形象。意大利建筑师朱塞普·特拉尼是一个坚定的法西斯主义者，他曾在俄国前线为事业而战，并对自己的健康造成了致命的影响。然而他设计的建筑精致而充满含混性——那不是明显的法西斯品质。另一个风格细腻庄重的建筑师路易吉·莫雷蒂早期的代表作之一，是墨索里尼的私人运动馆。相反，阿姆斯特丹开明的社会民主党市长吉斯·范豪尔委托修建了比基莫米尔住宅区，它比很多法西斯分子建造的东西更有压迫性。

在塑造空间的权力与空间塑造的权力关系之间，并没有绝对的关联。没有固定形式的权力，没有"直线=专制""曲线=自由"这样的公

领袖健身房，罗马。由路易吉·莫雷蒂设计，1936。供图：卡蒂·莫莱蒂，罗马市中心档案馆

式。由于建筑具有不稳定性，建筑的真相具有不直观的特性，因此悭吝之人可以造出慷慨大方的处所，慷慨之人也能造出狭隘的空间。像查托那样的恶人也能制造出自由的空间，比如圣保罗艺术博物馆。

建筑可以得到升华。斯坦福·怀特的一位客户丝黛文森特·费什（Stuyvesant Fish）女士想让他建一座舞厅，要让教养不好的人在其中感到不自在。你至今仍能感受到客户的势利和他对自己的建筑的热情。但这远不是它们提供的唯一的经验。它们不只是一个强奸犯的客厅。密斯·凡·德罗的残酷也许可以从他在细节上的极度严苛表现出来，但被转化到大理石和钢中时，这种残酷已经远远不那么让人厌恶了。事实上，并且很重要的是，我们常常喜欢建筑中的力量，只要我们不认为这力量是针对我们的就行了。

时间和机遇可以改变或者颠覆一座建筑的影响。一座哥特式大教堂会被任何反对其代表的宗教和政治的人视为是极为险恶的——比如
199 说一个异教徒，他见到的这个世界的最后一面，是在他身下柴堆的阵阵热浪中，影影绰绰的一个美丽的雕花门。如今这座教堂会是旅游者们的心爱之物。一座破旧的工厂，原本是为冷酷的剥削而建，但也可以被有创意的年轻人改造成漂亮的阁楼。这样的转变只在一定程度上与设计有关。

建筑和空间可能或多或少地拥有赋予权力的特性。如果建筑仅仅依靠视觉形状，或者因细节完备而不容再更改，或者否定感官感受，或者十分精确地规定未来的用途，或者仅仅用作宣传工具和品牌塑造，或者忽视周围的环境，或者欺骗，那么，它都可能是压迫性的。允许偶然发生的空间，对其周围的一切是开放的，并且认识到自己的角色是作为背景或工具，它们更可能产生自由。

这并不是说建筑应该冷漠。破败和疏忽是另一种形式的压迫以及压抑。建造者，比如客户、建筑师、承包商，不可避免地要施加权力。他们改变着这个世界，即使是以建起一些东西的微小的方式。他们不可避免地要做出选择和区分，而且如果他们想建得好一些，就要谨慎地选择。一座建筑就像一项提议，它很可能会被抵触、被谩骂、被证明是不对的；

建筑常常是未来事件的替罪羊。但也可能这项提议是充满智慧、想象力和领悟的。

建筑中的权力运用，在很大程度上与梦想的主权相关。曼哈顿尽管为残酷的商业所造就，但它找到了自己的形状，迎合了这座城市的奋斗与炫耀的大众神话，是属于它的居民和参观者的地方。带着坚硬外壳的建筑，有着思想可以掌控的空间。曼哈顿的公共建筑，包括网状的街道、公园、博物馆，限制和调和了摩天大楼的力量。它提供居住的空间，并且有不同的规模；提供比傻傻地观赏高楼大厦更多的经验。 200

在“更多伦敦”中，一旦你经历了市政厅的奇怪形状带给你的某种震颤，欣赏过了泰晤士河对岸的风景，那么你的想象力就可能会从大楼坚硬苍白的外表面上弹跳而去。在迪拜，你可以代替穆罕默德酋长去经历他的高楼梦想的视觉冲击，但公路交叠、障碍四散、商场林立的地方很难买到想象力，除非是在商店里买一些纪念品回来。

路斯的可怜的小富翁是受压迫的，因为在充满着他那位建筑师的梦想的屋子里，他找不到自己想象的空间。但低度设计也会吞噬灵魂，比如机场旅馆的标准化的房间，或在工业废园中作为一项迟滞的“重生”项目而建的公寓楼。你希望建筑激发灵感、给出暗示、提供可能、挑起情绪、敞开怀抱，为人的存在提供证明，揭示你自己想象不到的东西，并为你的想象提供安放之所。

这就是圣保罗艺术博物馆的力量。它不回避“自己是权力所造”的事实。它意志坚定。它不迎合，不掩饰。的确会有人将它看成是个直愣愣的大方块。它的细节经过考量、适合目的，但并无执念。它用力量来实现自由和可能性，丰富城市和艺术中已有的东西。物体是塑造空间的工具。它是为住而建，不是为看而建。 201

第六章　形式追随资本

我面前的桌子上放着一只手包，金白相间的沙俄风格，密集的装饰彰显着奢侈的法贝热（Fabergé）风，同时又流露出未来主义的设计。这样一只手包，让我知道扎哈·哈迪德到了，她可能是目前在世的最有名的建筑师。给她拎包的助理逐渐消失。她的工作室设在一所维多利亚风格的校舍中，从一楼窗户望去，我看到这位建筑师从一辆珍珠色的克莱斯勒捷龙中出来，现身春日的阳光里。她的公寓宽敞通风，房顶是全白的，距离工作室200码，她刚乘车从那里赶来。

很快扎哈·哈迪德就和她的手包汇合了。她透过一缕空气望着我。如果她还吸烟的话，空气中应该满是烟雾。“他们不想要我，”她用沙哑的声音说道，“你需要建造大楼，而他们是不会让我来设计的。你应该去找其他人。”

我们有个项目是为建筑基金会建造一座新楼，项目已经开始18个月了，我是项目总监。新的大楼将由扎哈来设计。她所说的“他们”，指的是英国最大的房地产开发公司土地证券集团（Land Securities），他们将出资并建造此项目。目前该项目正处于危急之时。项目成本从225万英镑增加到500万英镑，又被降低到理论上可接受的450万英镑，但是现在又毫无缘由地飙升到750万英镑，然后是850万英镑，而且没有任何要停止的迹象。必须得采取一定的措施了，我今天来这儿见她，就是为了讨论需要采取什么样的措施。

202　扎哈·哈迪德最开始赢得广泛关注，是在1983年。当时三十二岁的她赢得了香港高地边缘的一个俱乐部加公寓的项目“峰顶”（The Peak）

的设计大赛。那时的建筑界非常单调，了无生气，而扎哈非常强势地入围了。她的风格在当时已经完全形成，不止通过所设计的建筑的形式来体现，还表现在巨大的油画设计图上，它们显得卓有生机，精确无比，而且都是由她自己来描绘的。她对于“峰顶”项目的理念，是设计一系列薄薄的展翼飞翔的飞机，这些飞机相互重叠，相互交叉，楼宇长长的尖片蕴含着震撼世界的力量，就像香港火山地质的人造版一样。扎哈酷爱香港多层次的地势，“峰顶”项目即表达了其对于这种地形的醉爱。

世界上从没有过如此建筑，也没有过像扎哈一样的建筑师。建筑业过去是(现在仍然是)男性主导的行业，而她是一位女性，这是其中一个原因。扎哈是出生于巴格达的阿拉伯人，在一个白人主导的行业中非常少见，这是第二个原因。她对待自己与其他人的差异的方式也非常引人注目。其他的女性建筑师都留男孩子般的短发，穿男性化的套装，但是体型丰满圆润的扎哈穿着贴身的黑色衣服，披着披肩，长发飞扬，展示着自己的个性。衣服和首饰放大了她的轮廓和曲线，丰满的嘴唇涂着口红，浓密的眉毛，结实的鼻子，让她看起来光芒四射，令人敬畏。“女魔头”(Diva)成了人们对她的常用称呼，对于这个称呼，她的回应是:“如果我是个男人，他们还会叫我女魔头吗？”这句话被印在她的建筑揭幕典礼上员工所穿的T恤上。

扎哈直抒己见，毫不掩饰感情流露，而且一向如此。她会发火，也会开玩笑。坐在员工之间，她不会用言语刻意笼络他们，而是喜欢用她发明的昵称称呼他们。“土豆”是她最忠诚的助理的昵称，至于原因，无人知晓。“里奇”(Licky)是她为一位知名的建筑业官员所取的名字。我叫“老曼”(Raw Man)，后来又变成了“捞曼”(Low Man)，因为一位中国员工发现我的名字发音很难。另一位员工被叫作“克林顿”，可能是与其实习的经历有关。 203

“峰顶”的开发商在项目动工之前就已经破产了。这让扎哈开始被人们视为“纸上谈兵的建筑师”，尽管她也开始有一批设计作品成了现实的建筑——一栋公寓楼，一个消防站，一些公寓，日本的一家酒吧——如果是其他同龄的设计师，对这些作品会感到非常满意。但更准确的说

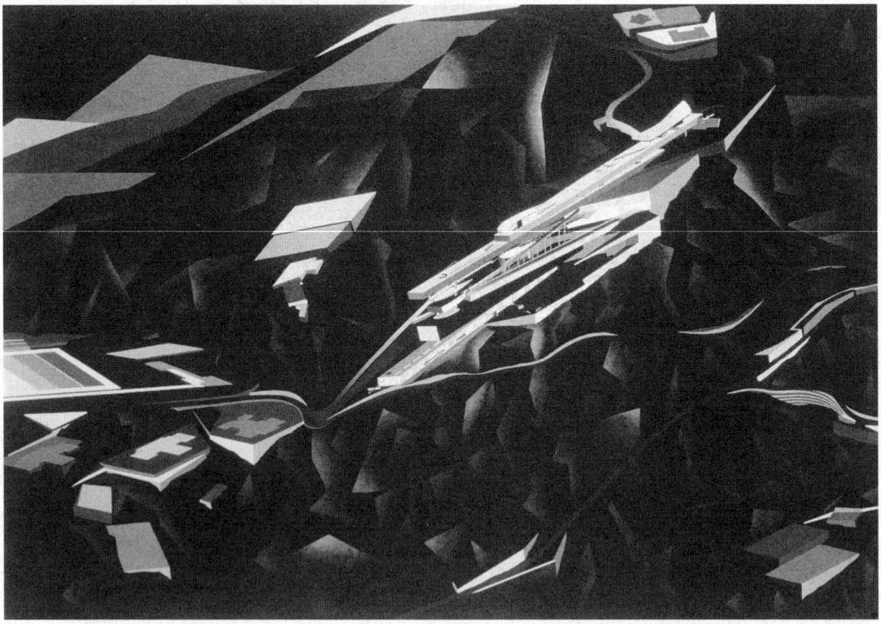

上图：扎哈·哈迪德。供图：扎哈·哈迪德建筑事务所。摄影：斯蒂夫·都布勒

下图："峰顶"项目，香港，由扎哈·哈迪德设计，1983。供图：扎哈·哈迪德建筑事务所

法应该是，扎哈的建筑产出与其在“峰顶”这样的项目设计稿中所展现出来的野心并不匹配。

我在努力依扎哈的建筑设计建造的时候，有些话语总是在我感到紧张有压力的时候在我脑海里来回盘旋。其中一句是英国前首相哈罗德·威尔逊在离职时引自《圣经》的一句话：应该当心“比巴掌还小的云彩”。另一句话来自英国伦敦的设计博物馆创始馆长史蒂芬·贝利（Stephen Bayley）。他在宣布扎哈赢得比赛的庆祝宴会上这样说道：“这是最好的作品；以后其他的都无法超越。”还有一句话则是我的前任编辑马克斯·黑斯廷斯（Max Hastings）所说。他在讲到作家西蒙·詹金斯在英国政府为迎接21世纪而兴建的“千禧穹顶”这一灾难性建筑的修建中所发挥的作用时如此说道：“记者不懂如何**做**（do）事。”作为作家，我同样觉得那个荒唐的穹顶非常逗乐，但是现在我发现自己也挣扎于我的“迷你纪念碑”的建设。我的女儿当时七岁，知道我们家中扎哈设计的桌子的小缺点，她问我：“让她设计真的是个好主意吗？”

2002年我开始担任建筑基金会的主任。建筑基金会债务巨大，没有明确的维系手段，机构宗旨也不清晰。“这是个什么机构？”我加入的时候人们这么问，而且直到我离开还在问。但是它代表了一种愿望：建筑是特别的，应该鼓励这种特别的东西，不管是采用何种手段（比如展览、辩论和设计比赛）。我和建筑基金会拥有同样的渴望。 205

我的一个任务，就是解决基金会的办公场所问题。建筑基金会是否应该有一个新的艺术馆，一个永久的地方以便公众前来参观，而这样基金会也可以为人们所识别？我的感觉是应该有。我知道，在伦敦泰特现代艺术馆（Tate Modern）附近规划的开发区内，有一块狭长的土地，规定是用于文化用途。我联系了开发区背后的企业，即土地证券集团，见到了麦克·赫西，一个说话慢条斯理、脸颊粉红的男人。他的衣服洗熨整齐，一副戴维·卡梅伦首相的穿衣风格，很好地掩饰了他从伦敦东区贫民区起步奋斗成为土地证券集团最年轻董事的事实。他正为自己刚刚完成的维多利亚的大项目得意扬扬，并准备改变公司古板守旧的老形象。而现代建筑正是这种新风格的标志和手段之一。

我们达成了协议，土地证券（一般人们如此称呼它）来承建这座建筑，而建筑基金会以较低的价格出租。这就避免了贫困的文化机构在承担建筑项目时通常会遇到的困难。这样就没必要开始议论声势浩大的筹款活动了。管理此项目的风险将由土地证券这样有能力的企业承担。该计划简洁优雅，高效实用。我们启动了一项竞赛，人们对于“在伦敦市中心建立一座全新的文化建筑”这一罕见事件日益关注和兴奋。一座用于展示建筑的建筑：这正是建筑师所喜欢的。来自世界各地的两百多件作品参加了比赛。

扎哈到如今也是名人，同时也是热爱建筑的布拉德·皮特的朋友。她已经开始建造一些重大项目，尽管在英国还没有。《时尚》（*Vogue*）、《魅力》（*Glamour*）以及其他一些华丽的杂志怎么拍她都不嫌多，《福布斯》杂志决定将她列为“世界上最有影响力女性”第69名，仅比英国女
206 王伊丽莎白二世低11名。扎哈刚刚获得“普立兹克建筑奖”，该奖实际上相当于建筑界的诺贝尔奖。建筑基金会的大楼是一个小项目，她可能之前把这个项目想得过于庞大了。但是她参加了比赛并且成功入围，并提交了一份设计方案给负责选出获奖者的评审团。

所有的参赛者都纠结于这块复杂的三角形地带，除了扎哈。她沉迷于此，因为这有机会让她运用她最喜欢的几何学，展现敏锐而不纯粹的视角。她把大厦的艺术馆提升成一个混凝土修筑的高高的V字，悬挂在空间之上，而这看起来似乎完全不可能。两条倾斜的支柱，里面是楼梯和电梯，将V字的重量承接到地面，整个结构看起来像是个不稳固的巨石阵。V字下方的空间装上了玻璃，形成了一个高大的温室一样的房间，可以作为大型店铺的窗户通向街道。正如以往扎哈的作品一样，设计方案尽可能少地使用垂直线和水平线。人们很容易评价扎哈的这项作品是“标志性”或者“视觉性”的，但是其实远远不止于此——这是一系列有关室内生活与室外生活、展览与街道互动的想法的集合，最后化为了如此大胆而自信的表现形式。正因如此，她获奖了。

对于人行道上方剩余的空间（作为这层商业区的残留区域），扎哈将

展开一系列激烈而密集的空间冒险。这与伦敦的任何建筑都不同。但是，没有人注意到，此项目的性质已经发生了改变：已经不再是之前与土地证券之间的协议所说的简单的事情。我们现在做的是修建地标性纪念碑的事情，追求的是需要付出大量努力并且非常困难的一座建筑，不管是从建造还是从使用上来说。最初的想法只是找到一块现成的地方，可以很容易地迅速投入使用，就像一个破旧的仓库一样，只是这需要建造一座新楼。扎哈设计的建筑需要消耗大量人力物力，而且吸引了如此广泛的关注，因此就不可能轻易建成使用。这种转变对于本项目来说是极为致命的。

很显然，扎哈的设计不是那么容易就能实现的。如何让人们和展览 207
品到达这个高度的艺术馆就是一个问题。这个地方对于管理员来说也需要考虑很多，仅仅将图片钉到墙上，在这样的建筑里看起来会显得虚弱无力。我们明白这座建筑可能会超出预算，但是迈克・赫西，要为此而买单的人，却很乐意冒这样的风险。他和房间里的其他人一样，从扎哈的设计中看到了一种力量，而这种力量是其他所有作品所缺少的。我们宣布了获奖者作品，展览了入围作品，举办了庆祝宴会，发表了演讲，还制作了电视新闻专访。一切看起来都那么美好，除了史蒂芬・贝利的劝告（就像童话故事里的坏人教母一样），还有展览开幕式上我穿的过于花哨的加纳衬衫，它搭配上维维安・韦斯特伍德（Vivienne Westwood）设计的千鸟格花布西装，看起来有点让人头晕目眩，非常危险。

我们遭到了一些失望的年轻建筑师的轻微打击，他们觉得这样的项目是他们其中某人应该获得的机会，而不是像扎哈这样的大人物。我理解他们所说的，只不过扎哈自己也仍然属于壮志未酬的那一类人，因为她在伦敦还没有建造任何建筑。

我们的项目开始了。土地证券集团派出了由项目经理和顾问组成的非常可观的团队，努力要完成此项目，并且接受指导克服一切困难。同一承包商波维斯集团（Bovis）将承建相邻的办公大楼和建筑基金会的展示馆，后者的规模约是前者的百分之一。扎哈让被她称为“克林顿”的建筑师来负责此项目。一系列会议开始在土地证券集团位于伦敦豪华富足的斯特兰德街的办公室里举行，二十多人花费最长两个小时的时间探讨每一个细节问题，展现了非同一般的敬业精神和专业素质。同时，建筑基金会的赤字已经转化成盈余，其工作规划也完全恢复了。

当时是一月份。那朵“还没有人巴掌大的云彩”是十月份出现的，
208 就在与土地证券集团负责此项目的两名员工的会议上。他们告诉我，土地证券集团会找到所需的额外资金来覆盖增加的成本，正如我们所期待的那样，这是个好消息。项目也需要注意节约，这也是有道理的。但是他们同时还通知我，扎哈在此项目中的角色将被弱化。设计仍然是她的，但是阿莱斯和莫里森，负责旁边的大型办公楼的建筑师，将负责把设计解释给承包商。这是他们处理风险的方式，因为他们认为扎哈就是风险所在。

这种安排对于建筑师来说是非常敏感的。就有点像让一位作家构思情节，却另外找人来编写台词，或者让某些画家负责画草图，然后将具体描绘的工作分包给非这些人意愿的其他画家。扎哈感觉受到了侮辱。她的工作室现在雇有一百五十人，为世界各地的建筑做设计。她指出，建筑基金会的大楼是其中最小的一个项目。某些人认为她做不了这个小项目，真是太荒唐可笑了。

表达了自己的意见之后，扎哈就屈服了，接受了这种安排。但是从那时起，这个项目就是残缺的，它缺少了自信心和共同的目标。不信任在迈克·赫西和扎哈·哈迪德之间蔓延，两人都认为对方非常傲慢，不值得尊敬。两人所在的公司也互不信任，这种怀疑和不信任的情绪一直存在着。就像虚弱的身体一样，这个项目吸引了很多寄生虫，也就是那些来自建筑周刊杂志的记者。这些人脸色苍白，像生长于黑暗海底的生物一样，一直瞪大眼睛观察着。他们不断打电话来询问，尽管声音里有一丝关切，但仍然掩盖不住他们为掌握一条能提升其职业发展的坏消息所感到的欣喜。我已经学会每周早些时候等待他们的电话，来电时间都非常临近他们的截稿期限，这样做可以限制我们回应的时间。他们会收集一些闲谈八卦，然后转述给我：扎哈被排挤到边缘了，她对此火冒三丈，预算失控了，这些是真的吗？

伦敦建筑基金会大楼，由扎哈·哈迪德设计，第一版，2004。供图：扎哈·哈迪德建筑事务所

210 我不得不以礼相待，就像大家平时对待媒体一样。我向他们解释了为什么每件事情都会有很好的理由，没有什么原因是大家应该关注的。但是这些海底动物渴望能得到一些痛苦不幸的消息——这些其实也并不是完全错误的——但对于每天要开两小时会的那二十人的心情而言，这于事无益。

我们越是想要尽量降低预算，预算越是升得更高。现在它正朝着原初水平的四倍甚至更高的方向发展。成本报告像奇幻大片一样。他们给出了各种理由，比如：在这个狭窄区域倾倒混凝土有很大困难，为满足建筑复杂形状需求而定制的模具，需要让卡车穿越伦敦拥挤的交通送到施工现场，那也非常困难，诸如此类。

但是这些理由都讲不通。到底背后有什么阴谋或者策略呢？午夜以后，我仍然清醒着，困惑不已，同时内心偏执多疑。有一次，我和波维斯集团的人一起乘电梯。他们低头盯着自己的鞋子，小声咕哝着，说他们“真的非常希望建成这个项目”。我不知道是否该相信他们。扎哈通常被视为外国人，但是现在让事情变得诡异的是这些西装革履的男人。“上帝想要毁灭谁，”我曾经这样描写缪西娅·普拉达对于荷兰知名建筑师雷姆·库哈斯设计的店铺慷慨得近乎挥霍的支出，“就先让他们成为建筑的赞助人。”这本来应该是玩笑话的。

我和成本顾问坐在一起，他拿出圆珠笔，说道：“我们可以这样做。”然后模仿扎哈的设计胡乱涂画了一个草图。宽大的玻璃房被地板砖填充。悬挂的V字下面可以添加一根柱子，这样更容易支撑和固定。要想把有用的东西（比如艺术展览）放到这个V字里面，成本太高了，但是我们可以保留其外观，将其改成一座装饰性的矮墙，而后面不放任何东西。他将这座建筑完全变成了一个小型的办公楼，上面矗立着一个奇形怪状的雕塑，就像戴着一顶假发一样。我不知道他是否是在严肃地讨论这个问题，也不知道我是该哭还是该笑，还是应该直接离开。

之后我和拎着俄国未来主义风格手包的扎哈会面，她提出要离开这
211 个项目。“他们不想要我”，扎哈说道。根据讨论替换扎哈的话题时，那些项目经理活力焕发、处乱不惊的态度来判断，她所说的是正确的。最

后，根据最高水平的公关顾问的意见，她并没有放弃。那时扎哈同时也在忙于伦敦奥林匹克运动会游泳馆的设计和建造，那将是2012年最辉煌的建筑作品。在那个项目中，类似的成本不断攀升、承包商紧张兮兮的故事同样上演了。此时放弃这个小项目，对于她在大项目中岌岌可危的位置而言将是灾难性的。我自己也觉得非常残忍。扎哈赢得了该项目的设计比赛。的确，她的设计并不是那么简单就能实现的。但是我绝不认为它是不可能实现的。我同意高水平公关顾问的意见。扎哈应该留下来。

因此我们继续努力。迈克·赫西宣布可以保留450万英镑的预算，这对于建造一座不错的大楼来说应该足够了，但是该项目需要重新设计成钢结构，而非混凝土结构。第二天上班，项目经理拿着一份《米尔顿·凯恩斯公民报》(*Milton Keynes Citizen*) 向我们挥动，上面有一幅图片是某个商业区的一座三角形简易房屋。"这才是我们可以做的"，他带着一丝欢喜这样说道。成本顾问，就是那个拿圆珠笔的人，解释了将成本推高的各种因素。其中包括外部墙体与内部地板空间的比例，这个比例应该很低才对，因为外部墙体通常费用较高。因为现有场地的特点，这个问题出现了，而令人满意的比例是不可能达到的。换句话说，不论是否保留扎哈设计的奇特的楼梯，这个项目永远不会是省钱的项目。即便是最迟钝、最保守的建筑师，也无法在预算内完成此项目。

尽管有很多阻碍，扎哈及其团队还是重回项目了。他们设计了一个新方案，其内部结构更为简单。仍然有大大的窗户，不锈钢外面用金属外覆，一直打磨到像镜子一般，那将会产生令人难忘的水晶般的效果。艰巨冗长的会议仍在继续，在我们讨论一些微小的地方也要节约成本的时候，成本顾问们的费用却在不断增加。项目的总体预算被时刻详尽地记录和监督着。 212

但是，成本再次开始攀升，尽管设计已经简化，尽管成本控制毫不含糊。预算再次朝着800万英镑发展，比之前的更加不可思议。大家将其归结于经济过热对于建筑成本的影响，以及中国对于钢材的极大需求所造成的通胀效应。但是成本增加的主要原因似乎是，波维斯集团不愿意

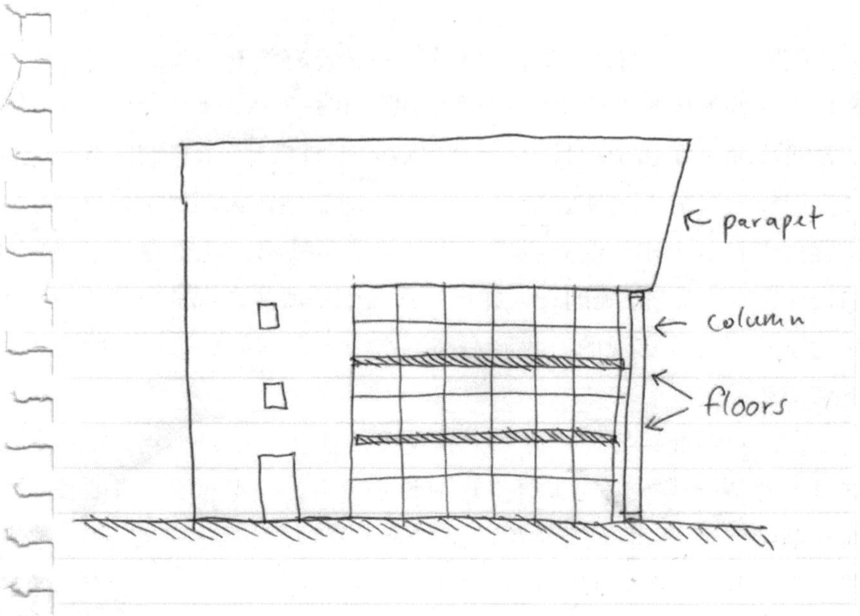

上图：成本顾问绘制的建筑基金会大楼改动示意图，2006（重建）。版权：罗恩·穆尔

下图：伦敦建筑基金会大楼，由扎哈·哈迪德设计，第二版，2006。供图：扎哈·哈迪德建筑事务所

承建这座建筑，尽管过去两年他们一直来参加各种会议，尽管那些低头盯着鞋子的人在电梯中一再保证。他们有更容易赚钱的方式和项目。

建筑基金会有了一位新主席，我们一起讨论是否应该放弃该项目。但是他可以引进资金来买下这座大楼，而不只是租用，这让此项目又显得有吸引力了。我又去见了迈克·赫西，是和基金会的财务总监（同时也是位开发商）一起去的，我们在项目中一直也是这样做的。迈克的办公室在特拉法加广场拐角处，霍雷肖·纳尔逊将军的雕像在他身后的大楼柱子上非常醒目。迈克和那位财务总监沉浸在男生的玩笑中，内容是有关足球俱乐部和他们那些爱玩弄女性的经理。他吹嘘自己的摩托车引擎比他公司那位生活节俭的首席执行官的汽车引擎还要大。迈克还与一些理事一起参加了在我们的一位支持者家中举办的晚宴，他家墙上挂着英国哲学家培根、画家霍克尼和美国艺术家巴斯奎特的画像。大家的吹嘘就更厉害了，竞相列出在自己领域所负责项目的显赫名流和巨额预算。

我们同意了土地证券集团将大楼卖给建筑基金会的条件，同时一家规模较小但比波维斯集团更愿意承建的承包商被指定要用较低的成本来建成这个项目。当时谈好购买价格在450万至500万英镑，但后来不知为何又增加到600万英镑。主席仍然可以为这个较高的价格来筹集资金。这样一来，我们就没有钱来支付任何其他相关的费用成本了，比如装修装饰以及确保基金会的活动得到资助，但是他认识一些愿意支持这 214
样一项伟大事业的潜在捐助人。

后来股票市场暴跌。其中一个潜在捐助者说：“这不会仅仅是经济衰退；这将是一场经济大萧条。”为装修和基金会展览计划筹集到资金的概率降到了零。面临着建设一座可能很漂亮但却不可持续的建筑的任务，建筑基金会理事会别无他法，只能选择取消这个项目。扎哈未建成的建筑奇迹所在的地方，变成了玛莎百货公司外边的一处露天景观。一座临时围墙上面是周边开发区的景点广告，它很诙谐地利用了靠近泰特现代艺术馆的特点。他们列出了一个很短的清单，每个词旁边都有一个方格可以打钩：

超现实主义

三明治

购物

“购物”旁边的方格内，被打了一个钩。

我不会用各种错误问题来烦大家，包括扎哈、土地证券集团和波维斯集团之间的文化错位，以及我自己和其他人的错误判断。我也愿意相信大多数参与此项目的人都是在诚意行事，许多是非常专业的，有一些的表现好得令人赞叹。有一些媒体人士比我想象的要正直。

但是有个问题还是要问：扎哈和她设计的建筑是不是太难、太不实用、太昂贵、太不方便使用了？清洗窗户在两版的设计中都会是一个不小的挑战，有时候“克林顿”需要提醒大家，这座建筑的主要目的是陈列东西，而不是让建筑本身成为一个无法使用的陈列品。当预算上升的时候，他兴高采烈地告诉我，预算可能还会翻倍，如果要包括他和扎哈真正想要的所有细节的话。他引用美国建筑师弗兰克·劳埃德·赖特的“流
215 水别墅”作为极大突破预算的建筑杰作的例子。后来，在令人忧虑的时候，最高水平的公关顾问尝试着向我们解释说，另一家请扎哈设计建筑的机构，项目完成的时候，负责人“几乎疯了”。这听起来不太像是在安慰人，但公关顾问似乎认为这是安慰人的。我可不想疯了。

我们现在讨论的是为**艺术**所**支付**的**成本**。造型漂亮的建筑对客户的使用造成限制和压力，这种现象古来有之，非常常见。流水别墅的客户埃德加·J.考夫曼曾提出，由于没有足够的保护措施来预防潮湿，发霉越来越严重。奥地利建筑师阿道夫·路斯的一位助理曾说道，你可以建造“一座非常好看的独立式住宅”，代价是其中一个房间。西班牙建筑师安东尼奥·高迪在巴塞罗那设计的“米拉之家”(Casa Mila)，盘绕堆砌了大量石头，被称为“石头屋”(La Pedrera)或者“采石场”(The Quarry)。由于违反了建筑法规，超出场地边界到了公共的人行道上，因此它面临着被强制拆除的危险，还为其主人招致了罚款。房主于是花费了七年时间与建筑师打官司。巴伐利亚一座巴洛克风格的寺院，由于被

建筑师在建造寺院时恣意挥霍资金的方式所激怒，僧侣们拒绝了建筑师想死后埋葬于此的请求。意大利建筑师帕拉第奥设计的位于威尼斯的救世主大教堂，其建造成本至少是当初预算的七倍（另外，教堂的音响效果非常差劲）。英国小城威尔斯（Wells）和南部小镇索尔兹伯里的中世纪大教堂，都有X形的大型圆拱相互交叉，这种造型现在看起来非常醒目，但在当时却是造价不菲的紧急措施，被用来固定建筑中的不稳定结构。

真实情况是，建筑的成本可以很高。这种成本不仅体现在资金上，有时候还有时间的延迟和各种风险，包括建成的建筑可能不能按照原来预想的情况来使用，或者可能根本无法建成。对于这种成本的合理解释是，在一件伟大的传世作品的创造过程中，预算应该被视为很小的细节问题。有时候客户接受甚至拥护这种论调，或者当他们发现自己深陷其中时，已经别无选择，只好表示赞同。在与客户的后人打交道时，建 216
筑师有时会大肆利用客户的资金，却没有征得他们的同意，正如安东尼奥·高迪设计“石头屋”（La Pedrera）时所做的。该建筑确实非常壮观，而且为巴塞罗那所带来的旅游收入远远超过它不幸的主人佩德罗·米拉·伊·甘普斯（Pedro Milà i Camps）所花的费用。现在我们很难说希望高迪当时能对客户更负责任一些，但确实是他的客户承受了由此带来的大部分痛苦，而没有享受到什么收益。

说到当代建筑名家，不言而喻，大家都一致认为：选择了他们，你就别指望能轻松地完成建筑，但是建成后的建筑（如果最后真的能成功的话）将会是世界上全新的一部分，可能非常与众不同，具有启示作用，美轮美奂，改变人们的相关理念——你可以称之为“大师之作保卫战”（Masterpiece Defence）。但风险并非仅止于此：你雇用了建筑师，并且由于他们的才华而放任他们（这些人会以天才之名使客户承受折磨），但他们有时候交付的作品既非与众不同，也未蕴含启示，只是失败之作而已。

理想情况下，对于这种风险的发生应该做到心中有数，正如建造大教堂、富人宅邸或慷慨捐赠的博物馆一样，这种情况下，客户和建筑师都非常清楚，富丽堂皇和绚丽夺目是主要目标。意大利威尼斯的黄金府第，使用了黄金叶子和群青颜料，即使人们知道这些在海洋性气候中不能持久——引人注目的奢侈浪费即是其目的。很多时候，有些人一厢情愿地要尝试设计建造要求最高的建筑，就像勇敢的业余登山者穿着粗革皮鞋和粗花呢衣服，试图攀登珠穆朗玛峰一样。

通常情况下，所谓的“杰作”不过是差劲的作品。他们为了将建筑形式变成世界上无数楼宇建筑中的微小一部分，花费了巨额资金，做出了巨大牺牲。每一件真正伟大的作品，都会有更多人对其展开“大师之
217 作保卫战”，但却未能成功。历史书籍和杂志往往过分关注由于经费过度使用而取得的胜利成果，这对众多在不怎么违反预算和破坏功能的前提下取得更好成就的建筑师来说，是一种伤害。但是，具体到每一个楼层，都不得不就价值与成本进行斗争。成本最低、最便捷的，并不总是最好或者最正确的，对于这个事实，我们在买衣服和食品的时候，比在为建筑买单的时候更容易接受。

建筑预算可能看起来是一件非常简单实用的事情，而遵守建筑预算应该是一项基本的职业技能。因此，当建筑项目超出之前的预算，甚至让预算翻倍或者增长到之前水平的三倍时，大多数人都会感到非常迷惑不解、荒谬可笑。然而，预算并不仅仅是纯粹的事实。它是充满竞争的领域，是一种表达形式，也是社会的代表。预算是建筑领域游戏规则的一部分，因此也是可以被测试、挑战和操控的。有时候，建筑师的职责，是向客户指出他们的预算不足以实现他们想要的结果，或者建筑的质量会因压缩预算而大打折扣，因此不值得去这么做。而有时候，建筑师的职责则是充分利用现有的资金，达到最好的效果，不管金额大小。

如果说豪华壮丽的形式和慷慨给予的资金是建筑业的传统，那么还有一些因素则让他们受到极大的限制，需要让极少的资金得到最大化利用。从这方面看，象征与工具，外观与事实，都会采取不同的途径。一种极端是极简主义的作品，比如奢华的家和酒店，这相对于法国国王路易十六的妻子玛丽·安托瓦内特农民式的“为了看起来简朴而奢侈无度”，做了非常复杂的修正。从遥远的各地找来罕见的石头和木材，以质

朴而细致的方式陈设，需要很高的技巧。有的构成部分可能尺寸非同寻常，可能只有少量足够粗壮的树木才能用来制作某些尺寸的木板，或者采石场中只有少数石头可以挖空做成整体浴缸，或者需要特殊的工程技 218
术才能实现跨度很大的开口，这些都需要花费很多资金，但是由于其精心的展示方式，人们可能一开始都不会特别注意到。

还有另外一种趋势，即建筑师利用真的非常紧张的预算，将廉价作为一种表达的媒介。在1925年的巴黎装饰艺术展，俄国著名的现代主义建筑师康斯坦丁·梅尔尼科夫用了不到一个月的时间，凭借大概1.5万卢布的小额预算，建造了苏联馆，其原料是廉价的木材和玻璃，由俄国农民工人预制的模块零件组装而成。尽管一位英国的代表嗤之为“花房”，一家美国杂志则称其为“恶作剧”，但由于其动态的斜线和基本构造，苏联馆抢尽了风头。几位重要的建筑师和法国的杂志宣布其为此次展览最好的作品。它反映了后革命时代的国家缺钱的事实，但正是由于少了低俗的装饰，它还表达了刚毅的精神和纯粹的能量。这里涉及的是资产阶级堕落的本质及对立面。

巴西女建筑师丽娜·博·巴尔迪谈到“穷人的建筑”，她所说的源于其在巴黎东北部居住了五年的生活经历。穷人的建筑“去除了所有文化上的势利因素，选择了直接而原始的解决方法，因此为知识分子（以及现在的建筑师）所深深喜爱”。在圣保罗艺术博物馆，这表现为光秃秃的混凝土、白色涂料、石头地板、工业橡胶和钢化玻璃。这并不意味着她的建筑是简朴的，其奢华来自空间、植物、水、艺术和活动。

世界建筑大师弗兰克·盖里，曾以钛和不锈钢材料的壮观而精致的设计而闻名，采用环环相扣的网状物、胶合板和波纹状的金属薄板建造。这些材料价格非常低廉，比起其他昂贵的材料，更能让他随意挥霍使用，但它们同时也表达了对于被忽略事物的价值的一种看法——在充满嘲 219
笑的洛杉矶城，普通事物展现出了自身的美。

还有一些情况是，真的是近乎什么也没有，此时的艺术表达或者说对贫困的表达，并非目的。印度裔美籍作家苏克图·梅赫塔在有关孟买的书籍中这样写道：

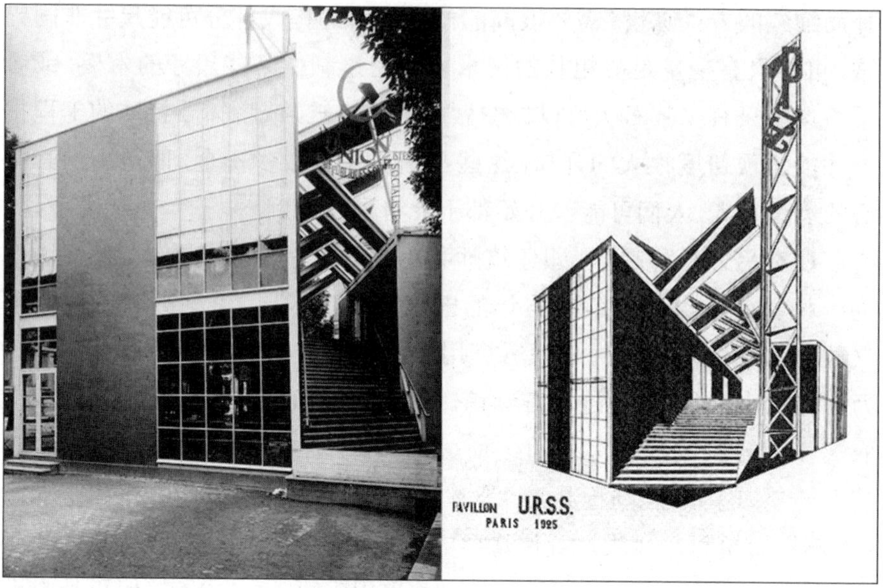

上图：巴黎装饰艺术展览会上苏联展厅，由康斯坦丁·梅尔尼科夫设计，1925。私人收藏

下图：盖里住宅，加利福尼亚州圣塔莫妮卡市，弗兰克·盖里设计。版权：罗恩·穆尔

> 那些居住在我们城市中但没有什么明确头衔的人被贴上了标签，被统一地称为“贫民窟居民”。称之为贫民窟的做法只是一种定义，但是这个词的分量却沉重地悬在了穷人的头顶。什么是贫民窟？你和我不喜欢它，所以我们称之为贫民窟。居住在孟买贫民窟的人们有另外一个词称呼它：“巴斯蒂”(basti)，意为“社区”。巴斯蒂里有很多社区空间——等待上厕所的长队，水龙头前排着的长队，空旷的运动场上各种修补的痕迹，满足人们日常所需的成百上千的小商店。巴斯蒂的建造对于“孟买精神”来说至关重要，这种精神为城市节约了时间，也在洪水、暴乱和恐怖袭击中拯救了这座城市。
>
> 巴斯蒂的每个房间都是精心定制的，每个细节都是，包括墙和屋顶。每个房间都是不一样的，而且经过几十年的变迁已经变得非常符合房主的需求。巴斯蒂拥有无限灵活性，可以根据该处居住的家庭成员的数量建造隔墙和额外的楼层；可以根据房主的品位，将里里外外都刷上不同颜色。看看世界上任何一个地方的贫民窟聚居区：它们都是五颜六色的。再看看贫民窟拆除后取而代之的公共房屋：它们都是单调的一种颜色。
>
> ……这个故事给我们的启示是：不要拆除贫民窟，要改造它们。

梅赫塔的观点可能有些夸大，比如有时候贫民窟是绝望中的人们在不稳定的地面建造的，很容易引发滑坡和泥石流，或者是人们毁坏了珍贵的植被或水资源而建造的，这种方式最终对人们也没有好处，但他的 221
主要观点是：出于紧急的生存需求而建造的穷人居住区，也蕴含着效率和智慧。它们适应居住者不同的个体需求，并发展出公用社会资源的空间。梅赫塔所信奉的“穷人建筑”(architettura povera) 的价值，已经被那些人们赋予英格兰农村屋舍的价值所认可（这些屋舍使用石头和茅草屋顶建造，仅仅因为这些是最触手可及的原材料），或者被他所说的这一事实认可：“我们惊叹里斯本的老城，我们付出高价要住在意大利特拉斯提弗列区 (Trastevere)、巴黎玛莱区、纽约曼哈顿东区 (East Village) ——这些地方一百年前都是‘贫民窟’。”

由于穷人的房屋具有自给自足的独立性，因此任何建筑师或规划师想要改造它们，或者寻求解决贫民窟明显的弊端（例如恶劣的卫生条件和过度拥挤）而不破坏其好的一面，都是一种挑战。战后的欧洲，如同现在的孟买一样，政府喜欢采用的解决方法就是清除和代替那些第一眼看起来无法改造补救的地方。这种项目现在通常被认为是错误的。

智利建筑师亚历杭德罗·阿拉维纳（Alejandro Aravena）成立了一家公司名叫“基本元素”（Elemental），目标是“开发住宅、公共空间、基础设施和交通项目，使其可以有用而高效地提升穷人的生活质量”。他并非对抗现有的体制，而是试图“在不改变现有政策和市场条件的前提下”实现他的目标。

“基本元素”公司的第一个项目，是沙漠城市伊基克的昆塔·蒙罗伊（Quinta Monroy）的住宅项目。这是已经矗立在那里三十年的违章建筑聚集区。每家房屋仅使用了政府规定的7500美元标准的预算，就给人们重新安置了住房。这一预算被用来建造三四十平方米的住宅，因此不算高。阿拉维纳的想法是，将其终端产品不只视为“一所小房子”，而是“半个好房子”。因此“基本元素”公司尽可能高效地建造很多简单的房
222 屋，来满足最基本的需求，同时期望各个家庭能自己建造另外一半，正如他们在过去几十年违章建筑居住史中建造自己的避难所一样。那些最需要专业技能的部分，如厨房和卫生间，会在第一阶段就建好。“基本元素”公司“让各个家庭和社区也参与了规划过程，因为如果他们将负责50%的建造环境”，“最好能通过协调的方式来分配任务”。

住宅区的外观是一排排三层楼的小房子，房子之间留有空地，居民如果想填补或者有能力填补的时候，可以自行填补。这种构造比一层楼的棚屋能更有效地利用土地。过去破烂不堪的外观无疑是一种奇特的景观，但对居住者来说是侮辱性的；而今它将被一种简单的建筑秩序所取代，这种设计允许个人对其进行额外添加。同时，它还有助于塑造公共活动的公用空间。最后的结果是简洁而有规则的台阶，不同的人有不同的介入方式，各种颜色、形状和装饰的凸窗、阳台、窗户，让居住区变得

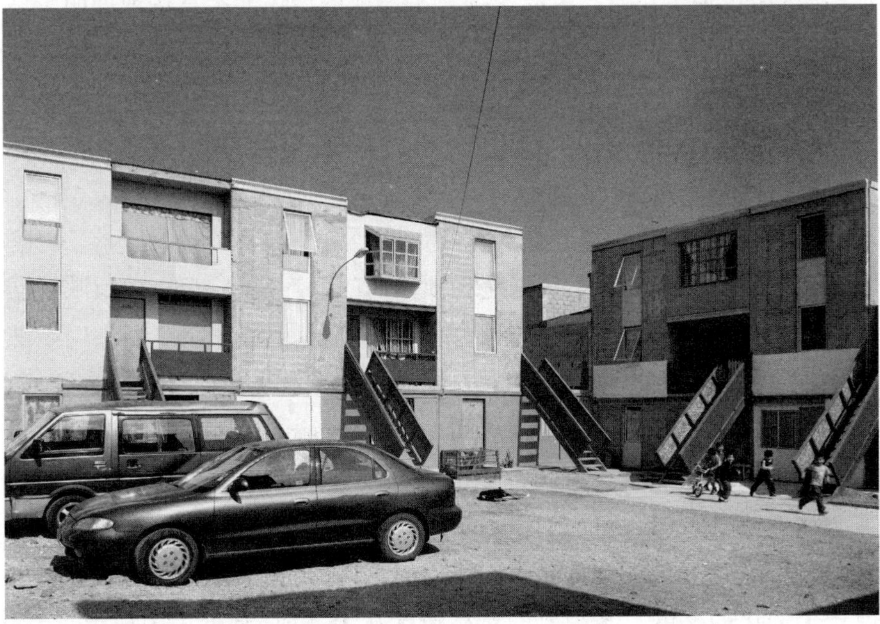

昆塔·蒙罗伊住宅项目,智利伊基克市,由基本元素公司设计,2004

上图:初建的样子。版权:塔都兹·贾洛查,供图:智利基本元素公司

下图:居民入住后的样子。版权:克里斯托瓦尔·帕尔玛,供图:智利基本元素公司

生气勃勃。

建筑师经常会预测到社会的共同参与，但却很倔强地拒绝真正去实现。这种共同参与，在昆塔·蒙罗伊住宅项目中实现了。该项目利用了政府给予的小额资金，以及居民想要改善自己境况的愿望，在最大限度上达到了可能的效果。至于这种模式在多大范围能推广普及，仍有待观察，但自从昆塔·蒙罗伊项目2004年完成后，“基本元素”公司已经实施了好几个利用类似原则的项目。

这种方法并不仅是对于资金的有效利用，而且关系到如何在极端的资金压力下实现社会和自然的利益，如何最大化并联合个人、社区和政府的贡献。这的确是与建筑学有关的，因为它利用设计智慧来创造了
224 空间，提出了人们可能居住的方式。它不只是建成了居住的空间，而且不拘成规提出了居住的理念。如果说没有它所采取的各种手段建筑就是不完整的，那么昆塔·蒙罗伊项目半建成的房屋非常直接地证明了这一点。

由于需要政府的资助，所以这些并不是成本最低的房屋。关键在于，资金得到了有效利用，建造了一些物质的、空间的东西，而且有望为居民提供更好的生活。

建筑和资金的关系不只是建筑预算的问题。建筑和城市，反映了塑造它们的经济体制优先考虑的事项。伦敦的考文特花园广场不同于法国和意大利的模式，原因在于，它是由投机的私人土地拥有者所主导，而非政府或皇室；由于其设计理念即是自我推销，因此建筑变成了广告，形象超越了现实。所有资源都被用来帮助获取最大的影响力。圣保罗大教堂建造时，从广场面前巨大的石头门廊，直到后面光秃秃的砖头谷仓，都过于草率匆忙，这是非常不恰当的，因此房屋的质量从前到后也呈现一个变化的梯度。其经典的对称设计从未完成，部分原因在于，一旦整个地方都是以建造这样一座建筑为卖点，那么完成这样一座建筑就不是必要的了。广场里到处是蔬菜摊子，充斥着卖淫活动，它不像巴黎孚日广场那样被用来举办宫廷庆典，这是因为国家的经济状况导致了这种

结果。

用《金融时报》的话来说，迪拜是由“利润丰厚的不同领域构成，它们都有自己的规则”。这些是被称为“城市”的区域，是通过个人所得税和法律规定来吸引商业的金融中心，比如迪拜国际金融中心，它的交易使用英语，根据西方的规则以美元来进行。在“媒体城”和“网络城”，
政府的审查制度和内容控制都可以暂停。哈佛商学院也出借了其专家 225
技术来建设60亿美元的“医疗村”。此外，还有“人道主义援助城”。

这里还有奢侈的酒店，禁止饮酒和禁止衣着暴露的规定都不再起作用。这里有门禁森严的住宅区，严格会员制的高尔夫球场，海上的购物中心，而从印度和巴基斯坦移民的工人是不允许进入的。一般很少看到的（除非是西方报纸曝光），是城市边缘的劳工聚居区，那里的每个房间最多可以有12个移民工人居住，有时候没有空调，没有足够的卫生条件和水供应。

你可以找到一些地图，上面显示了城市的标志和主题公园，这些是真实的、令人渴望的，但你找不到任何一张地图会显示所有区域。但是这些区域对于一个酋长国的运转来说是必不可少的，这个酋长国的人口构成极不平衡，移民建筑工人和从事低贱工作的工人构成了人口的大多数，此外还有侨居在此的商人、游客、超级富豪、贝克汉姆等零散名流，只有不到五分之一的人口是阿联酋本土人。迪拜运转的基础是：不同的社会群体被准许拥有不同的权利和特权，受到不同的限制，这种计划由于划分不同区域而成为可能。

对伊斯兰律法的赞同，可以与来访商人无限制的痛饮相结合。区域划分的做法，为有门禁系统的社区居民创造了彻底的安全，但是给劳工聚居区的人们带来了不安全。只要对商业发展有利，他们允许新闻自由，但当政府权威受到威胁的时候，新闻自由就无从谈起了。他们允许在不同层次的合法性和透明性基础上进行交易，从颇具声望的迪拜国际金融中心，到黄金钻石露天市场，“到处是以货易货贸易和不正规现金交
易的铺面”，根据《华尔街日报》的报道，那里的“黑市商人、军火商、恐 226
怖主义金融家和洗钱者，都利用了这种不受制约的自由环境”。

总体来说，划分区域对于商业发展有利。正如迈克·戴维斯（Mike Davis）所说，在迪拜，“政府很难和私人企业区分开来”，政府“实际上就是一个基金管理团队”，由迪拜酋长穆罕默德·阿勒马克图姆来领导，他实际是统治者和首席执行官。“如果这个国家是一个企业，”戴维斯说道，“那么‘代表政府’就是偏离主题的：毕竟，通用电气和埃克森都不是民主的，也没有人期望他们如此，除了疯狂的社会主义者。”

被遗漏的是平民大众的想法（如果它能得到允许的话），为不同群体制定不同规定所引发的冲突，将会令人无法承受。被忽略的是政治、法律和空间。在迪拜几乎没有可以被称为公共空间的地方，即一个从根本上来说对所有人都开放的地方。当这个城市的移民工人被迫进行大规模抗议活动的时候，政府不得不想办法在规划为其他用途的区域中，划出可用于游行的地方，例如多车道的扎耶德酋长路，或迪拜塔（后来改名为哈利法塔）的施工现场。

迪拜这个城市有两个版本：可见的和几乎不可见的。可见的是那个媒体报道最多的城市：棕榈树海岛、世界上最高的建筑、巨型商场、帆船似的酒店、令人欣喜的空中轮廓线，等等，即使其中有些并不存在，只是在规划中而已。迪拜创造商业奇迹，同时也充满诱惑。在“从太空中能看到的棕榈树”的兴奋过后，多年以后慢慢流出的消息是，有人从已破产的阿富汗银行盗用的数百万资金，被洗白成了棕榈树岛上的住宅。而几乎隐形的城市是由不同的封闭区域拼凑出来的，这些区域的设计目的，是促进商业发展，给某些人群以特权，或者限定其他人老实待在自己的
227 地盘。

代替平民大众的，是迪拜对外表现出的样子。通过著名的视觉标识，迪拜向世界呈现出了非常强大并且一致的品牌，转移了人们对于其分区结构的注意力。形式是一致的，内容是分裂的。你被要求看到一面，而非另一面。其他感官会让你感受更多——酒店枕头的芳香，劳工聚居区的恶臭，游泳池的清凉，空调机械的香脂味道，建筑工地厚厚的热浪，但这些都很难通过宣传用的视频来表现，即使有些人真的想这样做。

换句话说，迪拜举世闻名的建筑奇观、视觉帝国，以及隐形的分裂

结构，都是受经济因素驱使。这与其说是建筑预算的问题（如果多花几百万能达到希望的效果，这钱花得也值），不如说，它关乎如何通过迪拜喜欢的方法，找到最适合商业发展的形式。形式追随资本。

21世纪的第一个十年，英国实现了挥霍和吝啬的罕见结合。不管是政府还是企业，都愿意将大把的钱花在建造楼宇上，但舍不得在有助于更好地利用这些资金的预先规划和细节（简单地说，就是好的设计）上做投资。

这种模式最开始是由“新千年经历”项目所确定的，该项目旨在通过一些从未精确定义的方式来庆祝千年之交，在被称为“千禧穹顶”的巨型圆形帐篷下建有一系列主题馆。因为不确定其目的是教育还是娱乐，所以它只能尴尬地介于两者之间，既没有赢得批评家的好评，也不受大众欢迎。游客数量远远少于预期，10亿英镑的大部分都花在了一个没 228
人想要或请求要做的项目上，既没有达到任何有教育意义的目的，也完全缺少正能量。

托尼·布莱尔的工党政府也制订了一套计划来重建或改造全国的中学。这位英国首相上台之初就宣布，其工作重点是“教育、教育，还是教育”，一套庞大的建筑计划，看来似乎是实现其承诺的良好方式，或者至少，在将建筑的象征意义和实用意义混为一谈的经典案例中，被认为可以实现其承诺。但实际上，并没有结论性的证据证明，如此大规模的建设是改善教育的最具成本效益的方式。

很多学校都是在所谓的“私人融资计划”下交付完成的，这一计划是以曾秉持社会主义的工党对于私营企业的有效性和智慧的信心的体现。在私人融资计划下，很多大企业竞争投标，其对象不仅包括建造学校的合同，还包括三十年期限的学校维修和清理合同、从卫生纸到软件的一系列供应商合同。很多学校都被捆绑进了单一合同的一揽子计划中。

这么做的理论基础，是政府可以将风险和责任转移给私营企业，此外还有个额外好处，就是一项巨额的资金计划不会马上出现在公共账户上：因为付款期限是三十年，未来的纳税人将会为这些项目买单，而其政治利益（包括新楼建成剪彩，可观目标的达成宣布等）则会很快收获。

这么做的一个缺点是质量将会受到损害。人们普遍认为（包括政府自己的机构也这样认为），只有客户、用户和建筑师密切合作，才会有好的设计出现，但是私人融资计划的组织机构意味着，老师和管理者与设计他们校舍的人接触非常有限。由于学校是打包交付的，根据每个学校
229 具体的情况做出回应变得更加困难。此外，不管私人融资计划中使用如何大量的法律文件来对质量进行描述，承包商为了追求利润，也会不可避免地将建筑物质量降低到可以交差、免受处罚的最低层次。有些令人压抑的校舍（比如说那种窗户小得不得不整天开灯的），就是这样设计和建造的。

更糟糕的是，私人融资计划不可能真正省钱。承包商不得不到资本市场去融资，其利率比政府直接贷款高很多。投标过程烦冗不堪且耗资不菲：承包商需要花费300万英镑来投标学校的一揽子计划。他们期望能中标得到三倍回报，这意味着他们希望从每一个成功赢得的标的中获得900万英镑，而那也只能覆盖其竞标的成本。至于承包商如何在接下来的多年时间里通过合同为一些不可预见的支出榨取费用，尚且有待分晓。然而，在承包商的律师与政府律师的辩论中，私人企业雇用的律师很可能更加精明。

2010年，新的联合政府上台执政。新任教育大臣迈克·高夫马上开始公开谴责前任政府的浪费。他还多次指出，建筑师从学校建筑项目过高的费用中“捞取了丰厚的油水”，并扬扬自得地夸口说，他不会请“任何获过奖的建筑师”来设计这些项目。他歪曲了事实，最简单的理由就是，如果这些事实不歪曲的话，就会反证他的说法。

如果说其中有人“捞取了丰厚的油水”，那也是律师、金融机构及其顾问所为。也可能有承包商所为，2008年他们中很多人都由于串通合谋和价格垄断被判有罪，换句话说，罪名就是欺骗客户。这是在一些非学
230 校的项目中，但如果说价格垄断在建造学校项目中从未发生，似乎也不可能。相比之下，建筑师在承接学校的设计项目时，通常只赚取最低利

桑德希尔区学校,英国桑德兰,2002。供图:安德鲁·比尔德

润或者亏本来做；这种项目一般是建筑师工作室中最不赚钱的部分。建筑师也是第一个，有时也是唯一一个指出私人融资计划弊端的人。更重要的是，当好的建筑师克服重重困难设计出学校蓝图时，老师们非常清楚，对于灯光、音响、人体运动、避免容易发生校园欺凌的死角等因素的考虑，是非常有益的。“这是有关如何让人们感觉不错的问题，”一位校长说道，“好的设计创造放松的环境。如果我们认为教育很重要，我们可以通过为孩子们创造像样的环境来证明这一点。”但是高夫坚持自己的计划，为了标准化的、最低限度设计的学校能够建成，甚至还赋予了那些可能暗中勾结串通的承包商更大的权力。

政治家围绕成本来展开辩论，但实际上这是有关价值和价值观的问题。在没有证据的情况下，他们愿意相信大企业和大金融机构能更好地开发建造教育场所，因为他们从思想上倾向于这么想。在想到“像好的设计那样的软性和无形的东西值得投资”的时候，他们同样非常紧张。他们也确实害怕做工精良的东西，或许是因为恶毒的新闻标题会指向任何看起来比较奢侈的地方。不仅如此，政治家似乎对于与设计相关的问题非常谨慎：犯错或者犯傻的可能性，渴望某种可能无法实现的东西的焦虑感。最好还是坚持那些看起来硬邦邦的目标和交付成品的数据吧。

公共机构和政府当局有能力表达出对于建造学习环境的希望，并有能力雇用专业建筑师实现这些期望值，政治家对此缺少信心。他们宁愿花一千英镑购买一个律师一个小时时间，也不愿意购买一位建筑师12
232 个小时时间，或者宁愿购买稍微好些的椅子、储物柜、门把手或者地板装饰。他们宁愿相信承包商在没有任何事实证据情况下声称标准化就是高效，也不愿听校长告诉他们设计有助于教育。

这体现了对于市场的智慧极端信任，虽然近年来市场变得声名狼藉。政治家首先关注的是让自己看起来有明确的目标，果断有力，比较商业化，即使他们实际不是这样子。这样做的后果会持续几十年，是一系列看起来像商业园区里的单元房一样的学习场所。正如在德国出生的建筑历史学家尼古拉斯·佩夫斯纳所说，英国不遗余力地让自己看起来很廉价。

托尼·布莱尔政府早期的时候曾自称信奉建筑业的重要性。建筑师罗杰斯勋爵（即之前的理查德·罗杰斯）极其受国家大臣们重视，其程度在过去建筑行业里无人能及，英国建筑师——据说经常被认为是“世界上最好的”建筑师——的伟大之处被正式宣布。这是在“酷英国”（Cool Britannia）的名义下，对于英国在设计、音乐、艺术方面的创造力更全面的颂扬的一部分。

罗杰斯被任命为“城市工作组”的负责人，该团队在1999年发布了一份报告《向城市复兴进发》（*Towards an Urban Renaissance*），得出了和罗杰斯早期著作《小小地球上的城市》（*Cities for a Small Planet*）相似的结论，敦促建设“紧凑城市”（Compact City），这样大量人口密集将不会造成混乱肮脏的局面，数量足够庞大的人口聚居将会产生“活力”。据辩称，如果人们居住得很近，并且距离工作单位很近，他们会多走路，更多使用公共交通，较少开车，也有足够的人数可以支撑当地的商店、饭店和学校的发展，并且缴纳足够的税来支撑街道和公共场所的良好养护。犯罪将会减少，因为更多双“眼睛盯着街上”——更多人从街上经过，仅 233
仅是他们的出现就会让违法犯罪者感到不舒服。与蔓生式郊区相比，紧凑城市会更加可持续，占用土地更少。

关于这些论点，有很多可说的，正如罗杰斯及其支持者所指出的那样，人口密集城市，如巴黎、纽约和巴塞罗那，想方设法让自己变得宜居。伦敦的肯辛顿和切尔西区是英国人口最密集的区域（假如你没有通过将很多居民在农村的第二套住房包含进来以稀释数据的话），同时也是最昂贵的区域。

然而，纯粹的数字并不是全部。“重生必须是以设计为导向的”，罗杰斯说道，这样“城镇和城市可以再次变成吸引人居住、工作和社交的地方”。建筑师不得不在紧凑城市里人口密集的住宅楼之前建造“高质量的公共空间”。充满活力的公共生活需要一种形式、一个载体来进行，建筑师在这方面会发挥至关重要的作用。同样，典型案例是巴黎和巴塞罗那，各种关注和资源都集中在街道和广场的建造上。工作组承认英国的规划体系已经衰退，缺少运用智慧和远见卓识塑造未来城市的技巧，需要强大的领导力和“有意义且便捷的”民主过程，并推荐“卓越中心”作为实体机构帮助培育新型精英规划师，以便城市和地方议会雇用，但该概念缺少明确的定义。

罗杰斯的很多想法都被采用了，在接下来的十年中，很多“城市重生”项目在英国的旧工业城市中开展，采用的基本就是他的原则。一个政府机构，即建筑与建成环境委员会设立了，目的在于帮助提高设计质量：它诸多职能中的一项是“设计评估”，意味着对重大推荐项目在建筑
234 方面的成就或失败进行评价。该委员会的评估意见，在规划是否被批准的决策过程中举足轻重。

地产开发商对于人口密集居住的想法太满意了，因为这使他们可以在自己的土地上建造更多公寓和办公室。由于布莱尔政府喜欢企业，包括地产开发商在内，他们也很高兴。然而不幸的是，罗杰斯所设想和期盼的经验丰富的规划师、强大的领导力和民主参与，从未能实现。这本来意味着可以花费公共资金，或者本来意味着将要回归现已消亡的工党政府价值观，例如加强地区政府的权力和资源投入。原本人们可以在陈旧的市政大厅里闻到马尼拉纸和皮革的味道的。但现在几乎所有成品的交付都将由高效的私人企业来负责。“卓越中心”的想法逐渐消失了。

因此，“好的设计”，从预测未来事件并做出相应规划这个意义上来说，或者从平衡竞争需求、整合各个部分组成更大整体的作用来说，是不可能实现的。没有人去做“好的设计”。一个比“好的设计”更没有说服力的概念，“高质量的建筑”被采用了。这个短语非常空洞，最后可能意味着允许做任何事情。在这一概念之下，某个建筑工程，如果有足够的建筑师和其他专家通过建筑与建成环境委员会的设计评审专家团等机构发声认为它是好的，那它就会被评定为好的。通常情况下，“高质量的建筑”等同于“由具有较高声望的建筑师来设计”。这不是工作组所称的“设计引导的重生”，而是附加了设计的开发。

与此同时，“新千年经历”项目在罗杰斯设计的“千禧穹顶”下开展了。1997年布莱尔政府开始执政后，所面临的首要决策之一就是决定是否继续推进前任政府提出的这一项目。罗杰斯疯狂地为此项目进行

游说，尽管这并不真正符合紧凑城市的原则：因为当时设想的就是一个短期的、不可持续的、不在城内的娱乐中心，设在一个封闭结构内。想到最终要在里面举办展览时令人作呕的不良空气，它也不能被称为好的设计。当然，耗费在穹顶上的资源，如果使用在其他地方，原本可以为“实现城市活力”和“高质量的公共管理部门”这些目标做出更大贡献。 235

然而，罗杰斯是依照美国建筑学家H. H.理查森的名言而行事的，即建筑的首要原则是得到这个项目。他据理力争，施展个人魅力，用甜言蜜语利诱。英国副首相约翰·普雷斯科特表示：“如果我们不能完成这个项目，也就算不上一个好政府了。”因此“新千年经历”项目和“千禧穹顶”项目继续推进，并最终成为一场灾难。（2007年曾有过一些补救工作，当时穹顶作为O2体育馆再次开放，成了一个营利性的大型音乐场地，以及手机公司广告。但是一个广告项目最后的成功——虽然我们应该一视同仁地希望它成功——也很难成为对此进行公共投资的可信服的正当理由。）

“千禧穹顶”确立了某些行为原则，或者说行为模式。某些事物看起来目标明确，而且经过深思熟虑，对于那些政治权力人物来说具有不可抗拒的吸引力，但从更大范围来说，并非如此。穹顶项目也证明了交际的影响力，以及神一般的交付成果所产生的影响。由于穹顶必须在某个不可变更的日期完成，因此其按时完成本身就变成了最好的理由。

因为穹顶被认为应该充满创造力和远见智慧，并且有个建筑师与它联系在一起，这给设计带来了不好的名声。这在后来工党执政时期被证明是非常有用的，而当时设计被进一步推向了边缘。总之，穹顶对外展示了政府愿意在几乎任何事情上花费巨额资金，除了在那些可能有用的、经过缜密思考的或者好的东西上面。

罗杰斯接近布莱尔政府的通道逐渐消失，部分原因可能是因为他帮助卖给首相的穹顶项目最后成了非常尴尬的结果，但是他又找到了另外一个支持者，即伦敦市长肯·利文斯通。利文斯通任命罗杰斯为自己的建筑与城市化首席顾问，并在一些有影响力的职位上任命了几个罗杰斯工作上的亲密伙伴。这位市长一度被认为是左翼极端主义者，他对于伦 236

敦有着宏伟的规划：鉴于金融服务业的无限繁荣，他愿意做任何事情来促进其发展，同时从金融业的利润中征收十分之一的税来建设经济适用房，即由政府补贴部分成本，来为那些日益增长的无法按市价购房的人建造房子，因为地产业的通胀在很大程度上是金融服务业的繁荣发展所造成的。

利文斯通每年都飞去戛纳参加一个叫“MIPIM展销会”的活动，这是一个地产业贸易会，开发商和代理商在此就城市的未来进行交易，通过大量的模型和巧妙的视频来展现其景象。年复一年，俄罗斯日益增长的财富和影响力，可以通过停泊在海湾的越来越大的游艇，以及销售展台上模特越来越长的美腿来衡量。在戛纳，利文斯通做了演讲：伦敦的地产商应该赚尽可能多的钱，只要他们能获得其中的地产项目。

利文斯通的政策意味着更高的楼宇更密集地矗立在伦敦的土地上，这样更多的“宇宙主宰者”可以创造更大的金融奇迹，为自己的企业、建造这些大楼的人们以及市长的计划赚取更多钱财。这意味着层叠起更高的住宅楼，以便可以指定更多房子为经济适用房。此外，这还意味着建造摩天大楼。尽管没有高楼也可以实现高密度，而且高楼的建设比较耗费金钱和时间，但提出建造摩天大楼的建议，是包括市长和开发商在内的人对于自己意图的公开表达，也是对于权力的维护。该演讲还多次
237 提出，如果不建造高楼的话，将会危及伦敦作为世界城市的地位；生态环境保护者反对摩天大楼对于历史景观造成的影响，他们需要被彻底击败，这也是有好处的。政治家、开发商和建筑师都喜欢高楼，因为高楼让他们看起来不仅有明确目标，而且将他们的行动永远铭刻在天际线上。

利文斯通的宏伟规划、开发商和金融机构的利益，以及罗杰斯有关“紧凑城市”的理论之间，存在着协同效应。他们都同意应该比以前建造更多楼宇，来承载更多人口。唯一困难的部分，是实现一揽子计划中“好的设计”和“高质量的公共管理部门”。他们确实有一些规划，有个文件就叫《伦敦规划》，但人们并没有畅想城市具有连贯性的未来形象所需要的方法和意愿。罗杰斯经常引用巴塞罗那为例，但要与巴塞罗那以建筑为引导的重生计划相提并论，是不可能的。在罗杰斯的影响下，市长

宣布他要建造一百个新的公共空间，努力赶上加泰尼罗亚在这方面的城市投资：但在他离任前，只建成了五个。在淘金城伦敦，市场的智慧被认为是最重要的，因此紧凑城市中对商业发展有利的那一小部分，非常有可能比微妙的热心公益的部分要发展得好。利文斯通和罗杰斯这两个年老的左翼分子，对此表示赞同。

规划建设摩天大楼也是有可能的。曼哈顿在这方面就做得很好，采用了《1916年纽约城区划条例》，条例中规定了“退台式”建筑模式（setbacks），以防止高楼阻挡太多光线。伦敦的规划只做了一半——有详细的、长期存在的一套规定来阻止高楼遮挡住某些重要遗迹的景观，特别是圣保罗大教堂，有些甚至是从远在十英里外的里士满公园来看。在这些所谓的战略观点之外，没有什么限定。这就变成了谈判与讨论的问题，是开发商要碰运气的问题，以及看伦敦各个行政区支持还是反对他们；虽然决定出来后还可以上诉，但这取决于准立法审查，并最终由相关 238
的政府主管决定。

在缺少明确限制规定的情况下，人们的意见就非常重要。建筑与建成环境委员会的设计评审专家团的判断举足轻重，在规划咨询会上，作为见证人的专家，通常是其他建筑师，会宣布某一计划书是好还是坏。同样，“好的设计”即是“包括其他建筑师在内的专家组认为好”的东西，而且“由某位一般来说被认为好的建筑师来设计”。设计评审专家团的一些建筑师，自己就是有争议的高楼项目的设计者。他们会有礼貌地先声明自己的权益，然后离开房间，让同行们宣布他们的作品是高质量的建筑，之后再重返专家组来赞扬其他建筑师的作品。在公开审查中，主要的建筑师滔滔不绝地畅谈正在讨论的项目的天才设计，而当他们的作品被审查时，其他建筑师也会回报以同样的做法。只有少数人被认为是设计领域的专家，他们通常会同时身兼数职，发挥着极大的影响力，那些被他们喜欢的建筑师会获得成功。

开发商开始雇用那些他们认为会在这套体系下做得比较好的建筑师。罗杰斯作为市长顾问以及精力旺盛的专家见证人，也管理着一家事务所。这家事务所在21世纪头十年曾被要求在伦敦设计六栋或更多摩天大楼，此外还有饱受争议的“海德公园一号”(One Hyde Park) 开发项目和以前的“切尔西营”(Chelsea Barracks) 住宅工程。“世界一流”的建筑师也被引入了，比如罗杰斯之前的合作伙伴伦佐·皮亚诺，曾设计了一座1000英尺高的大楼，名字叫“碎片”(Shard)。但是，后来人们明白了，不是真正世界一流的建筑也可以以某种方式在这套体系中获批，如果你足够坚持的话。伦敦大象城堡区 (Elephant and Castle) 的斯特拉特大厦 (Strata Tower) 就是个典型例子，在这幢建筑上，数根杂乱摆放的垂直线条向上延伸，指向了顶部裸露的三个涡轮发电机。伦敦南部高600
239 英尺的沃克斯豪尔大厦 (Vauxhall Tower) 是由一家通常被认为并非“世界一流”的宝麦蓝事务所设计 (他们有一个作品，就在大厦旁边，《建筑师期刊》在建筑师同行中所做的投票调查结果显示，这一作品两次被评为“世界上最糟糕的建筑”)，也许会被认为是各种矛盾主题构成的一团混乱，大厦脚下是一片不规则也不宜居的开阔空间。从威斯敏斯特桥望去，它或许会被视为是对官方认定的“重要景观”的干扰：在针对此项目所开展的公开审查中，官方检验官当然也如此认为，因此推荐驳回。相关主管约翰·普雷斯科特个人做出决定对其进行否决。肯·利文斯通也是沃克斯豪尔大厦的热心支持者；建筑与建成环境委员会评价它有“缜密、清晰而吸引人的规划”。

大度放宽对于“世界一流”的定义，也是有道理的。尽管伦佐·皮亚诺设计的大厦从某种程度上来说可能比宝麦蓝设计的大厦要好——或许更自信、更连贯，因此获得更好的评价，但从根本上来说不会是完全不同的物体。在更好还是更坏这种外部评价背后，其实都是同样的庞然大物。实际上，皮亚诺的“碎片”大厦的确是与宝麦蓝合作设计的：在一定程度上来说，是他们共同的作品。

开发商变成了小小市长，决定整个社区的形状，包括住宅、商店、公共空间，甚至还有学校以及办公楼。他们还花费越来越多的钱聘请规划顾问，这些人通过能决定项目规划申请命运的众多委员会和专家组，来干预各个提案，而且都经验丰富。另一方面，这些顾问也有可能通过受聘于公共主管当局来行使预见职能，并用非常庞大的资金中的一部分来

斯特拉特大厦,伦敦大象城堡区,由BFLS设计,2010。版权:罗恩·穆尔

为其支付费用，而这些钱实际上都浪费在毫无成效的篡改和操纵体制上了。但那样的话就太疯狂了。相反，每个建筑项目都变成了一场争论，一场喧嚣，一种投机，一种策略，一笔赌注。这个过程涉及的并不是如何
241 高效或避免浪费，也不是如何经济划算或确保最高质量，而是如何利用足够的资源和影响力，最终获得该体系下有利可图的规划许可。

大多数建筑师会告诉你，通常还会用带着一丝虔诚的语气，说建筑实际上就等于其概要介绍。例如，如果概要中提到需要在某块土地上进行大量开发，那么最后建成的建筑肯定会不可避免地超过周边的其他建筑，即使是最优秀的建筑师也只能通过有限的手段来缓解这种“超越”。如果有人要求建筑师来设计一所独立的建筑，根本不考虑此建筑和其他楼宇所造成的累积效应，那他得到的很可能就是一系列毫无关联的事物。在21世纪前十年的伦敦，有的人就将表述不好的概要介绍交给一些好的建筑师，要求他们把概要修改为能拿得出手的体面版本。建筑是穿透天际线的润滑剂。

罗杰斯的事务所，即“罗杰斯—斯特克—哈伯合伙事务所”(Rogers Stirk Harbour and Partners)，受邀设计被称为“世界上最富丽堂皇的地方”。客户是年轻英俊的尼克和克里斯蒂安·坎迪兄弟，两人的名字像是狄更斯时代的，但他们用魅力、财富、成功和时尚的蜜糖，满足了这个时代的口味。自从在厄尔斯考特的一个公寓楼项目中获利开始，他们在房地产开发领域获得了惊人的成就，聘用了大名鼎鼎的建筑师，成为杂志专访中受人追捧的对象和谈资。

该工程是建造海德公园一号，用原来两倍规模但不那么难看的建筑，代替20世纪60年代又大又难看的大楼。新的大楼将包含86所公寓，并且很快就会因其令人瞠目的费用而被持续不断却无法证实的新闻反复“祝贺”：三居公寓1500万英镑，3000平方米的三层复式顶层阁楼1.4亿英镑，据说是史上最昂贵的公寓。

如果建成的话，该楼的卖点将是“所有东西都是最好的”：备受称赞的艺术设计由当代艺术家詹姆斯·特瑞尔担当，底层开设劳力士和迈凯
242 伦商铺，建筑设计由罗杰斯完成。那里的居民永远不需要和其他伦敦人

脚踩同一片大地，或者呼吸同样的空气。他们可以直接开车进入公寓楼深处，而地下隧道可以极其便利地连接到附近的文华东方酒店，酒店的客房服务可以直接送到公寓。那里还有一个21米长的游泳池、SPA、影院，以及高尔夫模拟装置。如果万一那里的居民害怕有人要伤害他们，这里安装的最高级别的安保系统，包括虹膜识别扫描系统和防弹玻璃，都会让住户放心。同时，这里的安保人员都曾在特种空勤团受训，他们会一直在海德公园一号的路上守候。特种空勤团属于英国特种部队，1980年因成功结束恐怖主义分子对位于王侯门的伊朗使馆的占领而闻名全球。

该项目备受争议。有人反对它对海德公园所造成的影响。为了支持建筑顾问，也为了实现“让伦敦市成为支持富人发展的城市”这一宏伟目标，市长利文斯通宣布，“公寓楼高于公园树顶”对于伦敦作为世界城市的名声来说至关重要。最后双方均做出妥协并达成了一致意见：提议建造的公寓楼在不影响建筑面积的前提下稍微低一点点，同时伦敦凭借某种奇迹，仍然保持了其世界城市的荣耀。

罗杰斯是该项目的建筑师，这一点毫无疑问在艰难的规划讨论过程中是非常有价值的，彼时该项目可能实现的数以百万计的利润正面临泡汤的危险。他符合“高水平的建筑师”的描述，他的设计也适时地获得了建筑与建成环境委员会的批准。可以想象，他与市长的密切关系，以及市长支持发展的政策，对于客户来说是很有帮助的，或者说至少被客户认为是有帮助的。

但就是这位建筑师，曾在1997年写道，“一种新型的城堡出现了。只要按一下按钮，就能阻挡别人进入，防弹屏幕马上开启，防弹护窗拉了下来”。这种城堡“将有钱人和穷人隔离开来，剥夺了人们作为市民的基本意义”。他还写道，“除非城市能不断努力，防止社会、种族、物质和经 243
济的分化，否则社区将会瓦解，城市将无法运转”。

现在他正在设计的建筑，要说是“城堡”也毫不为过，宣传机器公开宣扬着罗杰斯曾强烈反对的安保措施，而这些也并没有完全将富人和穷人隔离。罗杰斯的事务所在建筑方面所起的作用，仅限于为大楼提供尽

上图：海德公园一号，伦敦，由罗杰斯—斯特克—哈伯合伙事务所设计，2011。版权：罗恩·穆尔

下图：海德公园一号，地面层上玻璃围合的部分。版权：罗恩·穆尔

可能好的外部处理，并针对里面的公寓以及对周边环境的影响，尽可能地做好规划设计。规划做得非常有效。外部处理是对公司已确立的风格的演绎，即展现出混凝土框架、玻璃窗、遮阳篷、电梯，这些都是在工厂里按照极高的精确度来制作的。它以清新而优雅的方式展现着机械工艺，同时也试图营造出粗犷而自信的整体效果。从理论上来说，这种风格可以微调以适应特定地点的需求：海德公园一号白色的混凝土和紫铜百叶窗，据说是为了呼应周围建筑的石头和淡红色的墙砖，不规则的轮廓是为了与周围的塔楼和圆顶相联系。

这种风格曾经是与社会主义的住房工程相关，后来又与蓬皮杜文化中心之类的公共文化建筑相关。而现在则两种情况都不符合。对于可能要住在这里的亿万富翁以及周边建筑富有而考究的品位来说，它太过简朴；而相对于其风格来说，它也没有实现罗杰斯对于建筑所设定的城市使命。据传言，作为该建筑的主要支持者，卡塔尔政府认为它不够华丽炫目，对此很不满意。同时，由于附近的切尔西营也将由坎迪、罗杰斯、卡塔尔政府联合重新开发，周边的居民看到海德公园一号拔地而起，感到非常害怕，于是进一步加强了对重新开发计划的阻挠，并最终取得了成功。

但最后一个问题是，“高质量的公共空间”怎么办？海德公园一号 245
迁移了一条道路，不太情愿地放开了通向公园的通道，设置了可以用于封锁的窄窄的人行道和大门。根据综合建筑规划要求，上面安装了遮蔽物，让人感觉这条路像是属于这个开发项目的。面向骑士桥的，还有非常怪异的玻璃隔离空间，里面是缩微景观，夹在迈凯伦、劳力士店铺和阿布扎比伊斯兰银行之间。这里允许公众进去坐坐（就像商店橱窗里的模特或者鱼缸里的鱼一样），以及看看过往的行人。城市复兴运动就在这出乎意料的低潮中结束了。

最终，矗立在骑士桥的，是一座奢华的建筑。除非有立法规定超级富豪不复存在，否则他们就会想要这样的地方；无可争辩地，他们居住在城市中央比在设立门禁的郊区更好。在城市中，他们的部分财富也可以提取出来，花费在为公众谋求利益上。政治家们从海德公园一号获得了什一税，用来在不那么富裕的皮姆利科区建造经济适用房。

但是，也不能责怪像罗杰斯这样的建筑师来承接这项工作。在一个城市中存在这种工程的世界里，建筑师对设计此类工程的委托项目的拒绝是徒劳的，也是不切实际的。问题在于他公开宣言中的理想主义和他所操纵的权力政治之间的沟壑。承认建筑师在一个充满协商和谈判的世界中工作，他们应该在此环境中为最好的作品而奋争，这才是更加道德和具有成效的，最终也不那么令人难堪。

海德公园一号的缺点不在于它的存在，而在于这种规划体系允许它膨胀扩张，并且对于公众前往公园的质量等利益问题维护得很糟糕。海德公园一号社会主义式的风格也与其奢华的内容不一致。坦诚地表现
246 财富，同时不那么强势地压抑周边的建筑结构，或许是更好的方式。骑士桥有许多建筑都是这么做的。

就像伦敦城里的高楼一样，海德公园一号就是财富与政府关系的示意图：在那里，对于资本的高度投机利用获得了不同寻常的尊重，这与其说是简单的商业问题，不如说更像是一种社会和文化力量。这种关系并不是左倾的罗杰斯所希望的，我也怀疑他或者他的员工进入建筑界，是对这样一种有缺陷的、反社会的理念进行的超出一般的详细展现。但是他似乎很早就决定了，为了实现自己对于城市的愿景，有必要与政商界建立友好关系，进行交易并做出妥协。在这个案例中，这种方式通过外观的力量，通过建筑“可以看起来是一回事，实际是另一回事”的能力，得到了缓解，而且早在蓬皮杜文化中心的例子中，明显非常激进的建筑，就开始服务于一位保守总统的利益了。在蓬皮杜文化中心项目中，目的为手段提供了合理性——一些与众不同、改变城市的目标实现了，即使实际上并非广告宣传的那样。

在海德公园一号，公共利益并没有得到很好的实现。可能出现的情况是，作为建筑师，罗杰斯和他的事务所本可以为建造这样一座巨大而闪耀的建筑而欣喜若狂，甚至于没有注意到实际情况到底如何。建筑师通常很容易相信，外观激进的建筑实际上也很激进。在伦敦，一如在迪

拜,外观作为销售工具和分散注意力的手段,对于金融投机非常有益。

伦敦21世纪头十年的所有开发商都见利忘义,这样说可能过分简化了。至少有些开发商是想要改善城市面貌,建造不错的建筑。有很多比房地产开发更容易的方式可以让人变得非常富有,比如说用其他人的退休金赌博。有些人进入房地产业,是因为他们确实很喜欢建筑,并且希望在建筑领域做得很好。但是规划师和政治家被地产业的疯狂繁荣景 247
象所吸引,他们喜欢耀眼夺目的建筑外观,胜过建筑规划和综合描述。

那么我呢?我也很容易相信这一点。我曾试图抓住金融浪潮中的一个泡沫,把它变成奇妙的建筑。我协助委托了在不适合商业开发的废地上建一座标志性建筑的任务——因为它不仅仅是个标志,它引人注目的形式是有意义的。在没有合适设备的情况下,我们开始了这项堪称"地产业珠峰"的大作的建造,在壮观的建筑偏离规划和开发这一更基本的问题上,标志在这一博弈中发挥了作用。如果能建成的话,按照最初的版本,这座惊人的建筑就成为其存在的正当理由。这座建筑最终没有建成,一个机会也就此丧失了:最开始想象出来的更轻巧、更具适应性、更容易建造的建筑,原本可以成为一种思维方式的沉默的宣言,因为那样的设计非常符合现实情况,尽管它不是那么流行。 248

第七章　贪得无厌的“希望”

“世界贸易意味着世界和平”，建筑师如是说。因此，贸易中心应该“成为人类对于人性的信仰、对于个人尊严的需求、对于找出伟大之处的能力的一种体现”。建筑师希望这个中心是世界上不同人群聚集、相识、相互理解的地方。他们可以在他设计的广场上举行来自家乡的表演。尽管这位建筑师恐高，但在人群上方，就是具有抽象美感的大厦，那是世界上最高的摩天大楼，受日本人和谐原则的启发而设计。

他出生于美国，祖籍日本；从小生长在西雅图的一个贫穷地区，修建在该处陡峭斜坡上的房屋很容易滑落崩塌。为了支付大学学费，他在一家阿拉斯加的三文鱼罐头食品厂阴冷的环境中工作，并发誓一定要努力过上更好的生活。第二次世界大战期间，和很多在美国出生的日本人一样，他没有遭到关押，但却由于一个不幸的巧合事件受到了军方的怀疑，因为他选择在珍珠港遇袭两天前结婚。“我从个人经历中了解到，”他写道，“偏见和固执是如何影响一个人完整的思维过程的……如果所有人都有机会不受压制，最大限度实现自己的能力，我们的世界将会是个更
249 美好的地方。”

后来，一名埃及的年轻人开始学习建筑。他注意到了现代的美式摩天大楼是如何破坏传统阿拉伯城市的构造的。他认真研究了阿勒颇露天市场错综复杂的结构：它与硬邦邦的、有界限的、规格统一的摩天大楼如此不同，大量的重叠领域和交易在那里可以同时存在。我们无法确认，因为他的作品现在都已被禁止了，公众无法看到，但是他似乎认为露天市场与他所厌恶的企业一元化是对立的。他所做的不仅仅是学习。

山崎实与纽约世贸中心模型。版权：汉斯·纳姆斯/科学图片库

他还带领一群恐怖分子，遵照上级命令，劫持了两架客机，并驾驶着它们分别撞向了那位日裔美籍建筑师作为和平灯塔来设计的大楼。将近三千人罹难，随后而来的战争持续了至少十年。

说世贸中心双子塔未能实现山崎实的希望，那绝对是轻描淡写。不知为什么，这位建筑师没能以其他人看待这座建筑的方式来认识自己的作品。他看到的是抽象的美感与世界和谐，人们看到的是超大型的城堡，充满了帝国的傲慢姿态；他看到的是包容，人们看到的是排外；他看到的是对世界的欢迎，人们看到的却是两根充满敌意的手指。不只是穆罕默德·阿塔这样凶残的极端分子这样看待双子塔。甚至早在20世纪60年代建造期间，由于对曼哈顿市中心街道模式的侵犯，对道路的阻挡和干扰，以及对于城市顶处天际线的贸然闯入，世贸中心就遭到了痛骂。这也并非山崎实唯一遭到误解的项目。他在圣路易斯的帕鲁伊特—伊戈尔住宅工程，目的是为了改善那里贫困家庭的生活，但却由于犯罪和恶意破坏变得破烂不堪，最终在1972年通过控制爆破炸毁了。建筑评论家查尔斯·詹克斯宣布，这一刻就是当代主义的灭亡，尽管它的失败应该是和住房政策与管理而非建筑本身有关。山崎因此获得了一项不幸
251 的世界纪录：不是一件，而是两件他的作品，碰巧都被故意实施的爆炸行为毁坏了。

另外一位建筑大师丹尼尔·里伯斯金曾告诉脱口秀主持人奥普拉·温弗瑞："我热爱建筑，因为作为建筑师你必须是乐观主义者。你永远要相信前方有更美好的未来。"在建筑过程中，不管遇到多少灰心绝望的事情，面临怎样的变迁兴衰，建筑师必须相信，自己的建筑最终会完成，并且是值得拥有的。他们还需要说服客户、规划师和政治家，为他们的想法投资上百万资金是值得的，因为它们会以某种方式让世界变得更美好。作家和艺术家，特别是在20世纪，可以陷入虚无主义和绝望，建筑师却不能。他们不能让客户对一片黑暗和疏离的远景进行投资，不能让塔式起重机和混凝土搅拌器树立起的是象征现代社会深深错位的建筑。

建筑师私下可能非常悲观。1909年，年轻的勒·柯布西耶给父母寄

了一张不但不喜庆，而且实际上非常疯狂的圣诞卡片，里面写道：

> 生活的痛苦让人……[*]

作为装饰，卡片上面画着一只秃鹰站在山顶，一双小眼睛咄咄逼人地环顾着周边的景物，就像是卡斯帕·大卫·弗里德里希画作《雾海中的流浪者》(*The Wanderer Above the Sea of Fog*) 的食肉动物版。秃鹰可以看作是柯布西耶 (Corbusier)，他似乎很喜欢将自己比作鸟：他的名字是自己取的，比他的本名查尔斯—爱德华·让那雷 (Charles-Eduoard Jeanneret) 更让人印象深刻，与法语中“乌鸦”一词相呼应。卡片题词继续写道： 252

> ……对于悲惨生活的鄙视，具化成了大兀鹰的灵魂。[**]

但是后来在公开场合，他会宣扬乌托邦。乌托邦与复杂艰难的生活不相关，这最终会造成格格不入的疏离感，他和其他建筑师对此都无法言表。

单纯的建造还是充满希望的，人们坚信未来会证明这是值得的，因此可以努力艰难行进。有时候所盼望的回报是在来世：在建筑的标准历史中，往往超过一半的建筑都是教堂或寺庙，那些通常被视为“高层次”建筑标志的东西——对称、重复、几何结构、轴对称；柱廊、山墙、穹顶、石柱廊——总能在宗教建筑中找到起源。即使当宗教被抛弃，建筑也很难除去宗教的色彩。因此柯布西耶以更加积极乐观的心态表示：

> 空间！它服务于人类的强烈愿望，这种释放带来了肺部的呼吸，心脏的跳动，幻想从远处、从高处迸发，如此广袤、无限，毫无

---

* 原文为法语：La misère de vivre faite homme ...——译注

** 原文为法语：... et le dédain de la misère de vivre incarnée en l’ame du GRAND CONDOR.——译注

约束。

即使是最苍白陈腐的规划，想要以重生的名义将购物中心和奢华的生活方式强加到一个地区的城镇时，人们也会觉得有必要使用“有远见的”（visionary）这个词。“重生”（regeneration）一词本身就带有再生和重建的含义。

宗教建筑和世俗建筑所体现的希望并不相同。宗教建筑提供的是来世的希望；它们只代表更美好的世界。世俗建筑，至少是那些选择保
253 留宗教救赎意象的建筑，承诺就在这些建筑所建造的地方，将更美好的世界变为现实。

它们承诺要成为工具和象征，而且由于建筑的特殊力量可以让人们相信某些事情正在进行中，它们还被看成问题解决或灾难平息的证据。这种力量可以归因于再现模范乡村或理想家园的理念。案例包括：约克郡的索尔泰尔——19世纪50年代，工业家提图斯·萨尔特爵士（Sir Titus Salt）开始在他的纺织厂周围，为工人们建造房屋；或者伯恩维尔——由吉百利巧克力公司于19世纪90年代在伯明翰边缘建造的城镇。这两个例子中，一部分目的是真正的慈善，为的是提供比维多利亚时代工业城市中一般房屋更好、更大、更干净的房子，还有一部分目的是为了良好的企业发展，因为这种模范乡村确保了满足而温顺的劳动力。两者在道德和物质层面都进行了改造：萨尔特和贵格教派的吉百利家族下令取缔酒馆，同时为运动和健康的娱乐活动买单，在萨尔特的案例中，还包括教堂和小教堂。

模范乡村通常的要素包括：一位仁慈而有掌控力的地主，物质层面的改善，精神层面的提升，以及通过可见的形式对这些目标进行的表达。它们有明确的界限，根据规则的几何秩序原则进行规划（比如索尔泰尔），或者创造自然式的轻松随意的氛围（比如伯恩维尔）。它们的风格在建筑上是一致的，比如索尔泰尔简朴的石头，伯恩维尔别致的工艺品。它们必须是更美好未来的愿景，也是实现愿景的手段。建筑改革为什么必须在特殊的指定领地内，遵守特殊的规则，保持统一的风格？并没有

上图：索尔泰尔，英格兰约克郡，1851。版权：理查德·韦特/Arcaid图片社/科比斯图片社

下图：伯恩维尔，英格兰伯明翰市，1893。版权：世界遗产图片公司/科比斯图片社

什么根本性原因。但是这种完整性，这种将理想锻造成一个可以理解的
255 实物的过程，对于资助改革的人来说，具有特别的吸引力。

正是由于建筑代表希望的这种力量，我在一个春日的早晨和黛布拉·杜帕进行了交谈。当时她正怀着第五个孩子，和朋友们坐在自己房子外面。几年前，这个地方遭受了毁灭性的灾难，卡特里娜飓风造成了工业运河的水位增高，这条运河连接着密西西比河和附近的庞恰特雷恩湖（Pontchartrain Lake）。水压冲破了本应阻挡洪水的防洪堤，因为防洪堤是在1965年的贝特西飓风袭击后由美国陆军工程兵团修建的，质量较差。后来人们又重新修建了一条水平的灰色混凝土功能带，从黛布拉的肩膀往后望去就可以看到。她的邻居格洛丽亚二十七岁，多亏了一棵树才得救，她在树上待了九个半小时。隔着几家的年幼的邻居沙娜特·格林就没有那么幸运了。她祖父把她举到自家的房顶上，然后转身去帮助另外一个孙子，等再转身去看沙娜特的时候，她已经消失了。一座手工制作的纪念碑被用来纪念她（“生于2002年，死于2005年”），以及她的祖母乔伊斯（“生于1931年，死于2005年”）。旁边的拖车上布满了花环和悼词，上面写道：“我们希望，国家爱我们能像我们热爱我们的国家一样。国家的力量属于我们所有人。布什总统，请重建新奥尔良穿越田纳西坚尼街的下九区，**而非伊拉克**。”后来有人又加了一行：“奥巴马，开启负责任的新时代。”

黛布拉、格洛丽亚和格林一家都居住在新奥尔良的下九区，是遭受飓风袭击最严重的地方。卡特里娜飓风造成一千八百多人死难，其中一千多人都来自这一地区；后来还有更多的人死于自杀和与压力相关的疾病。飓风之前，下九区有1.4万的人口，几乎都是黑人。五年以后，此地仍然是灾后满目疮痍、百废待兴的局面。新奥尔良的旅游景区（法国街区和花园区）都建造在高地上，因此受破坏较小，灾难的痕迹已经全部清理干净。下九区是一片平坦的荒地，被街道划分成格子状，街道两侧
256 的木头房屋，现在只有在地基的混凝土路面上能看到一丝曾经存在的痕迹，供短途航班使用的砖砌跑道一直延伸到他们的门廊前面，就像遗留下来的死人的鞋子。

在受灾最严重的地方，现在最突出的特点就是剩下的高大常绿植物橡树（一般被称为“槲树”），以及还有过多的电线杆。其他地方也受到了不同程度的破坏，有些房屋变成了残骸，有些被部分毁坏了但仍然挂着洪水水位较高时救援人员留下的标志，上面显示着每家的人口和宠物数量，死亡或存活数量。还有一些地方，居民利用联邦政府提供的少量赔偿金，正在慢慢地修补自家的房屋。

然而，在黛布拉·杜帕身后和周围是新建的建筑，是这个城市传统的木质房屋的规范版，明亮的颜色或者添加的异形显示了有建筑师的参与。到处都在建设施工。一个电影剧组正在为斯派克·李导演拍摄纪录片，穿戴时髦的白人游客出现了，用便携式摄录机扫描了一下这里的场景，然后离开了。每天都有十多辆旅游大巴到这里来参观。

这样活跃的景象的原因是布拉德·皮特。在卡特里娜飓风来临之前，他的社会责任感和对建筑的兴趣已经为人们所熟知。他已经认识了弗兰克·盖里、雷姆·库哈斯和扎哈·哈迪德，并在盖里的事务所开展合作项目。这场灾难让皮特有机会将自己的激情发挥得恰到好处。他成立了一个机构，名字叫“让一切归位”（Make It Right），其目标是建设至少150座房屋。不仅如此，据他说，该项目“将把灾难变成胜利”，“提出更加人性化的建筑标准……我们将建造可持续的房屋，使用清洁的建筑材料，以保证适当的生活质量……我们的建筑将是安全的，可以抵抗暴风雨。在此过程中，我们会创造新的就业机会。我们会一直努力，直
到能用经济实惠的方式实现目标”。皮特开始在新奥尔良居住，至少是 257
有些时候住在那里，而且对于社区开发工程涉及的各种纷繁复杂的会议，他也从不逃避。

皮特聚集27名建筑师组成了一个团队，由位于柏林和洛杉矶的GRAFT建筑事务所领导，同时由一家本地的公司威廉姆斯建筑公司协调。这个团队大多都是比盖里、库哈斯、哈迪德等名人低一两个档次的人，但是曾获得普立兹克建筑奖的墨菲西斯建筑事务所（Morphosis）也在其中；还包括知名的MVRDV建筑事务所，由一群来自荷兰的成年“魔童”（enfants terribles）所组成；还有日本建筑师坂茂（Shigeru Ban），

下九区的新房屋，位于新奥尔良市，由“让一切归位”(Make It Right)机构建造。版权：罗恩·穆尔

他曾在1995年神户大地震后发明了应急的纸板结构。此外，还有曾为智利伊基克违章建筑居民创造出“半个好房子”理念的基本元素公司，以及英国建筑师大卫·阿贾耶；还包括来自路易斯安那和附近各州的公司。除了机票，大家都不计报酬：他们将自己的时间捐赠给了这个项目。

建筑师们根据某些原则，制作出了28个设计模型。房屋应该有门廊可以遮阳避雨，就像传统的新奥尔良的房子一样，而且应该至少离地5英尺。居民可以选择他们喜欢的模型，并请人修改。很多人都选择将房子提升得越高越好，以应对未来可能发生的洪水，并留出可以存放车辆的空间。下九区住房拥有率很高，这些房屋是为那些洪灾前拥有自己的房子，但现在除了地基什么也没剩下的人而设计的。如果他们无法负担重 259
建新住房的全部成本，可以申领“可免除贷款”(forgivable loans)，只有当他们出售自己的房子时才需要偿还。

这个项目对于这些建筑师来说是一个特别的挑战，因为构思出独特、时髦、巧妙而又抓人眼球的设计可以让建筑师出名，而这与解决灾后房屋重建的艰难、紧急的需求之间没有什么必要的联系。这些建筑师需要重拾谦逊谨慎的态度，正如皮特这样的名流需要根据实际情况做出调整一样。

在此事件中，不存在天才与功能的完美结合。这些房子比下九区的任何房子都好，更主要是由于他们共同的规范，而不是因为这27名建筑师单个人的智慧。黛布拉·杜帕已经在150英里外的拖车上居住了四年，她对现在的房子非常满意，但是你不会觉得建筑师所添加的曲线异形对于这种满意来说是必要的。

为“让一切归位”机构工作的一位建筑商说，让建筑师“意识到他们并不是在设计价值500万美元的豪宅”并不容易。同时，项目的需求也让他们不再炫耀自己平时的那些东西。与同一事务所在其他地方的作品相比，这些建筑往往不那么光彩夺目，显得更加温和。往坏了说，建筑师过分精心地投入制作了，似乎他们很紧张，害怕人们会忘记他们曾参与其中。往好了说，他们创造了多样性，通过一些有意思的方式对空间进行了处理，还做出了好的公关。他们让这个地方有了一席之地，有了鲜明的特色，而这些都是标准化设计不可能带来的。

其他一些不那么光芒四射的机构比“让一切归位”建得速度更快，成本更低。与2011年“让一切归位”机构建造完成的50所房子相比，慈善机构“仁爱之家”在四个遭受飓风袭击的州建造了一千三百多所“简
260 单、体面、经济适用的”房子。另外一个机构“全球绿色”组织在下九区的其他地方建设可持续的房子，并对个人房主重建家园给予建议。这些机构给人的感觉是，他们非常感谢皮特所带来的关注和筹款能力，但相较而言更希望把钱花在加强自身努力方面，而非建造与众不同的东西。

此外还存在一个问题：在低于海平面的下九区搞重建是否是最有用的行动？没人能完全自信地说，新的更好的防洪堤能够承受比卡特里娜飓风更严重的灾难。新奥尔良的人口从1960年的62.5万，减少到2005年的45.5万，再到2010年的34.4万。“看起来那里有很多地方可以铲平了”，来自伊利诺伊州的众议院共和党议长说道。你倒不用像这位议长那么粗鲁，但你肯定可以提出有力的理由，证明可以在城市其他无人居住但更安全的地方建设新家园。

但下九区不是什么普通社区，它对新奥尔良的黑人群体来说是充满历史和情感的地方，以电影和音乐闻名。成功不会让节奏布鲁斯钢琴家法兹·多米诺离开这个区域；只有洪水可以。下九区为什么没有被遗弃，情感是一个令人信服的理由；但一个更基本的原因在于，房主的土地和财产所有权仍旧在那里，当时没有什么方法可以将所有权转移到其他地方。但是，看看广阔的区域内，到处是杂草丛生和空旷的地基，“让一切归位”机构建造的漂亮房屋就屹立在其中，很难想象充满美好回忆的蓬勃繁忙之地会重现。

随着好莱坞的同情行动继续开展，皮特的团队更加体贴，更加投入，不再像大多数人那么肤浅和自吹自擂。新奥尔良政治的复杂性几乎可以阻止任何事情发生，因此人们也很难知道，是否纯粹实用而理性的东西原本可以取得成功。或许也需要一点戏剧化的东西。对于皮特的团
261 队来说，同情心需要展示的舞台，城市中受灾最严重、最能引发人强烈感情、最具特殊意义的土地就是舞台；需要服装，通过建筑师风格各异的手

法就可以展现。它做了一次希望的展览，一次希望的游行。正如在模范乡村中，希望不但会引领行动，而且必须有表现形式。

对希望的质疑并不普遍，但希望也有它的阴暗面。更确切地说，它可以作为一种遮掩或转移注意力的手段。通过将注意力转移到理想的未来，希望（或者希望的各种表现形式）可以让人们的注意力偏离复杂的现在。它可以作为抹去生活、抹去那个地点、抹去尴尬事物的借口，打着完美的旗号，最后结果却是遥不可及的。但是这种“消除”很方便地消除了反抗，创造了权力和资本进行剥削的空白空间。

1962年，当山崎实看到世贸中心的建造预算时，过于巨大的金额让他觉得可能人们多加了一个零。实际上并没有错：计划确实是要花费2.8亿美元，这在当时看来是非常惊人的数字，后来该预算又上升至9亿美元。预算攀升是由于大厦将由实力雄厚的纽约和新泽西港务局（Port Authority of New York and New Jersey）来建造。这是一个公共的官僚机构，从机场、港口、公交车站、桥梁和隧道的收入中获取了丰厚财富。被建筑师视为世界和平象征的东西，对港务局来说，却是他们在曼哈顿岛上的权力的象征和保证。他们把财富投资到这些楼上，实际上是用永远无法转移的东西在做投资。

港务局拥有购买地产和清理地点的权力，对于该区域的仓库和被称为“无线电街”的电子商铺，他们就是这样做的。商店、住房、街道和企业都被清除了，以便用来建造一座广场，而双子塔就将矗立其上。港务局在自己的管辖范围内还可以改变纽约的分区规划法律。在城市的其他地方，这些法律是为了限制某建筑物对其他楼宇的遮蔽，因此那些地 262
方的大楼都是很明显的阶梯式造型，从宽广的底部到楼顶逐渐变窄。而山崎设计的建筑，则将从人行道到矮墙很突兀地拔地而起，成为庞然大物，而且它正好是垂直的。

对于地面和天空的冒渎，让双子塔不受欢迎。纽约人和城市理论家哀叹“无线电街”丧失了活力，同时该地区的企业也在法庭上抗议搬迁，反对一些交通要道（比如曾横穿此地的格林尼治街）被长期封闭。由于

上图：无线电街，纽约，1936。图片收藏/“米丽亚姆和艾拉·大卫·瓦拉赫”艺术、版画和摄影部，纽约市立图书馆，“阿斯特、伦诺克斯和蒂尔登”基金会

下图：世贸中心，纽约，1973。版权：赫尔顿档案馆/盖蒂图片社/J. 伯恩

那个地方有斜坡，因此平层的广场建在街道地面30英尺以上的地方，就像是阻挡城市的障碍物一样。为了追求普遍的和谐，山崎却摧毁了当前的人性。据他说，大厦“具有对于人类来说非常必要的适当的比例关系……它们是为了让人在这个环境中有一种翱翔的感觉，增加人的自豪感和高贵感”，但是其他人看到的则是它们窄窄的、不成比例的垂直表面不见尽头的节奏，认为它非常冷漠，了无生气。底部附近的线条稍微向外张开，变成哥特式或伊斯兰式的拱形，但这种对于图案的软化处理并没有改变评论家的看法，他们认为这些只是空洞的姿态，是“纯粹的伤感主义”。至于该建筑在天际线中展现的轮廓，与克莱斯勒大楼或伍尔沃斯大楼精致微妙、上细下粗、错综复杂的形式相比，人们认为它们粗糙简陋，与周边环境格格不入，而且不成比例。它们是“巨型的香烟盒”，是“单调的纪念碑”，是“墓碑”。

这些楼冷漠、僵硬、空虚，正是山崎的典型特征。帕鲁伊特—伊戈尔住宅项目同样非常冷漠，没有感情，他设计的西雅图雷尼尔塔是一个不透明的长方形垂直表面，坐落在一个巨柄的顶端，就像是为了绝对确认它与街道没有任何亲密接触一样。山崎追求稳定性，这或许是由于他童年住的房子下面的地面很不稳定；他追求这样一种感觉：他的建筑一旦建成，就永远不会被改变或毁坏。

但是双子塔开始施展魅力，甚至开始获得人们的喜爱。高空走钢丝的艺术家菲利普·帕蒂在两栋大厦之间的铁丝上表演行走和舞蹈。有 264
些艺高人胆大的人之前曾用这种绝技来向尼亚加拉大瀑布或大峡谷致敬——它们已经变成地质学的范畴了。德国艺术家约瑟夫·博伊斯把它们视为资本主义的守护神，并以早期基督教殉道士科斯马斯（Cosmas）和达米安（Damian）的名字为他们重新命名。纽约的年轻人不记得“无线电街”或者原来的天际轮廓，因此接受了它们作为这个城市壮丽景观的一部分。大楼不同的侧面捕捉到了不断变化的光线，从这个角度可以感受到某种极简主义的美。在喧嚣的城市中，从某些意想不到的角度，也可以感受到它的宁静之美。双子塔，和自由女神像、布鲁克林大桥一样，变成了雪花玻璃球里的景观的一部分，并被卖给游客。

后来它们倒塌了，天际线看起来变得光秃秃的，比较老旧。据那些曾见过穆罕默德·阿塔的人说，他是一个令人难以理解并且比较冷漠的人，以他为首的恐怖分子，对同样被认为是不可理解且比较冷漠的建筑发动了一场袭击，两个坚硬的机器时代的大管子（飞机），被用来摧毁另外两个坚硬的大筒子。消失了，才发现人们其实是热爱它们的。人们开始疯狂地建议替代它们的东西，同时人们也挣扎着努力去理解这个事件，把它和一些显而易见的事实联系起来：一些巨型建筑消失了，需要有新的建筑来代替它们。成千上万的人觉得有必要将自己的想法表达出来：在网络上，用图纸贴在事发地点围起来的围墙上，在4000封主动发给新近成立，负责指导重建的曼哈顿下城发展公司（Lower Manhattan Development Corporation）的建议书中。其中有的计划建造2792个青铜制的天使，每个代表一位遇难者，在双子塔原来矗立的位置、现在的巨大坑洞上排列。有的建议是水晶制的穹顶，像星条旗一样的建筑，或者巨型的9和巨型的11。很多人都在思考着神秘的数字命理学：

> ……你是否曾想过为什么选择911作为求救电话号码，就像“五月天”（Mayday）是飞机或船只遇险时发出的无线电呼救信号
> 265 一样？五月天，或者5月1日，是西洋旧历的安息日和巫术日。我们
> 还知道，9月11日是一年中的第254天，2+5+4=11。一年中还剩111天，也是和11相并行的。“纽约城”（New York City）这个词有11个英文字母。“阿富汗”（Afghanistan）这个英文单词有11个字母……

有人建议这块空地应该变成一个公园，让自然治愈创伤。其他人则胆大挑衅，想要对恐怖分子做出反击。其中有一个建议受到负责清场的工人的欢迎，那就是应该建造跟山崎实所设计的双子塔一样的大楼，只不过需要建造五栋排成一排。四栋矮的，中间一栋高的，这样看起来就像是一个拳头在羞辱奥萨马·本·拉登一样。这个提议通过电子邮件传播，被印在T恤和拳击短裤上。与其他旨在疗伤的建议相比，它抓住了灾难袭击后人们普遍的愤怒和复仇心理。最受一般公众欢迎的想法

是最简单的，那就是应该按照双子塔原来的样子重建，最好再多加一个楼层。

这些想法大多来自非专业人士（木工、修女、医生等），其中很多人都认为与其他人相比，他们拥有解决问题的答案。来自明尼苏达州的护士瓦格茨格杰尔德让她的议员将自己的想法转达给布隆伯格市长和布什总统，她的设计包括一个穹顶，一只金鹰，一座喷泉，以及一座青铜做的消防队员雕像。“一种确信的感觉，”来自俄勒冈州的一位家具设计师在给布隆伯格的信中写道，“促使我把自己的想法进行到了现在这一步。一种来自我内心和灵魂的自信感，让我相信我的想法很可能是最好的解决方案。”

建筑师也大抵如此。灾难袭击过后四个月，58位建筑师在马克斯·普罗特斯画廊展出了自己的设计方案，而这场展览可以说非常匆忙，显得不合时宜。“太快了，太残忍了”，一位没有参加展览的建筑师如是说。展览的作品显示出作者曾受过专业训练，与业余人士的设计 266
相比，有时候还会出现比较复杂的文字描述。相比较而言，他们的想法体现了更多嘲讽，更少无辜——他们可能采取了比较有意思的立场，比如“军事空间和城市空间现在变成同一个了”，或者“这块地方只是用于房地产开发，没必要用于纪念”——但它们展现出了类似的愿望。他们把自己放在遗留下来的废墟中心，希望通过一个奇特的想法对震惊和悲痛做出回应，一个大型的建筑工程变成了一条单独的信息：“爆炸前的大楼”，“充满回忆的地方”，通往天空的阶梯，极度自我的痛苦扭曲形状（它们采用了建筑师选择的标志性的形状，无论是像种子一样的管状物，还是一堆碎片）。这与那些业余人士设计的穹顶和天使没有什么本质上的区别。

可怕的事物中也会有闪光的东西，治愈创伤的过程中也会有自恋的成分。大家普遍认为，像“9·11”这样的灾难应该可以把人们团结起来，激发无私奉献与合作，分享丧亲之哀。在许多情况下，对于那些帮助清理场地的志愿者来说，确实如此。但是当大家争抢着要成为能唯一代表这场巨大灾难的人时，它也引发了各种乱斗、暗箭伤人、互相辱骂、自

“倾斜的世贸中心”，NOX建筑事务所为归零地创作的概念方案，在马克斯·普罗特斯画廊展出，《新世贸中心》，2002。版权：NOX/拉尔斯·斯伯伊布里克；“倾斜的世贸中心”，2001年10月为新世贸中心所做设计

命不凡、操纵权势和装腔作势。为了纪念死者，尊严被放错了位置。卷入这些争论的人大多数是受“9·11”影响最直接和最深刻的，他们或者认识死者，或者近距离眼睁睁看着双子塔倒塌，或者两者都是，但是其中有些人（不是全部）把这种集体的悲痛变成了个人的难受。对他们来说，最紧急的事情是他们个人内心的失落可以得到平息和认可，而且其他人应该知道这些。在由灾难袭击清理出的舞台上，他们都想成为哈姆雷特。因此，才会有人兜售那些希望引人关注的项目，并且相信自己的方案是最好的，是唯一可能的。

市长和州长们为了争取选票，公开宣扬应该采取的措施，并为了 268
适应选举周期的需要同步做出决策。纽约市市长鲁道夫·久利亚尼（Rudolph Giuliani）在2001年12月离任的时候，呼吁建立“一个高耸而美丽的纪念馆……我真的认为，我们不应该把这里视为商业开发的地方”。纽约州州长乔治·帕塔基（George Pataki）则宣称，“双子塔以前的所在地是神圣的土地”。曼哈顿下城发展公司则表示，它的目标是“重建我们的城市——不是按照它曾经的样子，而是比以前更好”。受到强烈感情的影响，合理的差异变成了恶意的冲突。居住在附近的人反对把他们的社区变成一个纯粹的纪念地，有人曾告诉一位居民领袖，如果那样的话，她就会“被地狱的烈火焚烧”。建筑师们像矮脚鸡一样争来斗去。

遗址重建的第一个正式方案在2002年7月公开亮相，是由令人尊敬的贝尔·布林德尔·贝利公司（Beyer Blinder Belle）来设计的。该公司最近对于纽约中央火车站的改造工程广受赞誉。他们制作出了6套备选的总体规划设计方案，展示了一定数量的办公场地、其他商业用途空间以及用于纪念的公共空间和场地是如何在遗址上被安置的。他们是按照曼哈顿下城发展公司、纽约和新泽西港务局所提要求来设计的，而且完全没有假装说单靠他们的研究就足以纪念“9·11”了。目前看来，他们的规划比较合理，而且他们的很多想法最终也都在在建的规划布局上再次出现了，但是他们的设计表现出来的样子，是一些颜色发白的大楼毫无激情地组合在一起，单调乏味，毫无生气。媒体和公众对贝尔·布林德尔·贝利公司进行了严厉批评和连续打击，批评他们似乎故意没有对外宣布这其实不只是商业楼盘开发。《纽约时报》评论员认为这些建筑师是“庸才，庸才，庸才”，另外一位评论家称这些方案是“6个饼干模具般的失败方案”，而他们在这场猛烈攻击中并没有坚持很久。

后来出现了一个“创新设计研究”活动，在406个入围设计团队中
269 选择了7个来提出方案。其目的在于，贝尔·布林德尔·贝利公司的方案中所缺少的美感和意义，可以通过“创新型”建筑师组成的国际阵容得以展现，正如该活动的题目所显示的那样。当建造模型和支付员工时间的成本会升至数十万美元时，其他顾问由于在遗址的那些理论上说不那么重要的方面所做的工作也需要支付更多费用，而每个设计团队只获得了4万美元，这说明他们并没有把创新和意义看得那么重要。

这项调查研究本来就是很新颖但未必可行的，也许从中会涌现出大批好点子，并且可以从这些点子中选择最好的那些进一步扩展，进行下一步的工作。这不应该是一场竞赛，也不应该有获胜者。“这不是一场竞赛”，详细资料上这样写道。但是该活动的过程组织形式看起来非常像一场竞赛，而且如果7组踌躇满志的建筑师被放到一个隐形的竞技场，加上急于知道结果的媒体不断挑唆煽动，并且他们有望得到世界上最大的建筑项目，那么最不可能出现的情况，就是这些建筑师或者其他任何人会将此视为一个没有胜利者的展示和陈述环节。建筑师们努力争取媒体的支持，并且开始散布针对竞争对手的“黑色宣传”。

最终进入决赛的两个团队被要求将自己的想法进一步扩展：一家是叫“THINK”的财团，另外一家是丹尼尔·里伯斯金及其事务所。两家的设计都被官网评为“精彩，引人注目，意味深长”。里伯斯金，以及THINK公司的建筑师拉法埃尔·威尼奥利（Rafael Vinoly）和弗莱德·施瓦茨（Fred Schwartz）都参加了《奥普拉脱口秀》节目，谈论他们如何（用奥普拉的话说）“在恐怖袭击者想要造成虚无的地方创造灵感”。里伯斯金和团队宣称，THINK公司的方案要把两栋大楼重建为开放式的架构，里面建造一些小的部分，那看起来就像“骷髅”。里伯斯金
270 的对手则把他的作品称为“一个坑”，“迪士尼死亡乐园”，说它“令人吃

THINK公司为世贸中心所做方案,2002。最初被选为创新设计研究大赛冠军。世界文化中心远景。供图:THINK公司

惊地没有品位”，是“粗劣的庸俗之作”。后来组委会的人开会要在这个不是竞赛的过程中选择一位获胜者，他们选择了THINK公司。

但是，后来据里伯斯金所说，“在我们这一方，我们确实有爱德华·D.海因斯这样的人……城市中的传奇人物，人与人之间的连接器，认识上至州长的所有人”。海因斯是小说《虚荣的篝火》(*The Bonfire of the Vanities*，又名《夜都迷情》)中一个令人难忘的角色，辩护律师汤姆·吉利安(Tommy Killian)的原型，也是小说题献所致敬的人。他是里伯斯金的朋友和律师，也是帕塔基州长的朋友和以前的同学。海因斯给双方指出了他们在移民血统上的相似性，并具体指出他们都珍藏着一张小时候在干草堆前面摆姿势拍的照片。在关键时刻，海因斯提醒了帕塔基里伯斯金方案的优点。“这个项目将确定你给这个城市到底留下什么，”他对州长说，“就像你所做的其他事情一样。你要做你认为是正确的，你认为是最好的。”在委员会选择THINK公司后的第二天，帕塔基推翻了他们的决定，选择了里伯斯金。后者的方案，据他宣称，“是从悲剧中产生，但在民主中前行”。

丹尼尔·里伯斯金1946年出生于波兰，父辈是纳粹大屠杀的幸存者。他的家族搬迁至以色列，后来到了纽约，同昔日的移民一样，少年丹尼尔是坐船到达纽约的。他在学术界建立起了建筑设计的声望，因为他的设计是概念性的、难以建造的，而且这是有意为之的；实际上他的那些草图可能从传统意义上说根本不能被称为“设计”。他设计的第一座建筑是柏林的犹太人博物馆，它试图展现犹太人的生活融入城市发展的方式，以及让他们的生活变得四分五裂的暴力行为。该博物馆在2001年9月10日正式揭幕，里伯斯金和妻子尼娜都出席了。

里伯斯金的个人和职业经历，意味着他可以用令人信服的方式谈
272 论灾难、失去和重生。“我的文化和背景的一部分，是必须把那些邪恶的事情转化成一些东西，转化成希望”，他告诉奥普拉。这就是他为“归零地”(Ground Zero)所设计的主题，他称之为“回忆之基”(Memory Foundations)，并以艺术体书法作为装饰来展现。他“沉思了很多天”，在该项目的演讲中他说道，他思考的是一种

> 看似不可能的二分法。承认发生在这个地方的可怕的死亡，同时用希望展望未来，这看起来似乎是两个不可能结合在一起的时刻。我努力探索，希望能将这两种看起来矛盾的观点用出人意料的方式统一起来。

因此他建议，将阻挡哈德逊河的混凝土泥浆墙体永远地裸露，这些墙是为建造大楼而筑起的，而目前剩下的遗迹也就是这些了。墙体圈出了一个巨大的空间，一直延伸到基岩，里伯斯金建议，这里应该开放为一个用于缅怀的“安静、冥想和精神的空间”。这就是评论家称为“坑”的地方。对于里伯斯金来说，这些遗迹

> 承受了难以想象的毁灭的创伤，就像宪法一样用事实证明了民主的持久性和个人生活的价值。

这里将会建造一个“纪念事件的、充满回忆和希望的”博物馆，还会建设一个“英雄公园”和“光之楔”。后者是一个开放的空间，在那里，

> 每年9月11日，从早上8点46分（第一架飞机撞击的时间），到早上10点28分（第二座大厦倒塌的时间），太阳会照耀在那里，没有阴影，这是对利他主义和勇气的永久纪念。 273

在地上以及大楼的外墙上是凌厉的斜线，代表着痛苦，也代表着动态的新生活。办公楼上面有个螺旋构造，意在呼应自由女神像上的火炬，并一直上升到最高的大楼的顶端。这座大楼后来由州长帕塔基命名为“自由之塔”，它将是当时世界上最高的建筑，就像双子塔建成时也是当时最高的建筑一样。为了纪念《独立宣言》发布的日期，它的高度被定为1776英尺。大楼顶部将包括

> “世界花园”。为什么有花园？因为花园是对生活不变的肯定。

“胜利属于生活”：丹尼尔·里伯斯金为世贸中心遗址创作的总体方案。丹尼尔·里伯斯金的“回忆之基”。版权：阿基梅森

> 摩天大楼在以前建筑的基础上升起，重申着自由和美的突出地位，并将精神巅峰带回城市，它创造了一个标志，显示出我们在危险面前的生命力以及在灾难过后的乐观主义精神。
>
> 胜利属于生活。

但是这里有个问题。里伯斯金是由州长帕塔基选定，并由曼哈顿下城发展公司正式委托。但除此以外，还有一位选手，私营开发商拉里·希尔弗斯坦，他在2001年夏季买下了世贸大厦的租赁经营权，并要对大厦进行整修。租赁合同中有一个条款是，在无法知道即将发生的事情的情况下，他有权把几乎不可能发生的摧毁事件前双子塔里的1000万平方英尺办公场所和55万平方英尺零售场地全部重建。在双子塔被摧毁之前，希尔弗斯坦已经选好了负责整修的建筑师团队，即跨国公司斯基德莫尔—奥因斯—梅里尔事务所（Skidmore，Owings and Merrill，简称SOM），该公司自第二次世界大战开始就主导了美国的建筑行业。两年之后，他们仍然是希尔弗斯坦的建筑师。

正如作家菲利普·诺贝尔所指出的，希尔弗斯坦的租赁合同比双子塔的钢铁结构还要坚固，比任何愿景、渴望、平面图或者宣言书都更有影 275
响力。这份租赁合同没有提及灾难的重要性（何况起草合同的律师也对此一无所知），但它确定了比任何其他因素都更能决定重建活动性质的事实，它确定了新建大楼将包括非常大的办公空间。这种情况下，如果遗址有一部分要开放为纪念馆和公共空间，意味着需要建造非常高大的楼宇。这样大量的可出租建筑面积从都市的角度来说是否可取，似乎不存在讨论的可能性。甚至从商业发展角度来看也是这样：曼哈顿下城对于银行和金融企业来说是一个正在衰落的地段，而银行和金融企业正是他们所期望的承租人。有权势的人（哪怕上至美国总统）对于该地的关注，也不会导致什么差别。租赁合同是神圣不可侵犯的。哪怕有律师聪慧如莎翁笔下的鲍西亚，也无法撤销它。

如果遗址上需要包括高大的办公大楼，那聘用在此方面有经验的建筑师也是有道理的。根据他的一位助理人员所说，拉里·希尔弗斯坦曾对丹尼尔·里伯斯金说："祝贺，方案设计非常精彩。但是失礼了，我想让我的建筑师来设计单个的大楼。"因此，来自斯基德莫尔—奥因斯—梅里尔事务所的大卫·查尔兹开始与里伯斯金合作。这是一对奇怪的组合。查尔兹个子很高，行事冷静，文静的外表看起来像是拉丁语老师，要不是他那身传统的灰色西服告诉你情况并非如此的话；他还拥有在这个行业成功所必需的文雅的冷酷。里伯斯金个子较矮，容易狂热，一身黑衣，不打领带，头发向上竖立着，仿佛拥有多余的能量；由于其比较夸张的着装，比如说牛仔靴，让他在他那个名流显赫的时代变得非常出名。这样的组合无法持续，在经过不那么恰当的斗争后，查尔兹成了自由之塔的建筑师。希尔弗斯坦另外选择了三家建筑师团队来设计其他三栋大楼，包括福斯特设计公司、罗杰斯—斯特克—哈伯合伙事务所，以及日
276 本的桢文彦。

里伯斯金设想的动态旋涡被清理修正了，任何与自由女神像火炬的相似都变得非常危险，尤其是全部建设完成可能需要很多年（前提是如果真的能完成的话）。设计这些大楼的知名建筑师们（希尔弗斯坦贵公司的原话是，那些"重要的"建筑师们），不想把自己的设计置于从属地位，变成"回忆之基"所设想的完整规划中的一部分。相反，每座大楼都是奇特非凡、平衡对称、充满自信的，与周边的建筑无甚关联。通过利用一些标志性的技巧，每座大楼都打上了某个建筑设计师作品的标签。福斯特设计的大厦是水晶般的，罗杰斯的则有大大的X形撑条露在外面，他的事务所喜欢将建筑物内外翻转，这相当于是该特点比较温和的表现。桢文彦设计的楼则是极简主义的冷酷。自由之塔是共同设计的作品，尽管为了认可该塔的象征意义和重要性，查尔兹说该建筑的形式是受到华盛顿特区的乔治·华盛顿纪念碑的方尖碑启发。借助于塔顶尖状物的帮助，自由之塔的建成高度也将是1776英尺，这是里伯斯金想法的一丝空洞的残留。尽管该塔是他事业发展中最重要的作品，查尔兹却对其高度的神奇数字表示蔑视："1776英尺，不管价值何在，"他说道，"都没人去测量高度。"

尽管有那些天使、水晶穹顶、鹰和神奇数字，还有里伯斯金的雄辩口

才、州长和市长的演讲，但那一年斗争和辩论最引人注目的结果，是一排玻璃制的大厦，里面都是商业办公场所，正如坚定不移的租赁合同所一直判定的那样。只除了一点，里面并不都是商用的。在2008年后这么具有挑战性的市场下，没有哪个疯狂的开发商会在这个地点投机建造这么大的办公空间。况且建设成本也会非常高，因为楼的高度太高，而且需要提供大量安全措施来缓解未来在这里办公的人员合理的恐惧，否则他 277
们看到飞机飞过就会吓得退缩。据《华尔街日报》报道，自由之塔的建设花费38亿美元，是迄今美国历史上最昂贵的办公楼。根据查尔兹的看法，从商业角度来讲，这座塔的选址是错误的：如果能尽可能地靠近公共交通，靠近华尔街，会更好，而且它所在的位置地面情况糟糕，建设起来更加困难。自由之塔之所以建在这里，是因为里伯斯金的规划里说了应该在这里，因为这里是承载人们感情的地方，人们觉得对“回忆之基”表现出一点残留的（而且成本极高的）尊重也是非常重要的。

由于这些商业大楼并不真的是商业化的，所以需要公共资金支持。罗杰斯和桢文彦的大楼是由港务局出资赞助的，因此降低了希尔弗斯坦的风险。至于自由之塔，希尔弗斯坦认为风险太大，根本无法建造，这就需要港务局全盘接收过来，通过公共资金支付建设成本，希望而非要求这笔投资有一天可以获得回报。最终，差额部分将由港务局通过提高桥梁和隧道收费来弥补一部分。当出版商康泰纳仕集团（Condé Nast）预订了三分之一的建筑面积时，出租面积仍然不到实现盈亏平衡所需要的面积的一半。“换句话说，”《纽约时报》说道，“一家出版针对有钱人士的高端杂志的公司，在可预见的未来将得到政府的大量补贴。”地位低下的桥梁和隧道使用者会接盘负担这笔费用。

这样一来，就有四栋大楼将是政府资助的办公楼。可能有人想，办公大楼应该能自力更生，自己支撑其商业运营，但是人们感觉有必要赞助这些大楼，因为大家觉得有必要建造一些东西，一些庞大的楼宇。早期那些印有五栋大楼形成一个拳头辱骂恐怖分子的T恤，表达了一种永远不会消失的情感。“不要忘记‘9·11’。拖延意味着被打败”，当事情 279
停滞不前的时候，建筑工人游行时所举的标语牌上这样写道。

世贸中心遗址重建方案，建筑（从左至右）设计师分别为：SOM事务所大卫·查尔兹，福斯特设计公司，罗杰斯—斯特克—哈伯合伙事务所，桢文彦。底部为迈克尔·阿拉德和彼得·沃克设计的“9·11”纪念喷泉和广场；福斯特和罗杰斯设计的大厦之间可以看到圣地亚哥·卡拉特拉瓦设计的交通枢纽。世贸中心供图：希尔弗斯坦地产公司/dbox

只有真正大型的摩天大楼，才会传递出蔑视的正确信息，哪怕需要十多年时间来完成，而届时奥萨马·本·拉登将已死亡，到底哪些坏人才是演说中所提的针对目标，他们是否在关注，可能也不会彻底弄明白，除非再策划一次新的袭击。这些大厦将成为办公大楼，但同时也是象征，即使他们的象征意义会逐渐消失：为了减轻其重要性对未来租户造成的沉重压力，自由之塔被重新命名为世贸中心一号大楼。

尽管曾有成千上万个想法，尽管经过了多年的辩论，一些基本问题并没有得到积极的探索。例如，为什么要试图建成世界上最高的楼？迪拜的哈利法塔高2717英尺，比1776英尺高了50%，不费吹灰之力就将之前的尝试超越了。极高的高度增加了被袭击的风险，意味着要花大钱来预防结构倒塌和飞溅的玻璃，以及帮助紧急逃生。

在大厦的地基部分，该项目的矛盾集中在了涂层材料上。由于所在的位置及其刺激的高度，世贸中心一号大楼很容易成为目标。对于未来的恐怖分子来说，还有什么能比再次把一切都毁灭（或者至少造成一些破坏）更好呢？大楼底端180英尺的部分，在大多数商业大楼中会变成赚钱行业的场地，但在这座大楼中只有高度惊人的中庭里的电梯竖井，由厚厚的混凝土覆盖，留有很小的开口，此外别无他物。这么做的目的，是为了在诸如汽车炸弹在外面爆炸的时候，将对生命的危险最小化。但是如果暴露在外部的话，混凝土墙体，对于之前以自由命名的大楼来说，就不是最好的形象了（特别是为了纪念其象征意义，它还要对公众开放，而公众从楼顶可以欣赏到那必然壮观无比的景色）。它必须热情亲民， 280
同时牢不可破。因此有人建议在混凝土墙体外覆上一层特殊的晶质玻璃，这样可以掩饰大厦的极度厚实，在爆炸发生时破碎的玻璃也不会造成伤害，就像汽车的挡风玻璃一样。这种玻璃原本是由一家中国厂家生产，但后来发现它们无法按照预期来交付产品，因此建筑师们不得不想出了一种替代方法，即使大楼的结构已经从有问题的地基上拔地而起了。

这里曾经叫作无线电街，接着是世贸中心，然后是归零地，现在又回到世贸中心。这里不仅新建了摩天大楼，还将有一座火车站，服务于几条贯穿此处的地下线路，它采用的是壮观的飞翼型屋顶，带有可移动部分。火车站由圣地亚哥·卡拉特拉瓦设计，他出生于西班牙的瓦伦西亚，活跃于苏黎世，擅长为各类交通设施设计惊艳的尖形顶部结构。这座火车站也必须承载一部分象征性意义，因此选定由卡拉特拉瓦进行设计，想必也是因此，预算才能飙升到令人难以置信的40亿美元。屋顶被设想成从一个孩子手中飞起的鸽子的形状，尽管如果不过多谈论意义的话，它其实看起来更像一只刺猬。

场地中包括了55万平方英尺的购物区，建造方还设想过在此前被称作“自由之塔”的大厦与福斯特尚未动工的晶质玻璃竖井之间，建设一座表演艺术中心，由弗兰克·盖里设计。但除了这些大厦，最具重要意义的部分当属一个占地八英亩的露天广场了，那里种有415棵树，还有两个大小均为一英亩的方形孔洞，正是倒塌的双塔基坑所在位置，在每个孔洞中都有大量的水瀑沿400英尺长的边缘不断流下，汇聚到下方30
281 英尺处的平面，之后再向下流动30英尺到达更小的一些方形区域。环绕这两个广场的铜质镶板上，镌刻着“9·11”事件、归零地、五角大楼、93号航班以及1993年世贸中心炸弹袭击案的死难者姓名。喷泉和广场一同组成了对“9·11”事件的官方纪念物，它们由迈克尔·阿拉德和彼得·沃克共同设计，旨在打造一个既能缅怀过去又能畅想未来的空间。“你走过那些树，”沃克介绍说，“这些瀑布突然出现在你下方。然后你回过头来，发现自己置身于森林之中，而森林象征着生命。”广场的下方是一个展览空间为10万平方米的博物馆，展出了遇难者的照片、个人物品、家人的追忆以及现场的一些遗物，比如消防车的碎片、扭曲的金属、原有建筑中看起来像基督教十字架的一个铁制部件等。

随着里伯斯金的感性设计理念不再占据上风，大厦、纪念馆、广场和车站都被布置在了传统的矩形网格地块之内。它是一处普通的商用/民用综合体，由玻璃和绿色植物组成，与此前贝尔·布林德尔·贝利公司招致各方批评的方案并无本质不同，唯一的区别就在于每个部分都更庞大、更昂贵、更耗时。其中由福斯特设计的高度第二的大厦，建成之后将高过帝国大厦。瀑布的总长度为1/3英里。博物馆的展览空间与伦敦泰

世贸中心“9 · 11”国家纪念馆，由迈克尔 · 阿拉德和彼得 · 沃克设计，2011。版权：约翰 · 希克斯/科比斯图片社

特现代艺术馆不包括涡轮厅在内的面积持平。场地中的每一处在构思时似乎都面临着一种恐惧——设计得再高再大，都不足以纪念“9·11”事件。而同时，各个组成部分之间又缺乏交流或统一。纪念馆并没有提示在其下方有一个博物馆。每栋摩天大楼只是知名设计师们在自说自话，展现个人风格，这令人联想起通天塔的传说。卡拉特拉瓦的车站也只是自成体系。

2004年，菲利普·诺贝尔曾在文章中写道：“恐怖袭击才过去仅仅10
283 个月，对重建规划的所有限定条件都已成型。在政治层面唯一可以接受的解决方案，早在2002年夏天就已经浮出水面。这个场地将被重新建设成一个人流密集的多功能商业购物中心，其中包括一个采用折中方案的巨大纪念馆。”五年之后，当建筑结构拔地而起的时候，他的这一论断也得到了证实。

这一切原本可以做得更好。如果没有租约的粗暴干涉，办公区域将会缩小，将有更多的生活空间，呈现出更丰富的样貌，与周围的街区更为统一。规划场地时将更多考虑与周边环境的融合，而不是延续山崎实的作品给大家留下的孤立一隅的感觉。如果没有租约，没有对高度的痴迷，可能不会有除了炫耀以外毫无其他意义的摩天大楼，也不再需要那么高的安保级别。人们不会想设计出那么引人注目的火车站，仿佛这样一个交通设施比其他建筑更具追思和鼓舞意义。赚钱的机会依旧很多，但相互之间的关系可以更丰富、更细致、更令人愉悦。

由庞大的公共支出来负担一座私人开发商的办公楼，这种荒唐事本可以避免，摩天大楼和车站本可以不必承担昂贵沉重的纪念职能。人们本应将重点放在如何尽可能地为在曼哈顿生活和工作的人创造一个舒适的空间。追忆纪念本应是博物馆和纪念馆的功能。可以采用水的元素、树的元素、镌刻的姓名以及对双子塔曾经足迹的呈现，但应当采取更具亲和力的方式，而不是用不可思议的水流量让人感觉无休止的震惊和敬畏。

或许正如很多人所说，他们更希望只是还原山崎实的大楼，只是采取必要措施防止它们再次轻易倒塌。这样至少更令人信服，更少些

误解。 284

世贸中心的五十年历史是运用希望和滥用希望的历史，也记录了它们如何调动成百上千吨建筑材料、成千上万名建筑工人以及数十亿美元为己所用。从一开始便存在着希望这一上层建筑、商业和权力这一物质基础，以及两者之间的纠缠不清。山崎实的理想主义掩盖了港务局的金融野心，但到头来没有骗过任何人。希望，较之前更多的治愈的希望、复兴的希望、重建的希望，是“9・11”之后的原动力，或者至少看起来如此。但重要的决定由金钱做出：很奇怪但又很普遍，由私人资本决定，但背后是大额追加的公共资本。在这场闹剧（或者说游戏）之中，里伯斯金代表着希望，而查尔兹代表金钱。里伯斯金在奥普拉的脱口秀中露面，登上新闻头条，发表激动人心的演讲，让杂志刊载介绍他那有趣的生活；查尔兹自始至终保持低调，但设计大厦的却也是他。

这场游戏，由于里伯斯金设想建筑应当具备意义而变得简单。为了做到这一点，他们可以采用神奇的数字（比如1776），可以使用螺旋和切割线条等形状，也可以采用看上去如同泥浆墙外露的效果。这些不过是修辞手法。他们将建筑群设想成了一次演讲，可以毫不费力地将它们连接一处或者分离开来，这也意味着其他人可以和里伯斯金玩同样的游戏。查尔兹可以宣称他的大楼就如同乔治・华盛顿纪念碑，卡拉特拉瓦可以认为他设计的屋顶就像一只鸽子，并且没有人会认为这些形象不如“里伯斯金的螺旋形建筑看起来像自由女神的火炬”这一概念那么有根有据。原名“自由之塔”的大厦可以保留它那意义深远的英尺数，所有参与者也可以假装认定，一个极其重要的愿望已经得到保护。

或许看上去里伯斯金是好人，站在希望一侧，而查尔兹站在黑暗一侧，代表金钱。事实上，也许他们都曾真心实意想正确地设计这个场地，在这个结果上不谋而合。里伯斯金的修辞和幻想为SOM事务所的方案得 285
以采纳扫清了障碍。他们都没有触碰到困难的中央地带，在这里无法让一切折中妥协而变得索然无味，这里差异明显却又富有创造性。当需要对世贸中心做出重大决策时，决定这里未来真正样貌的，是以下一些问题的答案：

> 各个组成部分之间如何互相联系？
>
> 例如，如何从纪念碑过渡到办公大厅，从博物馆过渡到购物广场？
>
> 它们如何与周围的街道和街区相联系？
>
> 从街道、大堂或地下空间看去，它会呈现出怎样的真实面貌：会让人觉得它是纽约的一部分，还是其他地方到处可见的建筑？
>
> 采用玻璃、钢铁、石头、混凝土或者其他任何材料的理由是什么？
>
> 这个空间的体量如何：为什么每一部分都很庞大？当它如此庞大时，一个人类个体与这个整体的关系如何？

这些问题并未完全被忽视。景观设计师彼得·沃克在其设计中考虑了其中的一部分，最终形成了一个树木覆盖、纪念性瀑布流淌的广场。贝尔·布林德尔·贝利、丹尼尔·里伯斯金和大卫·查尔兹都提议恢复被山崎实打乱的曼哈顿棋盘式街道，每一位认同当代城市规划理论的建筑师都会这样提议，因为这将有利于整合与“渗透”。但其中的细节并未得到考虑。在对归零地的所有设想中，几乎没有人展示过人们所真实生活的街道和地面该是什么样子。仅剩的一点含混的空间，也被不假思
286 索地用各种材料填满：玻璃、不锈钢和石头，以及高级别的维护、管理、控制和监测。

中央困难地带，因为难度大而被忽视了。政客的演讲和报刊的社论，都不会提及采用了什么材料、确定了什么体量或者空间之间有什么关联。它被忽视的另一个原因，或许是它妨碍了那些最为重大也是较少讨论的决策。举例来说，如果人们将注意力全部集中在大楼的高度以及保安措施的成本和效果上，那么很可能有人会问，为什么要建这么高的办公楼，接下来就会质疑是否需要这么多办公空间。或者，如果人们充分讨论了这一场地是否要与曼哈顿的其他地方更为一致（曼哈顿这个地方，作为一个生活和工作的场所，体量有大有小，兼具平易近人与宏伟壮丽，对设立哪些店铺或街头发生什么都保持一定程度的惊奇或开放态度），如果对这个问题追根问底，就会暴露1000万平方英尺空间背后的逻辑（或逻辑的缺失）。被这么多人如此激烈辩论的场地并不多，而那些最

根本的，将决定这个空间究竟会如何呈现的决策，反倒没招致什么质疑就得到了通过。

当大楼倒塌时，语言中出现了一些奇怪的现象。遇难者变成了“英雄”，“自由”一词被赋予了一种特别的形容词用法，几乎成了“美国的”近义词。一场“反恐战争”宣布打响，尽管战争往往是针对国家和民族，而不是某个抽象名词。一个“邪恶轴心”被发掘了出来，它连接起了互相仇视的国家（伊朗和伊拉克），认定它们是同盟国家。“归零地”（Ground Zero）一词，原本被用于美国袭击广岛和长崎时数量更为惊人的遇难者，现在被挪用并改变了词义之后，用于形容美国的遇难者。无论“9·11”事件有多恐怖，都无法取代1945年8月的惨痛经历。 287

一些人注意到了词义的反转如何帮助政界粉饰破绽百出的行动理由，比如入侵伊拉克。“自由”和“英雄”这类词汇也适用于重建的努力，如果建筑效果不如军事效果那么极端，也仍然会有与现实的脱节。这导致那些靠不住的逻辑能够故作姿态，也导致了对现实情况的错误把握。

无论是山崎实的和平之塔，明尼苏达州护士瓦格茨格杰尔德和俄勒冈州家具设计师的纪念碑，还是里伯斯金的魔幻螺旋以及卡拉特拉瓦“所谓的”（soi disant）鸽子，都有着相同的内容。首先是宇宙的，或者至少是非常巨大的，然后是小我的。在和谐统一/抽象概念/整个宇宙之中，存在着个体的创作者，他/她独特的生活经历和天赋使他/她成为最有可能实现这些理想的那个人。而在这两极之间，有众多的内容被忽视了：相遇、冲突、决心、不安、惊讶、事件和生活。

所有被忽略的这些可被概括为“分歧”（friction）。它们——从未被解决过的利益和欲望的叠加、交叉、冲突与合作——构成了城市，是城市作为物质和精神财富来源的理由。你的生活中不可能缺少分歧，这从机械、生物、社会、文化、经济、情欲等角度来看都是真理。希望存在于分歧之中。

而被粉饰的希望否认这一点。山崎实的大楼设计、瓦格茨格杰尔德护士的穹顶和大卫·查尔兹的方尖碑，都有着光滑的表面，在理想情况下不接触周围事物。因为以希望的名义来追求幻觉和幻想会轻松得多。
但权力运作时也希望避免分歧，或加以隐藏和取代：山崎实抽象的希望
288 帮助港务局取缔了无线电街，那里便是一片分歧之地。通过清理困难的
中央地带以迎接更美好的未来，这些项目所带来的结果（这里要先对巴
289 拉克·奥巴马说声抱歉）或许可被称为对“希望”的巧取豪夺。

第八章　永恒被高估了

这个标题要强调的并非无望，而是对现在的一种赞赏，涉及时间和空间，以及未来的发展。它也肯定了一种对超越了梦幻的现实（它们模糊、陌生而充满变数）的信念，更是对一种不惧繁杂和阻碍的意愿的称许。

也许曼哈顿的另外一座公共建筑就是一个例子。它与世界贸易中心同期建成，但是花费更小，当时也没有引起公众的过多瞩目，却产生了更大的影响。这就是纽约高线公园（The High Line），它位于曼哈顿西区，顾名思义就是沿着曼哈顿主要的货物运输渠道（这条运输线路始建于20世纪30年代，但是20世纪80年代之后就废弃了）建造的一个地势较高的线状公园。

这是一件冲突的产物，它诞生于工业与享乐的碰撞，但又显得平和安宁。不久之前，纽约的公共地区素来以冲突闻名，充斥着潜在的抑或真实而更加糟糕的暴力因素。不同身份、不同种族的人之间争斗不休。高线公园更像是一片海滩，人们在这里漫步徜徉、沐浴阳光、划桨泛舟、相互留影，彼此之间大都体贴关怀、彬彬有礼地在这条窄道上相互谦让。但是，他们并不仅仅是信步游玩：他们对彼此都保留着一份警觉，留心着身边的人和事。他们观察着，同时被人注视，也知道他们正被注视着。人们穿着随意，却优雅地漫步在这古老的高架桥上。

此情此景也许在地面上、在步行街上也能看到，但是高线公园真正
有趣的就是它的景观。你可以看到曾经只有在货车上才看得到的景色， 290
你可以看到所有建筑的背面，可以从完全不同的角度看到那些平日里已

经很熟悉的地标建筑，也可以在傍晚时分看到在岛上的某处或者在地面上某处被那些建筑所遮挡住的阴影。位于三四层的办公室，因为既不接地也不连天，通常都是纽约最无趣的楼层，现在也有了新的地位。背面成了正面，地平面也被抬高了。因为你高了几层，你就像出了这座城市，好像进入了某个新手的天堂，但是又被推了回去。那些以前熟悉的街区，现在却在二三十英尺高的地方交错贯通。

高线公园的成功，还在于它把冷冰冰的工业场所变成了游乐园。公园中的植被看似随意、松散、弱不禁风，就像铁道废弃之后横亘在路边的一丛丛野草。这里没有树木和修整的草坪，只有一些微景观，比如湿地、苔藓、草地，全部按照“植筑学”(agritecture，由 architecture 和 agriculture 杂糅而成的一个新词)的逻辑安排。四处流水错落有致，沿路盘桓，看似随意，缓缓渗开，汩汩流动，而非是成型的泉涌。铁道和枕木的残骸半没入植被和石路。你不会忘记这是什么，但你也知道这有些不同。

蜿蜒的石路形态简朴，在高线公园绵延了 1.45 英里长，道路交错盘桓，宽宽窄窄像一条溪流，有的地方被植被淹没，有的地方则显露出来。在有的地方，石路会高出地面，以安放公园中的长椅；这些路四处延伸，向着城市，向着植被，向着其他人们，与哈德逊河大致形成了一条平行线。它们会绕过圆形的大石块，这些石块沿着高架桥排成一列，时而又跨越而过，抑或延伸到纽约标准酒店客房的玻璃窗，在那里入住的客人
291 总会抱怨这使他们春光大泄，因此人们常看到如下的隐晦告示：

> 如果窗帘大开，请注意我们客房的透明窗，也许您房内的行为正被路边的人所注视着。非常感谢您尊重高线公园的游客以及周边邻里。

高线公园之所以成为可能，绝不只是因为其设计。它是依靠着对发展创新的权衡，以及对其精巧水路系统和看似随意的植被进行维护的适当举措，才成为可能。它也要感谢彼得·奥布勒兹(Peter Obletz)——一名舞团经理，同时也是一名资产顾问和一名铁路狂热者。他喜欢穿着一

件时髦的蓝丝绒夹克和一双马鞍鞋，在68吨的铂尔曼古董餐车（Pullman dining carriage）上举办丰盛的晚宴，并且一直关注着高线。他于1984年在法律文书中找到一个漏洞，用10美元买下了这条线路，此后又倾其所有跟那些谋划着从高线的消失中获利的地产商打官司。最终他没能赢，并于1996年去世，享年五十岁。但是他延迟了拆迁的时间，并且激发了他人去拯救这条线路以作公用。

最后赢了的人，是纽约城市规划部门主管阿曼达·博顿（Amanda Burden）。就像杂志中介绍的那样，她不同寻常，既是社会名流，又是市政官员。她是标准石油公司的财产继承人的女儿，也频频登上“国际最佳着装榜”（International Best Dressed List），而且还写了一篇关于“固定废物处理”这个乏味主题的硕士论文。对她来说，高线公园会成为“一个天空魔幻花园……我知道这个令人不可思议的城市基础设施，会成为一个新社区的最大亮点”。在纽约，这样的社区工程也是一个社会工 292
程：名流和演员们纷纷表示支持，赞助商慷慨解囊，人们看到了钱滚钱的利润，政客们的巧舌也派上了用场。人们请来了景观建造师詹姆斯·科纳，庭院设计师派特·欧多夫和纽约Diller Scofidio + Renfro建筑公司，随后公园诞生了。

高线公园也不是无可挑剔的。它的那份轻松只能得益于十六项禁令（包括禁烟，指定区域饮酒，未经许可不得组织20人以上的聚会），这些禁令就贴在公园入口。它可以看作是，被诸如纽约标准酒店这样聪明、精巧、别出心裁的精品酒店所占据的一个公共领域。至于纽约标准酒店是高线公园的附属物，还是后者是前者休息厅的延续，人们对此尚无定论。高线公园的成功在于曼哈顿高地的价值，以及高线的一系列运营，包括那些售卖高线品牌的香水商店和纪念品商店。再一次，它成了一个之前不对公众开放，但如今人们可以自由进出的地方。

高线公园是一件带有不同时期印记的作品。它有旧铁路的历史沧桑，它的兴盛、废弃到重新利用，是纽约工业时代的一部分。在这里，植被生长荣枯、周而复始、四季更迭。这里月复一月、日复一日上演着光影变幻、气候变化。人们在这里活动，故意放慢了脚步，比在附近慢跑和在

纽约高线公园，由詹姆斯·科纳景观事务所、Diller Scofidio + Renfro建筑公司与派特·欧多夫设计，2009。版权：罗恩·穆尔

哈德逊河边骑车游河更休闲、更缓慢。这里有高线公园自己的发展，每个阶段的建设，公园的成功也使得新的建筑和新的餐馆应运而生，周围环境也因之产生了变化。

没有建筑物，这些东西中的大部分也会存在，但是建造空间会抑制抑或是提升它们。那些和彼得·奥布勒兹争抢的开发商想要除掉这个古老的建筑，以一些办公楼和公寓取而代之。空调调控了气候。现在的 294
生活是由不同材料构成，它存在于旧的混凝土和新的石材的差异之中，而这种生活本应是在无所不在的玻璃中被磨平顺的。所有窗外的景物和景观本应是千篇一律的，现在每年两百万游客所感受到的公园的乐趣本应是不存在的。

当然，所有的建筑都是应时代而生的。“建筑/建造中”(building)一词预示着事物的前进而非结束。因此我们不说“建成物”(builts)。问题是，是时间解放了建筑物，还是建筑物抑制了时间。

高线公园对时间的开放性是少有的。 通常来说，建筑物，尤其是在辉煌一时过后，都是渴望永生的。把一幢建筑物形容为“永恒的”，这是一种称赞。确实，建筑物的寿命超过了人类本身，因此它们可以连接不同世代，而这就是建筑物的特殊力量。固定、持久、超越现在，就是建筑物的特性。

但是，也有可能这种永恒被高估了，也有可能这些过多的价值是建筑物借自墓碑或者庙宇的不朽。不管是在历史书籍中，还是在那些被人们最为称颂的当代建筑物中，人们往往偏好完整无缺、不经改变、独善其身的纪念物。最明显的就是，当一幢建筑物有了古老庙宇的砖石和圆柱，人们就忽视了那些旨在精益求精的现代主义的杰作了。但也有一开始就标榜活力和改变的建筑，到头来却一成不变甚至拒绝改变。

建筑物比其建造者留存时间更久，我们生活的城市也被逝去者创造的建筑物所包围，因此，建筑物总是跟此生和永恒有着千丝万缕的关系。
我们都不愿意死去，对于建筑师和客户来说，建筑物的魅力之一，就在于 295
可以留下某种永久的东西：美国建筑师菲利普·约翰逊说过，所有的建筑师都想得到永生。他自己就做了一个很好的例子，要活到九十八岁。

第一位有名字记载的建筑师发明了世界上最经久不衰的用以纪念死亡的形式。公元前27世纪，伊姆贺特普（Imhotep）突发奇想，用逐渐减小的石桌形状的石块堆砌石室墓室，而直到当时，传统的形式依然是土堆状墓室。这就形成了第一座金字塔，也就是塞加拉（Saqqara）的阶梯金字塔，法老左塞尔（Pharaoh Zozer）就长眠于这座金字塔中。后来的设计改善了原型，用线条笔直的三角形替换了阶梯造型。伊姆贺特普也因为他的创新设计被尊为神——等级高于现在被授予英国杰出建筑师的骑士和贵族封号——并因此永垂不朽。

1879年，在摩拉维亚的布尔诺（Brno），八岁的阿道夫·路斯失去了他的父亲老阿道夫·路斯（Adolf Loos Senior）。老阿道夫·路斯是一位建造墓碑、纪念碑和进行建筑装饰的石匠和雕刻家，他给儿子留下了在工作室玩耍的快乐回忆，以及一个他最终会从其身边逃离的可怕母亲。就像成年路斯所写的那样：

> 建筑中只有一个微小的部分属于艺术：坟墓和墓碑。其他每一件一旦完成了，自己的功能就会被艺术的领域排除在外。

而后，在同一篇文章中他写道，

> 当我们在树林中遇到一座坟墓，6英尺长，3英尺宽，用铲子建成一个金字塔形状，我们就会变得严肃起来，因为我们心中有个声音：有人长眠于此。这就是建筑。

296 而他自己的墓碑，按他的定义是他最重要的建筑作品，仅仅是一块放置在低矮底座上的平实石块，其中一面潦草地写着他自己的名字。

伊姆贺特普和路斯之间相差五千年，而西方建筑正是成形于这五千年。西方建筑最显著和最著名的地标建筑，有时就是坟墓和纪念碑，也常会是庙宇或者教堂，这些都是与永恒和不朽相关的。信仰也随之出

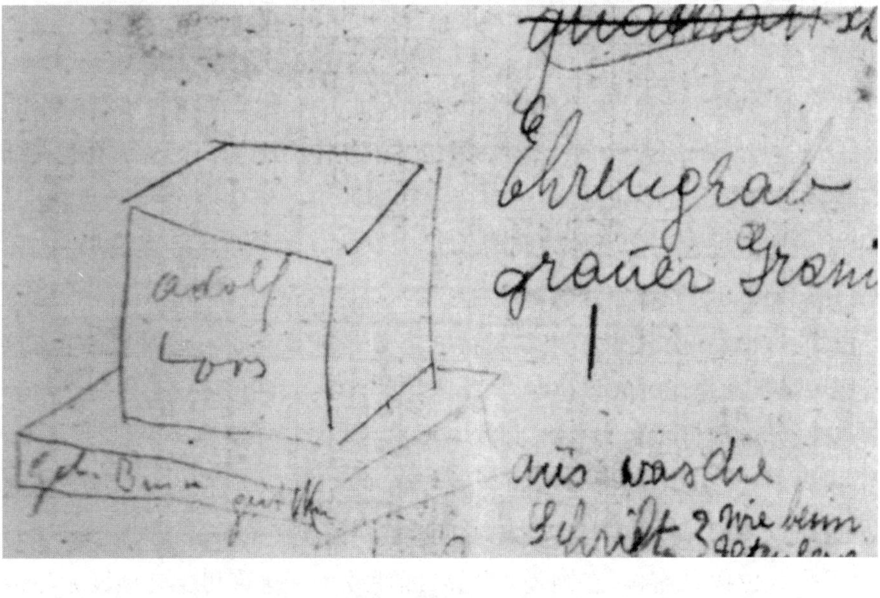

上图：左塞尔金字塔，塞加拉，由伊姆贺特普设计，公元前27世纪。版权：罗恩·穆尔

下图：阿道夫·路斯为自己设计的墓地草图。来自个人作品集

现，永恒的建筑就是所有建筑物所渴求的最高形式。即使是生者所住的空间——房屋、议会，有时是商店——都会被赋予死亡的形式。

伊姆贺特普的金字塔和路斯的墓碑，都在它们的形体中融入了永恒建筑的种种属性，而这些属性是被人们每日效仿的。尽管这些建筑很简单，它们却有直到现在建筑师都会珍视的属性。它们是石质的、永恒的、固态的，你在外部可以看到的物质，也是支撑建筑物的物质。它们完美地一成不变。它们散落、聚合、固定在那儿；是你能从任何角度注视的东西。它们整齐划一，它们错落有致，它们完整无缺，它们就是永恒的形式。

永恒的建筑物更倾向于是对称的。建筑物的对称经常被认为是基于人的脸部和身体的对称，但是活着的人几乎总是因为动作或表情而面部或肢体扭曲。你很难看到人体的完美对称，除非是在祷告或者下葬的时候；你也很难看到人脸部的完美对称，除非是戴着死者才有的面具。坟墓通常是几何体、圆柱体或者锥体。它很有可能是独立的，被边墙所圈定，放置时从每一边看都是无遮挡的。

死亡的建筑物旨在体现完满（completion）。通常都是用经久耐用的材料，其设计师经常会寻求一种各方面和整体的平衡，以达到精确和细
298 节的完美：建筑的完美在一些有特定功能要求的结构中反而能达到，其中的居住者也没有多少麻烦可寻。最常见的就是承重柱和梁，或者砌体墙（其结构和表面都一致）。尽管比起另一层含义，更多人相信死亡是更伟大的生命新起点，但结果和解决方案还是被找到了。通常，墓葬建筑想要做的，就是让时间停止。

同样的属性也可以在古典庙宇那里找到，尤其是帕台农神殿，经常被认为不仅是同一类型建筑的终极典范，也堪称所有建筑的典范。根据一位作家所言，它是“所有已发现的建筑中体现美的最完美的典范”，而对于另一位作家而言，它则是“世界目前所知的，建筑和雕刻领域无与伦比的成功范例”。勒·柯布西耶称它为“建筑的决定性时刻……大脑纯创造性的巅峰……一件完美的作品，一件充满灵性的作品”。

它有对称性，是几何体，有正面或轴向结构，体积庞大，经久不衰，是

PARTHENON.

ARCHITECTURE

III

PURE CREATION OF THE MIND

勒·柯布西耶所著《走向新建筑》(1923)中的一页，展现的是帕台农神殿。第231页复印件。

石质构造，有承重柱和梁，筑造事物和地点分离，边界和门槛分明，集合了重复性、一致性、操控性和完美性。至少现在它呈现出的状态是独立、自立、成型。它有着我们现在所认为的古典建筑应有的样子，这种样子体现于近几个世纪的房屋、法庭、画廊、国会、教堂和银行之中。

坟墓的对立面看似是“透明物体”（the crystal），它让建筑师们着迷了至少一个世纪。它有光亮，而不是黑暗的；是轻盈而不是沉重的。建筑师用它来代表对未来的期望，而不是对过去的缅怀，然而它跟古老的金字塔和庙宇相比，却有比你期望的更多相似之处。

1919年，柏林建筑师布鲁诺·陶特（Bruno Taut）出版了《阿尔卑斯建筑》（*Alpine Architecture*），书中刊载了他1917年秋季和1918年夏季所
300 绘的一系列想象画。封面上他写道：

> 建造是必要的，而生活不是必要的。*

这句有些极端的座右铭，也许就是不少建筑师的秘密信仰，但却很少有人承认。他的绘画，有些泼上了耀眼的粉色和橙色，展示出了一个被第一次世界大战的恐惧笼罩的新世界，在其中，城市被遗弃，人们再一次生活在自然之中。陶特宣称：

> **伟大的是自然，**
> 永恒的魅力，永恒的创造，在大山中，也在原子中，
> **让我们在自然中创造，携自然创造，让我们为自然润色！**

瑞士阿尔卑斯山会是这个新秩序的起点和精神中心，在那里，透明建筑会在大山中建造。维特霍恩山峰海拔3707米，它将被山顶的一个玻璃球体进一步提升；其他山峰可以通过冠状的玻璃拱桥到达，人们可以

* 原文为法语：aedificare necesse est ... vivere non est necesse (to build is necessary, to live not necessary).——译注

集聚在露台上看飞机和飞船的航空展示，欣赏灯光和水柱表演。玻璃花瓣，层层摆开，环绕在长圆形的湖边，这样飞机或是飞船驾驶员就可以向下看到盛开的巨大花朵。环形地带会被成簇的长钉围起来，透过它们，巨大的投射光影会舞动起来。

最重要的是水晶屋，一座类似教堂的建筑，完全是用有色玻璃建造的，在这个地方雪永远不会融化。这里人们不能讲话，也不会有一点宗教仪式的氛围。这里只会有静谧，偶尔听到的“动听的管弦乐和风琴乐曲”，这幢壮丽的建筑，以及更加壮丽的景观。 301

陶特的计划没有止于阿尔卑斯山。他想象过点燃安第斯山脉和密克罗尼西亚（Micronesia），创造“星光建筑”（Star Building）——太空中的教堂。他承认这实现起来不会很容易——“花费太高，牺牲太大！”——但是他的渴望调动了战争意在摧毁的资源，并且把它们变成了和平和美好。他受到了“欧洲人民”的欢迎，因为他

> 带走了纷争、冲突和战争……说服大众结合成一股巨大的力量，满足了每一个人，从最渺小的到最伟大的。这是一项需要勇气、能量和巨大牺牲的事业，需要数十亿人的勇气、力量和鲜血。

托马斯·曼在其著作《魔山》中，把瑞士阿尔卑斯群山描绘成了将被战争清洗的衰弱大陆的缩影。陶特则将它们看作一个被无聊和战争毁灭的欧洲，在那里可以找到重生。他想把它们建成世界的中心，没有国界，没有冲突和政治，也没有资产阶级。他谴责战争是“纯粹让人厌恶的东西”，1917年他在给妻子的书信中写道：

> 厌倦是所有邪恶的根源。我们今天没有陷入厌倦中去吗？整个世界关注的是什么呢？吃、喝、刀、叉、火车、桥梁等。会有什么样的结果？

相信“玻璃救世”这一理念的，并非只有陶特一人。1914年，诗人、小说家保罗·希尔巴特就已经宣称过玻璃建筑会“把我们的文化引向

更高的层次”。1918年，一位陶特的同行，建筑师阿道夫·贝恩认为，玻璃构造会不舒适，这个方面“还不是它最大的弱点，首先，欧洲人因为舒适必须被折磨”。后来，人们对玻璃建筑物习以为常了，人们经常怨声载
302 道，要不太冷，要不就太热。很少有人意识到，至少对有些建筑师来说，这些缺点就是有意为之的。

如果玻璃建筑超出了政治和国家的范畴，无关乎人们的瞩目，那么它也能跨越时间。一旦投入了建造的巨大努力，它就会长久地屹立于冰雪中。陶特在山中找到了一片净土，与历史和记忆的藩篱（城市）了无瓜葛。他会开启一个全新的起点，那是对现有的世界的摈弃；考虑到1917年当时的局面，这个想法是可以理解的。

即使透明建筑关乎的是未来而非过去，它最终还是与坟墓有了异曲同工之妙。两者同是不寻常之事物，同样超越了时间，同样恒久不变，同样预示完结，也同样不受现世所影响。陶特的透明世界中，除了超然的设计者本人，并没有给个体留下空间。他的绘图中，除了偶尔几个小点，没有人。他的奇特构想与人类无关，仅仅与山有关。

如果不是因为陶特成了严肃人物，并且影响持续至今的话，他的阿尔卑斯山建筑可能会被视为战争的高压带来的癫狂，或是对科幻艺术的早期贡献。尽管他有这些乌托邦的空想，但陶特在柏林设计的工人阶级的房屋项目还是人性化的、实用的，人们都很满意。今天遍布世界的玻璃建筑也得益于他的构想。

位于伊利诺伊州普莱诺市的范斯沃斯住宅于1946—1951年完工，融合了庙宇和透明建筑的特点，也是20世纪最受推崇和最具影响力的建筑物之一。像庙宇一样，这座建筑是呈凸起的阁楼状，由柱廊直接通
304 向内部。除了外部连接着一个偏移中心的楼梯，内部有个偏移中心的浴室，它整体是呈轴对称的。它的构造一目了然，并且拥有横梁——也就是说，像一个有梁柱的典型庙宇结构——即使整体是细高的白色钢架结构，而非大理石构造。而且如果它的钢架和玻璃带有现代感，石灰路面就有一缕古色古香的韵味。但是，这座建筑追求的是一种超越时代的感

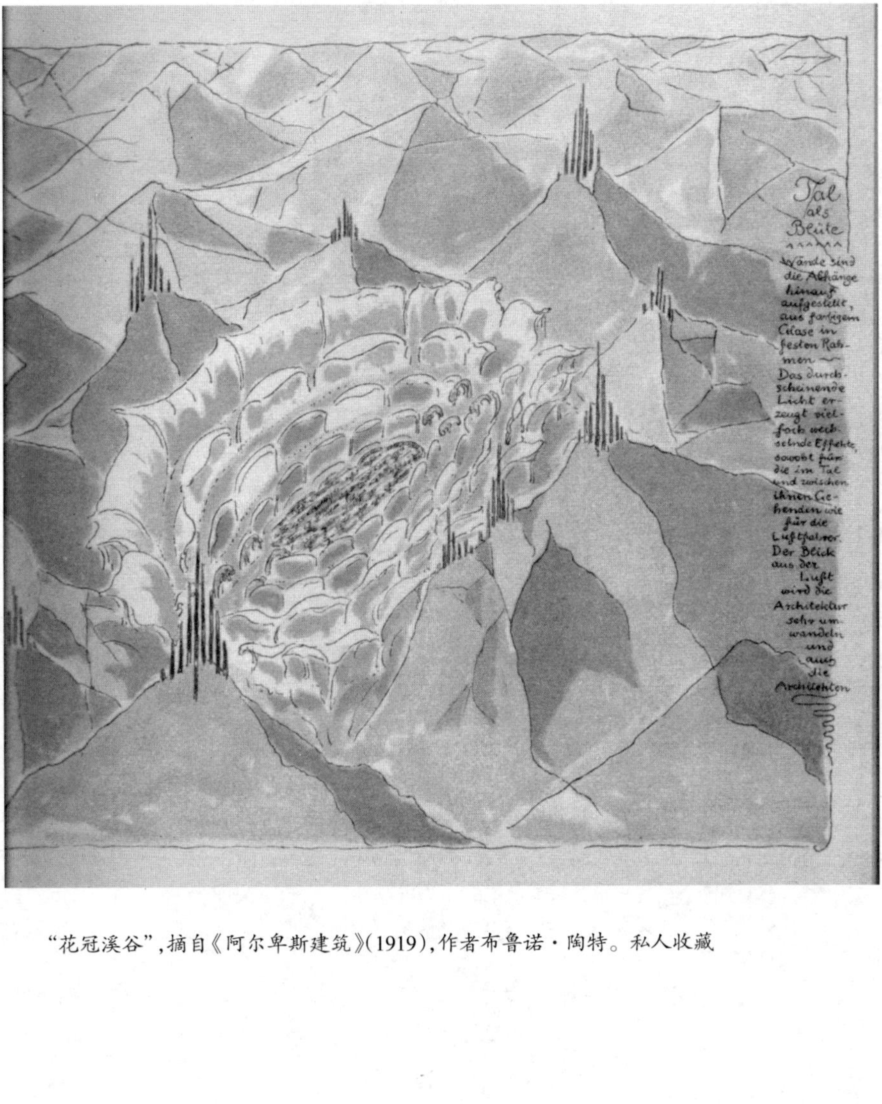

“花冠溪谷”,摘自《阿尔卑斯建筑》(1919),作者布鲁诺·陶特。私人收藏

范斯沃斯住宅，位于伊利诺伊州普莱诺市，1951年由路德维希·密斯·凡·德罗设计。版权：DACS，2012。摄影版权：乔恩·米勒/海德里希·布莱辛斯图片社/Arcaid.co.uk

觉，一种庄严的存在，融合了罗马时代的遗迹和芝加哥工业时代的质材。一位在范斯沃斯的作家评论这座建筑为“暂时的事实升华到了永恒真理的境界”。

它像水晶一样是棱柱状的，追求一种纯粹无缝的玻璃镜面，透明，可反射光芒、折射光线。它的建筑师密斯·凡·德罗，与陶特在同一时期活跃于柏林，他在20世纪20年代就想象用翻光面玻璃摩天楼来实现《阿尔卑斯建筑》的梦想，认为这种梦想是可以转为现实的。在建造范斯沃斯住宅时，他专注在直角和直线上，但是无瑕玻璃体的梦想也一直没放弃过。

像墓碑、庙宇和透明建筑一样，这就是一种形式——除了一小部分接触地面，几乎是没有任何支撑的悬空的独立体，达到完美的永恒和静止；设计时没有考虑天气的影响，而只考虑在必要时进行清扫和翻新就能回到其最初的状态。密斯不惜代价力求完美，他格外注意钢架底座上的焊接点和砌石护坡上的连接处。其作品质量受到了业界其他建筑师的赞赏，他们认为那是一种“绝品”(resolution)，意思就是每一个细节都考虑周到，恰好全合乎整体的概念。正如密斯所说：

> 单就构造而言，我们有一个哲学理念。结构就是一个从上至下的整体，一直到最终的细节——这贯彻着同样的理念。这就是我们所说的构造。

密斯的执念成就了范斯沃斯住宅的美丽，但它却像一座坟墓；要是居住者自己没有存在感，它才会显得更美好。密斯一直信奉陶特及其追 306
随者所提出的对舒适的摈弃，他设计的房屋会过热，寒冬会水汽腾腾，受到蚊虫侵扰——因为他历来反对用蚊帐，表示蚊帐会破坏整座建筑。伊迪斯·范斯沃斯，当时这栋住宅的主人，已经与密斯为此争吵理论了无数次，她认为对她自己的房屋确有“疏离感”。后来这栋房屋的主人成了地产开发商彼得·帕伦博，他可是密斯的狂热拥护者，对他来说，范斯沃斯住宅可是像度假屋一样，是一件可重复利用的艺术品。现在这座房屋无人居住，可供游客参观。

如果把范斯沃斯住宅称作一件纯粹的永恒之物就不太恰当了。这栋建筑的一部分影响，就在于它对称的完美，还有通向阶梯和阁楼的L形不对称道路，四周的景物不断变换位置环绕着你。玻璃，因为其透明性和反射性，在这个文化和自然的抽象舞蹈中扮演着重要作用，超越了其本身返璞归真的属性。这个版本的时间，意味着建筑物并不像坟墓一样阴暗，但是它仍然具有选择性、调控性，没有了一座房屋本身该有的大多属性。

如果说密斯看起来有些偏激，非要把房屋造得像纪念碑一样，那他也只是在追随别人的步伐。在16世纪，安德烈亚·帕拉第奥（Andrea Palladio）在为威尼托地区（Veneto）的贵族设计农舍和别墅的时候，就开始把古代庙宇的前部，连同山形墙和柱体应用到其中。现在有山墙的门廊太普遍了，就像一个渴望的手势一闪而过，我们几乎都注意不到了，但是人们还是很少意识到，以前这种把永恒的形式运用到居住房屋的构想是多么激进。

这种对遗迹的高估，在尼古拉斯·佩夫斯纳的《欧洲建筑概要》（*Outline of European Architecture*）一书中也有提及，几个世纪以来对这
307 个主题的介绍，大部分都集中于教堂建筑，并且作者会更偏爱任何形式的个人作品，而不是城市区域内的成群建筑物。游客们在遗迹上留下到此一游的纪念，也展现出了类似的偏见。纪念性文字的淡化也是有启示性的：起初只在坟墓和碑铭上体现，现在则包括所有带有某种沧桑感和重要意义的建筑物。

但凡伟大的建筑物都必须是永恒的，这样的想法普遍存在，因此，这些建筑的悠久历史，连同它们身上所承载的记忆和时代，就显得尤为重要了。但是这种对永恒的推崇忽略了流变和转瞬即逝，也误导了我们对建筑物的理解。比如18世纪的伦敦现在展示给众人的就是带有历史感的广场和露台，以及高雅的别墅和教堂，但是沃克斯豪尔地区（Vauxhall）已经消失的欢乐场对这座城市来说也同样重要，因为它曾经是这座城市

社交、节庆和声色活动的中心，现在恰恰最具吸引力，因为它只能存在于人们的想象中了。

成就帕台农神殿的那种孤独的完美，忽略了以下几点：它的大理石不是纯天然的，而是描绘过的；它不是作为一个单体建筑而被建造，而是作为整体的部分，这个整体定义了一系列外部空间；它可能曾被用来举办仪式和庆典，并因此被装饰出了剧院的效果。当勒·柯布西耶把帕台农神殿作为“光影中精妙的、恰如其分的、华丽的形态”的范例时，他没有注意到除了阳光之外也有黑暗。对神殿内部的推测性复原构想，展现了这座建筑的另一种可能面貌，其中有一尊巨大的、金色与象牙白交错的雅典娜雕像，在阴暗的神殿中堂闪着微光。

帕台农神殿的永恒性毋庸置疑。建筑物本身已经改变了，从有着精美屋顶装饰的建筑成了没有屋顶的废墟。在不同的时期已被部分修葺过，然后拆除，又重新装好。神殿的一些石块，因为翻修，已经不是最
初使用的了，这些石块的更换就像人体细胞的更替一样。神殿还能另作 308
他用，比如作为庙宇、教堂、清真寺、爆炸品储存库、采石场或者旅游景点。在不同人的眼里，神殿看起来也不一样——对埃尔金勋爵来说，它是没有主人的珍宝；对拜伦勋爵来说，它激发了诗人的眼泪；对现代希腊人来说，它是国家象征，旅游税收的来源。从某种程度上说，它依然还是公元前15世纪的那座建筑，有些部分和品质仍然没有改变，但是就像一位老人对着年轻时的自己一样。英国建筑师赛瑞克·普莱斯（Cedric Price）曾说过，所有的建筑物都是短暂的，只不过有一些要比其他的更加短暂而已。帕台农神殿印证了他的此番话。

密斯·凡·德罗的纪念性（monumentality），并非是由我第一次提出。他同一代的建筑师都知道这个理念，也有一些与此针锋相对的现代建筑，它们推崇流变性和灵活性，以及技术所带来的解放。这样的观点被美国人巴克敏斯特·富勒（Buckminster Fuller）发展起来，他比密斯小九岁，集工程师、建筑师、发明家、生态学者、诗人、预言家和自学者为一身，他要追求的是：

帕台农神殿内部复原推测，摘自《哈姆斯沃斯世界史》(1908)。版权：全球影像集团/超级图库

> 找到支配宇宙的原理，用这些原理推进人的进化……找到用最小代价获得最多回报的方法，这样一来，所有人类，不管在哪儿，都可以拥有更多。

富勒最知名的就是多面圆顶建筑，但这种建筑的发明者却另有其人。早在1914年，布鲁诺·陶特就已经建造出了这种圆顶初步的雏形，但是富勒后来改进并且推动了它的发展。这种结构是把三角格架弄弯，放进球体的某个部位。格架可以采用钢架、铝架、竹架或者硬纸管架，中空部分可以使用玻璃、塑料、铝或者三合板填充。这样一来，建造速度非常快，相对于承重来说却又非常轻。富勒希望在美国出现成千上万的圆 310
顶建筑，它建造成本低，建造速度快，外形还很美观：

> 让建筑师为美学歌唱
> （他写道，时而唱道）
> 那会带来成群的富人，他们双膝下跪；
> 就给我一座房子，带着圆屋顶的大房子
> 在那里，压力和紧张会一并消散……
> 在圆屋顶的房子里漫步
> 在那里，曾经出现过英国乔治时代和哥特时代
> 现在只有化学键守护金发的我们
> 甚至水管设施都看起来很好

1968年，富勒构想过用一整个圆顶罩住曼哈顿，从22街区一直到64街区，横跨整个岛，圆顶下面用最有效的材料制造一个防护层，既防风雨，又防烟雾，这样就可以创造良好的环境，所有的房屋也不用再环绕起来抵挡有害因素了。始建于1851年的水晶宫，使得约翰·罗斯金做了个噩梦，他梦到水晶宫一层叠一层，以千层顶盖住了伦敦；对富勒来说，这个噩梦是一场美梦。圆顶，无论大小，都会带来自由：在圆顶这片人造天空下，人们可以做他们想做的一切。军工联合机构的技术知识可带来嬉

理查德·巴克敏斯特·富勒和他的生物圈展示馆,为蒙特利尔第67届世博会所建

皮士的天堂。

富勒有时候给人的印象是一位非常实际的美国人，这跟极有修养的密斯刚好相反。密斯出生在德国亚琛市，在移民到芝加哥之前，一直在柏林居住和工作。他这样看待自己，说像密斯这样的包豪斯学派建筑师，只会对改变建筑物的外观部分有兴趣，而不是对它们背后的技术：

> 他们仅仅发现了完成品表面修改的问题，而这些完成品却是内 312
> 隐于一个技术陈旧的世界。

菲利普·约翰逊（密斯的支持者，同时也是他的合作者）证实了这个观点：

> 让巴克·富勒（Bucky Fuller）去拼凑……人们的住处吧，只要我们建筑师能设计出他们的坟墓和墓碑。

然而，尽管富勒最著名的作品带着技术的光芒，其工程学原理也颇具影响力，它还是没能像富勒所希望的那样改变这个世界。圆顶建筑被用于纽约世界博览会（1964年），蒙特利尔世界博览会（1967年）和温哥华世界博览会（1986年），看上去却越来越没有人们曾认为它们应该具有的样子。这些圆顶分别成了大型鸟舍、圣劳伦斯河畔的博物馆、在当时号称要创作一出关于“星际恐龙”的演出的“科幻世界”——也许它们都是有趣的地方，却很难称得上是重要建筑。迪士尼在其未来世界（EPCOT）主题公园建造了一个测量球（geodesic sphere）。军方曾用轻得可以用直升机运载的测量球做过实验，并且建造了其他一些来掩藏雷达射线以探测核弹。富勒为自己和妻子建造了一座圆顶房屋，现在被收入国家史迹名录保护了起来。这座房屋位于卡本戴尔（Carbondale），跟范斯沃斯住宅一样都在伊利诺伊州。富勒的圆顶不比密斯的庙宇差，它也成了一个不朽的作品。

正如未来主义的发明经常遇到的情况那样，圆顶在主题公园和世博会找到了自己的位置，但却没能转变人们生活的方式和所居住的房屋本身。就像范斯沃斯住宅和陶特的阿尔卑斯建筑一样，圆顶建筑的缺点在于：它有固定的形式，性质稳定，非常完美，但是同时也僵硬死板，缺乏灵活变化，太过于细节化，并且非常短暂。

313 圆顶建筑忽视了很多方面，比如建筑用地的形状并非总是圆的，以及如果它们是大致矩形的形状，街道上的房屋比较容易排列，家具和隔墙也会比较容易搬进屋里去。像烟囱、窗户和通风管这些地方也很麻烦，圆顶的很多连接处也让它容易漏水。如果没有遮盖，这个结构本身就很难改变和延展。富勒的概念，在硬件上、在结构上，以及在所有他作为建筑师能控制的事物上，要了太多的戏法。

尽管出现了要求解放圆顶建筑的呼声，但其实他们都是权力的工具。它们对复杂性的无视，压制了可能在其中或附近居住的人们的个体历史和欲望；而它们赋予建筑师的形式创造的地位，又提升了他们的权威性。曼哈顿圆顶的实现，要有巨大的实力和财富作为后盾支撑，有专门的机构指挥对在圆顶下的生活和工作感兴趣的人。我们通常看到的有巨型屋顶的地方，比如说大型购物中心，都是由大型公司建造的，它们给我们带来欢乐和方便，也从我们身上攫取了利润。他们所笃信的规则就是由所有者设定的。

对今天的大企业建筑而言，还有另外一条谱系，也来源于《阿尔卑斯建筑》。陶特关于透明建筑的想法，被密斯·凡·德罗改动后，融入了他20世纪20年代摩天楼的设计，其他现代主义建筑师也借用过这个概念；尽管人们最早反对陶特夸张的造型，而更偏好简洁的椭圆形态，但完美玻璃体的概念留存了下来。玻璃箱，这个由密斯和其他建筑师提出的概念，成了战后办公大楼的普遍设计。除了中间受到后现代主义的影响外（当时人们对这种设计感到厌倦），它一直没变；不过现在技术的发展，也可以成就陶特的设计理念了。成片办公楼和公寓依旧可以是简单的矩形结构，或者是呈锯齿状的多面体，或者是包含流线型和倒弧型。

因此，迪拜的天际酒店，就是对阿尔卑斯建筑一次怪异的拙劣模仿。
314 除了著名的室内滑雪场和雪景，它实际上就是陶特的想象，只不过没有高山，没有社会主义，没有兄弟情节而已。从雷克雅未克到悉尼，建筑师们都宣称自己设计的作品是“透明体”，这个词完美地结合了自然之力、关于价值与美学的某种见解（它会使你想起钻石或者精致的酒杯），以及建筑师创造出他们想要的任何形状的自由（只要这件物体有光泽度，有锋利的棱角）。

一位曾经与我一起工作过的建筑师给我讲过一个他童年的故事。他的父母辟了一小块家里的庭院给他，他可以用这块地种些东西。这位未来的建筑师兴致勃勃，十分认真地对待这件事，于是开始想方设法装点和美化他的小花园。他平整了土地，清除了杂草和杂质，还有所有有碍观瞻的东西，连蚯蚓也不能有。因此，他的这块地，尽管一切规规整整，却成了一块完美的不毛之地，一个小型戈壁，而他就是那里的主人。后来，他在公司里平步青云，设计上堪称典范；最重要的是，他成了公司的主管，而我却没有。

庭院通常伴随着建筑物，但有时也会产生反差——柔软与坚硬相对，女性与男性相对：它们绝对是不一样的，但是建筑可以从这些反差中学习。除非在庭院里种上作物，否则它一般跟实际功能和建造局限性不会有多少直接的关系。如果仍然是这样，庭院的功能就更难懂了：为了冥想或者为了乐趣，就像《没有明天》中T夫人的花园；有时候为了举办派对、比赛或者仪式。它的局限性，不在于搁置横木和圆柱的静力学机制（statics），而在于土壤的状况、天气、光线、水源，以及不同植物的特性。 315

庭院，通常比建筑物更容易受到时间的影响，因为有四季的更替，白昼和黑夜的变换，植物的枯荣循环，树木的年岁生长。花园从来都不是完成品，它总是通过保养和照料一遍遍地得到翻新。重建庭院，绝不可能使它回到某种“初始”状态，即当时按照设计师的意愿造就的完美状态。即使庭院是全新的，树木还没长成，在任何其他特定的点上，它都不会是这个状态。而庭院的本性会随时间慢慢显露出来。

庭院的耐久性不在于其本身的结构，而在于长期的照料和保护，比如有时会给庭院加盖。对某些人（比如私人拥有者、政府机构或环保团体）来说，去照料它就必定意味着许多工作。它不像金字塔，可以留存几个世纪。但是它也历经岁月的洗练：你不能从单个角度去观赏（再说一遍，这可不像金字塔），你得在不同天气、不同季节和不同光线中环绕一圈，得使用并居住过才行。绝不可能出现两次相同的庭院。

京都桂离宫（Katsura）的皇家别院和庭院始建于17世纪，已经经过几个世纪了。在发表了作品《阿尔卑斯建筑》十四年后，布鲁诺·陶特参观了这个地方，并感到兴奋异常，此后这里对西方建筑师和日本建筑师有了一种莫名的吸引力。陶特一直宣扬废除国家的界线，至此，他是没有国籍之分的。作为坚信社会主义的一名犹太人，陶特试着到苏联找工作，但没成功，他也不可能回到德国，因为当时德国正处于纳粹控制中。他最终定居在伊斯坦布尔，在1938年去世前一个月，他为“土耳其之父”穆斯塔法·凯末尔设计了灵柩。

就像陶特的瑞士乌托邦，桂离宫对他而言也是一个和谐的形象，这个世界本就该是这个样子，虽然这跟他早期的想象大相径庭。除了没有
316 玻璃或是透明体之类的，桂离宫就是“自由个体的完美世界”；它“以极其优雅的形式反映了人与人之间的关系和纽带”。这种关系和这种自由，是很难在他的透明教堂和纪念碑上寥寥无几的蚂蚁似的小点之间找到的。

作为一座郊区寓所，桂离宫一开始是为智仁亲王所建，后来归他的继承者智忠亲王所有。在智仁亲王居住的时代，皇室权力受限，掌握实权的幕府一直想削弱皇室的权威。他其实是被软禁起来的，是一个傀儡。智仁亲王喜爱阅读更愉悦的时代的文学作品，据日本现代主义建筑师丹下健三推断，桂离宫就是他在阅读的作品的启发下兴建的，比如在11世纪的一部作品《源氏物语》中关于月下聆听音乐和松叶沙沙作响的一段描写。丹下认为智仁亲王是一个“沉湎于辛酸往事的人”，他也看到了别院和花园之间有一种“不可思议的平衡——在静与动之间，在贵族与平民之间，在形式的完美与纯粹的虚设之间”。

这是一片沉思与慰藉之地，尽管还是不可能完全从皇室的礼仪与束

缚中跳脱出来。它的主体是由三个相连的结构构成，分别为古书院（Old Shoin）、中书院（Middle Shoin）、新御殿（New Goten）。“书院”（Shoin）是指“读者的厅堂”，“御殿”（Goten）是指“宫殿”。它们在漫长的时间里积累起了自身的壮丽；最后的新御殿，是为了迎接天皇的一次来访而建。桂离宫还包括多个茶亭，它们散布于一个庭院，该院以一个正中的不规则小湖为中心，院内还有墓碑、大门和小桥。庭院与房屋一起被设计成一条通道，可步行通过，也可乘船而过，在特定的观景点有石灯笼为标记，游客可以停下来欣赏或感受这美景。

在桂离宫，建筑物与自然景观融为一体。木质结构的、带有巨大屋 317
顶的书院，界限分明地与周边的景物各成一景，而露台与屏风的褶层则里外相互重叠。里外直接连了起来，比如古书院的主体房屋与赏月台之间。竹制的赏月台呈椭圆形，没有栏杆和修饰，它是为欣赏月光，捕捉其湖面倒影而建的。正如陶特所说，推开纸质推门，

> 作为房屋一部分的庭院的“画面”，突然展现在你眼前，让你深感触动。庭院的存在统摄着建筑的内部结构，以至于所有墙面就是为了映衬它而出现，而这种映衬在推拉隔板那不透明的金银质感中，显得尤其生动。

有了茶室和大门，庭院和建筑物本身就显得更加亲近了。它们采用了贴近其原始形态的建筑材料，比如泥土、茅草、未打磨的石块、不规则的枝条或仍带着树皮的橡树枝。空地可以直接延伸到房屋内部（这些房屋并不是完全封闭的）。人们可以在房柱间和窗口捕捉到小块的景色，而树林中的光线，会穿过格子状的屏风透进来。之所以建茶室，是为了符合庭院的大致模样（其中有桥、岛、路和树）；而茶室内部的景观，则包括陶土灶台、泡茶的水槽，它们与远处的岩石和树木一起构成风景。

这个庭院是一件人为创造的作品。自然因素，比如该地的斜度、月亮的轨迹或者异常壮观的树木，都得到了利用和效果的强化。因为有灯笼，萤火虫只在一块特定的区域飞舞。石头也是根据它们本来的形状和

桂离宫皇家别院,位于京都,17世纪

左上图:非正式茶楼,外部。版权:沃纳·福曼/Arcaid.co.uk

左下图:非正式茶楼,内部。版权:沃纳·福曼/Arcaid.co.uk

右图:花园景观。版权:艺术档案馆/阿拉米图片社

320 表面纹路精心挑选出来的，然后按照顺序小心摆放。人们把一些有棱有角的石头堆成小山的样子，把黑色的鹅卵石集聚在一起，然后看似不经意地在水中堆起来。苔藓也随意地长满斜坡和茅草屋顶。

整个设计相互融合，却又界限分明。你可以轻易觉察到里外之间、光影之间的不同，景观的层次体现在精心排列的各种表面和出入口中：灯芯草座席，一直到木质边沿，到石阶，到地面，到鹅卵石，到青苔和流水。你也可以很快察觉出材质的属性，愉悦的感受更彰显它们之间的差异。小路可以由天然石块或四方的厚木板铺设。石块可以是随意取来的鹅卵石，也可是一整块石料（五米长，能做成一座桥）。树木也许修剪整齐，也许肆意生长；也许会在这里自然变得枝繁叶茂，或者在冬季需要用织物裹住以抵御严寒。有天然蚀孔的石块被放在木纹清晰的木材边上，这是为了展现两者纹理之间的相似性。在皇家高台边搁架的一小块区域，就使用了十八种不用的木材。为了防止有人有“日式建筑物都只有自然的质朴”的错觉，这里汇集了金饰、银饰、漆器和写实画像，并且故意将岩石和植被摆放成奇特的形状，比如格格不入的丛丛松柏。

你可以感受到石块或木材的声响，感受到它们的暖意和寒意，人们在瀑布下面放置一个石池，这样水流敲击下来的声音和效果更加显著。这里可以嗅到泥土的清新、花草的芬芳和松柏的气息，感受到茶道的味觉和触感，应该还要有音乐相伴的。院中小径纵横交错，你有时不得不低头看看，以注意你现在正走过的地方，从各种不同的角度观赏四周的景色。小桥和平台上都没有扶手，这样你反而会格外注意现在身处
321 何处。

布鲁诺·陶特在桂离宫看到了一种得到升华的功能主义思想。它体现于各处细节：木质圆柱必须立在石头上，才能防止水流侵蚀，茅草、瓦片或者木质屋顶，必须有不同的斜度，才能产生其效用，并使庭院变得更加丰富多彩。为了确保空气流通，屏风上气孔很多；像迷你屋顶之类的东西，也可以防止泥墙在雨水的冲刷下开裂。客人们在进入书院前，会脱掉自己的鞋子，放在一块整石上，这块石头被称为置鞋石。置鞋石表面都会微微凸起，以防止雨水淤积。整个设计巧妙利用了不同部分

之间的差异感，比如，专为沏茶设计的防烫设施，旁边放置的一个蒲草坐垫，以及为晾干茶具而使用的木架。

它也是一个整体。陶特说过：

> 庭院的每一个部分，不管你从哪个方面审视，都足够灵巧，足以作为一个整体去实现人们所期待的功用，不管这种功用是日常的、办公方面的，甚或有着更高层次的哲学意义的。而且精妙之处在于，这三方面的功用紧密结合，彼此之间相得益彰。

换句话说，赏月台、置鞋石、茶桌、搁架、厨房、皇家高台、打球的草坪，以及一些浸入溪流以方便人们洗手的踏脚石，构成了这样一个整体。

时间是一个基本要素。别墅和庭院沾染人气，是通过发生于其间的活动，无论是有着考究设施的茶道仪式，还是某年某月随兴而起的园中漫步。滑动拉门改变了房间之间的空间，分开了里间和外间。时间藏在木纹中，这些纹路记录了树木的生命；时间藏在岩石中，经过了地质的变迁；时间藏在月亮的阴晴圆缺中，历经年月和四季更替；时间藏在潺潺 322
的流水中，藏在树木的成长中，藏在花朵的盛开中，藏在屋顶的青苔中。凋谢的花朵和飘零的树叶，与卵石和铺路石一起点缀着大地。时间也隐匿在日渐陈旧的建筑材料中，比如泥土、纸板、茅草、木材和石块。在建造过程中，人们也能体悟到庭院的时间感，比如通过打磨过的石块和未经打磨的石块之间的不同，木材的接合，以及卵石和其他铺路石的陈设。

在桂离宫，园艺和建筑相辅相成。尽管彼此之间泾渭分明，但两者也缺一不可。不仅如此，两者属性还相得益彰。许多建筑材料（诸如泥土、茅草、纸板、竹片之类）容易损坏，也经不起时间的研磨。它们需要照料、养护和翻新，就像庭院中的植物一样，然而庭院又有一部分是用耐磨且难以移动的石块打造的。西方建筑普遍的观点是，建筑物坚硬而持久，庭院则柔软而短暂；桂离宫却并非如此。

相反，桂离宫有另外一种不同的力量。罗马建筑师和作家维特鲁威曾说过，建筑的本质就是“商品性、牢固性和愉悦性”，这种诠释太过直白，太过枯燥，人们无从接续下去。然而瑞士建筑师雅克·赫尔佐格指出，这三个词，如果彼此之间相互关联，会变得更有趣。建筑的商品性，职能是为我们服务，使之变得愉悦。如果一座建筑物，没有任何吸引力，没有商品性，也就不会有牢固性，因为人们会想要毁了它，许多混凝土塔式大楼已被摧毁的事实，正好验证了这一说法。相反，如果一座建筑激发了人们的愉悦感，即便并非由坚固材料建成，它也有了力量。桂离宫，以及京都所有的庭院、庙宇和宫殿都是这样。不养护它们，它们都会消
323 失，但是它们却有力量来激发人们去照料它们，并因此得以延续。

一个鲜明的对比就是世贸大厦的双子塔，根据其建筑师山崎实所说，双子塔的灵感就来源于桂离宫和其他京都历史遗迹所体现的和谐原则。第二次世界大战期间，桂离宫和这些历史遗迹逃过了摧毁日本其他城市的劫难，逃过了最终落在长崎的原子弹，因为当时的陆军部长亨利·L. 史汀生（Henry L. Stimson）曾在京都度蜜月，他认为京都的那些地方太美了，不忍摧毁。双子塔的外壁可以抵御老化和损坏，但建成后还没到三十年，就没来由地招来了致命的损害。建造桂离宫的日本皇室，也许没有纽约和新泽西港务局合理和民主，也不比后者仁慈，但是他们建造的建筑的表现却有截然不同的效果。事实证明，泥土和纸板可以比钢铁更坚固。

帕台农神殿建筑群在西方建筑中随处可见。它是固定完成品的圣坛，加一分则多，减一分则少，其灵感来自为圣洁的女神雅典娜建造的古代神殿。或者说，来自想象中的神殿，它排除了实物的顾虑，追求的是形式完美和结构上无任何色彩、装饰和情境的赤裸呈现，就像墓穴一般。

通过这么做，建筑师认定自己拥有了权力（对他们自己而言，也是对客户而言）；他们所能掌控的事物（形式、结构、细节）的地位，得到了强化，而其他因素的作用则被抹除了：比如所在地的记忆与欲望，计划建造的神奇物体周边的人群，或者某种偶然，或者是建筑的使用效果和使用者，或者是建筑的老化，或者是其他建筑。各种身份属性被压制或者忽
324 视了，除了建筑本身的。

象征权力的建筑的形式——重复、对称、持久、孤立、完整、坚固——跟坟墓是一样的。建筑师们借鉴了葬礼，给他们的办公楼和房屋蒙上了一层庄严感；他们把自己当成了永恒的守护者。帕台农神殿建筑群触动了那些看似反对这一形式的建筑师，比如巴克敏斯特·富勒。对于他所有建筑的谈论都是无止境的，它们不自觉地都成了不朽的了。

永恒被高估了，但是这并不是说永恒是不重要的。尽管密斯·凡·德罗的建筑表面上看起来不随时间流逝而改变，却令人印象深刻，生命的节奏和记号都在四周变换。帕台农神殿，给世人以超越时间的幻觉，但它也只是作为一座无人居住之物存续。所有的建筑都是权力的作品，希望利用永恒的形式来支撑那种权力是非常愚蠢的。重点在于，永恒之物，或者说这种长久之物，只是众多标记物中的一种，但是帕台农神殿建筑群追求的只是一种形式的时间。

桂离宫和高线公园的优势在于，两者使用了时间的不同层面。高线公园结合了工业考古学和植物生长以及人类使用的规律性。桂离宫则是花朵和石头的产物。人们从这两座建筑更容易窥见其微妙性和多样性，因为它们既是景观学和种植学的杰作，也是建筑物。但是，在眼前看不到正在生长之物的情况下，人们仍有可能获得一种对当下时间的感知。建筑和园艺不是对立的，而是空间创造活动的不同面向。

举个例子，突尼斯圣城凯鲁万（Kairouan, Tunisia）有一座始建于19世纪的清真寺。其建筑结构很简单，有很多圆柱的主祈祷大厅前，有一个巨型拱廊庭院，那里铺着地毯，礼拜者可以选择自己的地方。这座清真寺采用了位于千里之外的迦太基遗址中的罗马圆柱，大小形状各异，
也没有采用原址的摆放顺序。凯鲁万地区干旱少雨，清真寺也成了储水 325
池。雨水沿着屋顶流入庭院中，而后通过中间的一个小洞（其边缘有扇形大理石以过滤灰尘）流入了下面的水池。雨停后，寺院慢慢回复干燥，中间小洞四周的湿气慢慢变少，直至消散。没费什么力气，也可以说是很偶然地，这座清真寺优雅地融合了罗马遗迹的历史时间、礼拜者的个人时间和雨水的气象时间。

还有日本金泽的21世纪当代艺术博物馆，由SANAA建筑事务所的

凯鲁万大清真寺，突尼斯。始建于670年，重建于9世纪。版权：罗恩·穆尔

建筑师妹岛和世（Kazuyo Sejima）和西泽立卫（Ryue Nishizawa）建造。他们使用了象征永恒和陵墓的圆形设计，把这座博物馆建造成了扁平的圆盘状。外围也采用透明的玻璃落地窗：典型的坟墓加透明建筑。但是它又低又宽，从外面看去并不像墓碑之类的东西，而是一个环形表面，玻璃的反射效果和透明效果反而给它增添了活力。你不用后退从远处观赏它，而是要绕着它找寻隐蔽的入口。

博物馆内部被打造成松散的网状结构，有矩形空间、椭圆形空间和圆形空间，有时作为画廊，有时变成咖啡屋、办公室，有时是阅览室，有时成了开放球场。整座博物馆就像是一个微缩城市，街道一般的通道交错其中。视野范围也不一样，有时可以穿过层层玻璃看向外面，有时又被围墙通通包裹住。游泳池、乱蓬蓬的植物墙面、美国艺术家詹姆士·特勒尔的展室，要不是有这些永久的设施形成了地标，画廊就真要变成不断变换的展览了。

步行穿过博物馆，你也可以发现些什么。有很多条路，没有哪条优先，你参观不同的地方绝不会走同一条路。博物馆确实要比桂离宫或者
高线公园看起来更脆弱更死板，其显而易见的精准圆形分界线也成了永 327
久的标记，但是视线穿过玻璃墙时，这个界线就消失了。圆最终归结于中心，但是在这里，中心却是散开的，没有哪一个点是中心。你在其中一直在迷失，在寻找自己：圆使你失去了方向，网格又重新引领你回来，四周的白色墙面和透明玻璃让所有空间都看起来相似，地标设施让它们又彼此分开。真是一个有趣的迷宫。

另一个例子是伦敦创意中心克勒肯维尔（Clerkenwell）的临时影院（Cineroleum），由一个废弃的加油站改造完成，2010年曾做了15次展映。它的改造花费了6500英镑，是由一群志同道合的不知名的学生，用自己的双手和实力完成。高密度聚乙烯合成纸，是一种银色的混合纤维，在房屋建造中常被用来做防水层。设计者用这种材料做成幕帘，从加油站的遮篷边垂挂下来，把看台包围了起来。放映一结束，遮蔽的幕帘就被提升起来，街景突然出现在观众面前，这成了一场专门临时加演的表演，而路上的行人也看见了坐在场内的观众。一种有趣的自我意识降临了，

21世纪当代艺术博物馆，日本金泽。由SANAA建筑事务所设计。版权：罗恩·穆尔

临时影院，伦敦。由Assemble建筑事务所设计，2010。版权：赞德·奥尔森

观众突然感觉自己变成了景观。

这个作品的魅力来自它对瞬间时刻的捕捉：加油站显现出来的那一刻，设计者认可的自由（他们也许不允许永久电影院的存在）被这暂时的构造呈现出来，带着对最少时间和最少花费的要求，成就了这个作品。幕帘升起的那一刹那，在这个并没有实际完成的建筑中呈现出的景象，使它本身完成了表演。确实，那里放映的大都是上世纪六七十年代永久留存下来的经典电影，它们绝对比这个临时影院留存得更久。

这是一个具有自发性和移动性的建筑。它建在一个为汽车建造的
地方，播放着电影。它制造了一个时间的气泡：除了纯粹带给人们快 330
乐，这个气泡也让人们看到了一个不一样的伦敦，比平时更加欢乐，更加
梦幻。 332

第九章　生活，以及生活的面貌

如果说纽约的高线公园经历了和正在经历着上流阶层化，这种论断不适用于丽娜·博·巴尔迪于1977—1986年间在圣保罗的一个工业区创建的庞培亚艺术中心，这里不单向被动的观众展示艺术，而且会举办各种活动。它将是一个充满创造力和乐趣的、用于开展各种运动和活动的社交场所，其中包括一个容纳一千二百人的剧场、一个游泳池、数个篮球场、数个工作室、一座图书馆、一个摄影实验室、数个酒吧、一个餐厅、一个日光浴室，以及用于进行各种体育运动、摔跤和舞蹈的场所。SESC（葡萄牙语“商业公益服务”的缩写）是一个商家赞助成立的组织，其宗旨是提供各方面的服务，从文化到牙科治疗，而“庞培亚艺术中心”为其机构之一。

博·巴尔迪曾经历困顿岁月。军事独裁在巴西当权后，博·巴尔迪的左派政治观点变得格格不入，庞培亚艺术中心是她继十年前落成的艺术博物馆之后的第一个大项目。这个项目位于一个曾生产金属桶和冰箱的旧工厂，将其一拆了事在当时可能是不二之选。但当博·巴尔迪第二次来到这个雨水滴答的破败工厂时，她发现这里已然具有了她所追求的社交属性：

> 快乐的人儿，孩子、父母以及退休老人，在棚屋间来往穿梭。孩
> 333 子们在奔跑，年轻人在漏雨的棚顶下踢球，笑声随水花飞溅。母亲
> 们在克勒西亚街的入口处做着烧烤和三明治。附近是一个木偶剧
> 场，被孩子们挤得满满当当。我想这里以后还应该是这个样子：充

溢着满满的幸福。后来我又在周末来了很多次，终于理解了人们从所做的事情中获得的快乐。

她将办公室设在了现场，并与项目的建造者和使用者通力合作。她认为老工厂已经很好地适应了它的新用途，必须得到保留，而主要的变化将发生在工厂内部：家具、隔断的建造或拆除、表面的处理和各种标志。她打通了大部分空间，构建她以英语“landscape”（景观）一词表达的概念。她尽可能地建造半高墙体以分隔空间，从而保持整体的通透。项目类似于一个有多种用途的村落，它围绕一个大厅或有顶盖的村庄广场而形成，人们可以在这里做任何想做的事情。

在构思庞培亚艺术中心设计的过程中，她随意绘制了许多图纸，上面涂满了点、划、箭头、潦草的笔记、随意的色块、毛糙的阴影，以及断断续续的线条。这些代表着思想、动作、行为和空间，以及建筑本身。这些图纸显示了她在意大利接受的训练和掌握的技巧，同时也流露着童趣。树木、流水和动态的象征，被赋予了与墙和柱同样的重要性。

和许多建筑图纸一样，这些图纸并非详细的说明或销售工具，而是与建筑师以及项目使用者进行沟通和探讨的手段，其直截了当意在打破技术图纸带来的那种职业藩篱。毋宁说，这些图纸是她的自我表达，是将思想物化和外化的途径，借此她可以真切地看到这思想，并加以重新吸收和改变。 334

她提出一个又一个创意，一些生根发芽了，而一些没有。她设计了穿越巴西东北部几个大省的圣弗朗西斯科河的微缩版本，这条河在建筑群中蜿蜒流淌，最终汇入老工厂一个多功能大厅里一个由卵石铺底的曲折池塘。她建议沿通往庞培亚艺术中心的道路布置虎尾兰，据说这种植物能挡住“邪恶之眼”。一条笔记显示，她一度想建造一面名为“巴西历史”的“布满字迹、涂鸦和绘画的大墙（142米）”。后来她又想用巴西弹珠（Brazilian marbles）和半宝石制作一条长长的“地毯”。

她在室内河流旁边建了一座壁炉。她把贝壳、玻璃和大理石碎片嵌

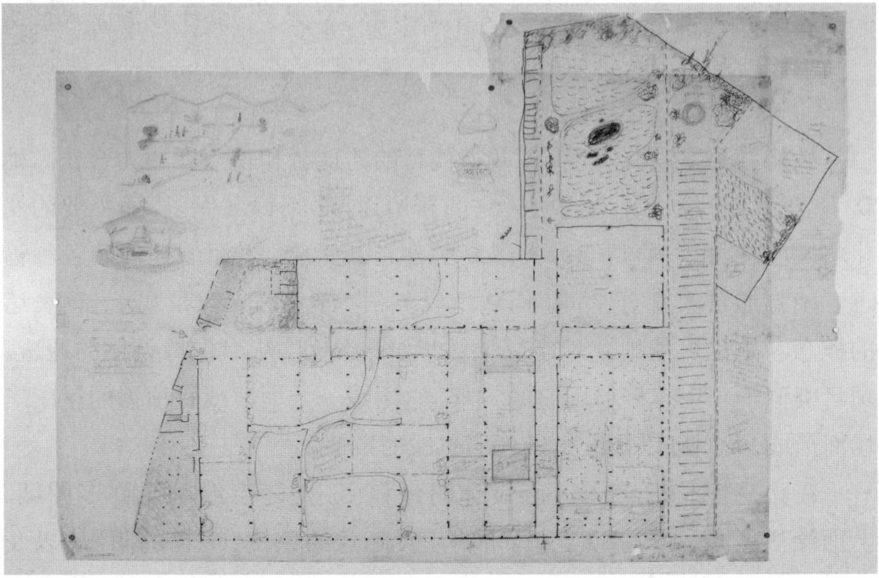

庞培亚艺术中心，圣保罗，1977—1986。丽娜·博·巴尔迪绘制

上图：建筑群初步研究规划，1977。版权：丽娜·博·巴尔迪学院，巴西圣保罗

下图：运动中心“快乐零食吧”视图，1984。版权：丽娜·博·巴尔迪学院，巴西圣保罗

多功能厅和图书馆，庞培亚艺术中心。供图：庞培亚艺术中心。版权：罗恩·穆尔

入混凝土地面，还在一条室外水道上方建了一个长长的日光浴平台，称之为“海滩”。她为庞培亚艺术中心设计了一个标志，用从烟囱般的水塔中涌出的花朵，来彰显其由工业建筑到社交场所的转变。她还在这里举办展览，如“巴西孩子的一千种玩具”，或“孩子们的幕间休息”，后者是一个关于巴西昆虫的展览。她还建议举办一个关于巴西所有足球队的展览，最棒的队和“最平庸的队”都列入其中。

庞培亚艺术中心不仅仅是一座艺术博物馆，博·巴尔迪也借其表达了对巴西大地及其所有文化的挚爱，从宗教崇拜到足球不一而足。她尤其迷恋巴西东北地区和萨尔瓦多市，她早年在此生活、工作，设计建筑作品，这些建筑比她后来在圣保罗的设计规模更小，造价更便宜。她举办过一个关于虔诚膜拜的面孔和肢体的展览，一个关于内河船上拥挤生活的照片展，也曾计划建一个流行艺术博物馆，但该计划随着独裁统治的到来而夭折。她的这些兴趣点在庞培亚艺术中心的一场名为“乡下佬：
337 篱笆与涂鸦”的展览中得以体现。

在博·巴尔迪看来，圣保罗市在巴西东北部，是“一堆骨头”，是“世界上头号自我毁灭的城市”。而庞培亚艺术中心，可被视为从巴西较为单纯可爱的一面汲取灵感，在繁华都市一隅滋养活力的一种尝试。这就是在具有乡村风情的老工厂内的微缩“圣弗朗西斯科河”、玩具展和“乡下佬”展览的由来。

然后她在村落旁边建了一座城堡。城堡由三座混凝土高塔组成，第一座位于一个地面游泳池之上，由若干运动场所构成，第二座为运动场所的配套更衣室和酒吧，以及摔跤、体操和舞蹈场所。这两座塔由天桥相连，从更衣室到运动场所这段通常平淡的路程，也由此变得空灵而有趣。第三座高塔是圆柱形的水塔。

每座高塔都是那么粗钝、原始和卓尔不群。有运动场地的高塔上，分布着不规则形状的窗洞，如同穴居人的作品。更衣室所在的高塔像一截棱角分明的树干，折线般的人行天桥恰如长出的树枝。水塔表面布满了参差的环线，一共六十八圈，这是逐日浇筑混凝土而自然形成的痕迹。在建造过程中，这样的痕迹有时被抹平，有时任其显露，但是很少像这个水塔上这般未经修整。

这些高塔与老工厂形成了鲜明的对比。前者特立独行，后者仅做了细微改动；前者围合一处，而后者开放包容。它们构成了庞培亚艺术中心的象征，充满了力量，可以看作是对巴西强硬政治的回应：它们像商业大厦一样巍然耸立，有着自己的轮廓线，而且敌对政权难以将其移除。这座建筑一度被称为“自由之堡”，是一个有防御设施但可自由进出的地方。

丽娜·博·巴尔迪讲到了

> 延伸至广场和街道、侵入了这座城市的剧场，离开了房屋的椅子和家具，还有民众：包括男人、女人和孩子。勒·柯布西耶于 338
> 1936年访问巴西时，这些人曾经给他灵感，促使他给古斯塔沃·卡帕内马（Gustavo Capanema）写了一封著名的信：“先生，请不要在**剧场**中布置**舞台**和**座椅**，让广场、街道和绿地保持自由，只要提供一些公众能使用的木质平台就好。巴西人民会使用这些平台，并根据他们的优雅本性和智慧随机应变。”

庞培亚艺术中心是博·巴尔迪创建的一个“飞地”空间。它开放而又不受制约，上述的随机应变有可能而且确实在发生。这里有室内部分，也有室外部分，它们共同构成了一个类似公园的所在，人们可以进行各种明确的活动，也可以随心所欲地安坐、读书、会友或者思考。通过适度放任和重点干预的结合，以及对细节调整和重要高塔建筑的统筹安排，博·巴尔迪做到了这一点。如她所言：

> 庞培亚工厂休闲中心的设计，起源于创造另外一个现实的愿望。我们只是增加了一些小东西：比如一些水，一座壁炉。

尽管没有提及并非“小东西”的三座高塔，但博·巴尔迪的最终目的是：

运动中心，庞培亚艺术中心。供图：庞培亚艺术中心。版权：罗恩·穆尔

从运动中心看“海滩”，庞培亚艺术中心。供图：庞培亚艺术中心。版权：罗恩·穆尔

赋予人尊重，让他们能够进行本应充分享有的社会交往。

这些话充满了希望，甚至她在提及孩子和农民时可能会显得有点感性，而她线条分明的坚毅面庞则显示她不是一个多愁善感的人。她幽默而坚强，会以一种比那些广为传颂的作品（比如世贸大厦遗址归零地）更令人信服的方式，令希望成真。这种希望是通过扎根生长被人认可，而不是被强加于上。它通过行动而不是物件实现；物件（包括建筑）只是
341 道具、布景、工具和媒介，它们本身并非最终目的。

庞培亚艺术中心是动态的，静止的部分旨在为动态服务。博·巴尔迪举办展览，做舞台设计，也设计永久的建筑物，在她看来，永久之物和临时之物没有很大的区别：两者都是建筑。如果城堡和村落看似格格不入，或者有些部分看上去没有完成，那都是设计者有意为之。庞培亚艺术中心只有通过进出其中的人们的使用和表达才能产生意义。如果正如博·巴尔迪所言，她想让庞培亚艺术中心比圣保罗艺术博物馆（MASP）“更丑陋”，那是因为其中的美应来自人，而不是建筑本身。

庞培亚艺术中心涉及的希望与时间有关。博·巴尔迪有意保留而不是拆除了工厂，而关于这座古老建筑的记忆，以及她在工厂感受到的“快乐的人群”的氛围，由此得以保留。这里所说的时间，包括她所唤起的神话和传说的未知时间，还有项目的施工时间，而后者对她而言是一个值得经历和享受的过程，而不是为了竣工不得不忍受的时间。保留了混凝土浇筑印记的高塔记载了自身的建造经历。高塔间的天桥象征着运动。她还建议用四季命名运动场地，并设计相应的颜色主题。那样的话，你们就可以约在“春天”或“秋天”场馆见面，而不是在一号或三号场馆。

庞培亚艺术中心是随着时间的流逝逐渐形成的，其间伴随着博·巴尔迪和其他人举办的展览和活动，以及人们过去和现在所做的事情。

设计师喜欢谈论“生活”，有的人在草图中画上一些心形来把人吸
342 引到神奇的地方，或者用箭头象征欢快的人流。他们描述单纯的人们在

“海滩”，庞培亚艺术中心。供图：庞培亚艺术中心。版权：罗恩·穆尔

看到其设计效果时的欣喜。他们那样做时，或多或少都是真诚的，但永远都会意识到自己容易招致这样一种批评：他们不是真正在乎人们的生活，而只是专注于打造个人的丰碑。设计师不懂生活，这是一句老生常谈。往往有这样的笑话：有的男设计师为女卫生间设计了小便池，或者对厨房的布局了无章法。矫揉造作的建筑在现实中被贻笑大方，往往是颇有喜剧感的真实事件。

设计师也喜欢制造形式，期望人的活动在其间发生。20世纪70年代一度流行"谈心隅"(conversational pits)，这是一个由垫子包裹的下沉空间，人们可以随意倚靠并交谈。比这规模更大一点的是"中庭"(atria)，它差不多与谈心隅同时产生，但因其平和的设计而流行得更长久。广场也是这种情况(广场即西班牙语中的plazas或意大利语中的piazzas，你可以选一个发音听着温暖活泼的)。

然而这些形式并不能总是如同承诺的那样产生生命力。谈话是过于微妙、流动和具有自发性的活动，因而也无法被局限在一个下沉的空间，公众生活之于广场也是同样的道理。没有什么比"现在开谈吧"更扫兴的了。建筑设计可以或多或少地有助于社交，但如果试图去规定后者，它就必然会失败。若说设计师真心想要这些形式暗示的快乐喧嚣，这种情况有时也难免不让人心存疑虑。如同斯图尔特·布兰德所言，贝聿铭为麻省理工学院传媒实验室设计的"巨大的中庭"，本意可能是期望"用开放的楼梯、能够随意交谈的空间和共享的入口，把人们带到一处"，但实际上：

> 它使人们彼此孤立。这里有三个间隔很远的入口(为玻璃质地，而且非常大)、三部电梯、几把椅子，但这个五层楼高的空间里，
> 344 目之所及而不见人影。在人们可能被看到的地方，他们的身影都被室内的窗户和烟色玻璃仔细地隐去了。

这样的空间似乎更适合设计师驻留，他们甚至可以在项目竣工移交之前，在精神层面上就留在那里。

关于建筑如何适应和有助于公众活动，大体而言，有两种主要的途径：大顶盖和主题公园。两者看似相互对立，但内在是统一的。它们的悠长历史，至少可以追溯到水晶宫，即1851年万国博览会的举办之地。在约瑟夫·帕克斯顿的主持下，该建筑主要由玻璃和钢铁打造，这可谓建筑领域以高效和创新而著称的伟绩。这里举办过文物和古董展览，其造型和装饰展示了历史上各种风格的特点。水晶宫上部是杰出设计的干净线条，下面则充斥着无节制的制造业所产生的各种物品。你可以漫步其中，让展示拙劣作品的糟糕展览刺激感官；它就是这样一个地方，是主题公园的原型。

与约翰·罗斯金一样，十七岁的威廉·莫里斯对此颇为反感。一位后来的作家严厉批评道：

> 产品的审美品质糟糕透顶……从任何视角来看都是错误的……极其俗不可耐……如此丑陋突兀，矫揉造作……艺术家对纯形状、纯材质和纯装饰图案的无知无觉，严重到无以复加的程度。

凭借其技术上的勇气和对传统风格的无视，水晶宫成为现代建筑的
灵感源泉，其影响波及布鲁诺·陶特的水晶大教堂（crystal cathedral）和 345
巴克敏斯特·富勒的穹顶，然后是诺曼·福斯特为大英博物馆大展苑（the Great Court of the British Museum）和北京机场设计的悬挑顶盖，或者理查德·罗杰斯为伦敦的南岸中心设计而未动工建造的顶盖，以及他的千禧穹顶。这就是水晶宫的魅力所在：之后的项目能够在一个半世纪之后不断复制它的基本理念，而它仍能被称为“具有创新性”。

万国博览会上的小摆设陷入低谷，但是并没有消失。沿袭了1851年模式的展览会和博览会，将继续创造出大胆和前卫的作品，包括1889年巴黎国际博览会上的埃菲尔铁塔和“机器房间”（Halle des Machines）、1951年不列颠展上的“发现之穹顶”（Dome of Discovery），以及巴克明斯特·富勒为1967年蒙特利尔展览设计的球面。但在1893年芝加哥举办的哥伦布世博会（World’s Columbian Exhibition）上，仍然出现了威尼

斯、巴黎、罗马以及“开罗一条街”(Street in Cairo) 的复制品，还有肚皮舞者的身影穿梭其间。在这个宣扬美国财富和力量的展会上，美国向世界展示了摩天轮、小麦片，以及荧光灯和拉锁的前身。这次盛会让一个名叫埃利亚斯·迪士尼 (Elias Disney) 的建筑工人有了工作，但是却让年轻的弗兰克·劳埃德·赖特像威廉·莫里斯在1851年那样感觉到不快。对赖特而言，对欧洲各国风格倒退式的改造，与一个年轻自信的国家本应产生的与众不同的建筑，是背道而驰的。

后来，埃利亚斯的儿子沃特也沿袭了哥伦布世博会的模式，把它变成固定模式的永无止境的欢乐盛会。首先是加利福尼亚的迪士尼乐园，接着是佛罗里达的迪士尼世界，然后是在更远的东京、巴黎和香港复制的魔法王国。沃特借鉴了1893年世界博览会的规划，即由一条中央大道上分出不同的支路，让它们通向各个景点；还有它对各种建筑风格的混
346 杂挪用，包括巴伐利亚城堡、乡村小屋、美国大街等，这些东西对付费入园的游客来说颇具吸引力。这是一个有例可循的构思，其先例包括科尼岛上梦幻乐园 (Dreamland) 里的人造瑞士和威尼斯，以及一个永远人满为患的庞贝古城(不巧1911年一场大火将这座古城全部烧毁)。这个构思后来也不乏追随者。在迪士尼乐园，主题布置是在明确的分界线范围内进行的，而在拉斯维加斯，它以度假酒店的形式延伸到了街道：城市的主干道上出没着埃及、古英格兰、古罗马、巴黎和加勒比海盗岛的重重魅影。在这里，主题布置不再囿于公园的边界内，它打造了城市，它本身就是城市。如果说主打娱乐和逃避的拉斯维加斯是一个特例，主题布置的理念不久后就渗入了日常生活的方方面面，包括迪士尼在佛罗里达建造的庆典城 (town of Celebration)。

大顶盖的理念在于通过创造一个无所不包的有遮蔽的场所，从而让人们聚在一起，做自己想做的事。它追求天空般的高远，同时也避免了一些露天的缺点。主题公园的理念在于直接吸引人群。人的一切反应都被全盘掌握，公园方面会事先做好安排，以便人们产生预期的感觉和反应。你对一段旅程的害怕程度是事先安排好的，你对着自动照相机尖叫的时刻亦是如此。你微笑、抽冷气、饥饿难忍，都是按照计划被刺激和

万国博览会，伦敦，1851。版权：贝特曼/科比斯图片社

满足的结果。你甚至来不及感到厌倦，因为它也被事先处理了。

大顶盖的建筑是抽象和不易度量的。而在主题公园，一切都是熟稔的：对于那一个个城堡，或威尼斯城的浮光掠影，你已经记不起最初的
348 印象来自何时何处，它可能来自童年的绘本，或饼干罐子上的图案。或者毋宁说它是超越熟稔的，因为它所提供的版本比事物本身显得更加真实可信，因为它中和了令人惊讶的因素——某种味道、旁边的建筑、关于建筑尺寸等不曾预料的方面——这是第一次游览胜地时感受最明显的方面。主题公园考虑到了你的预期，并使其更加纯粹和纯净，然后反馈给你。或者说，它满足了并非由你自己主动产生，而是由它灌输给你的、你之前并未意识到其存在的期望。以佛罗里达的庆典城为例。这是迪士尼公司在20世纪90年代为满足老沃特生前建造一座理想城的愿望而建。小城位于通向迪士尼未来世界和迪士尼乐园的高速公路下一个出口处不远，其目标是通过老式的带门廊的建筑和排屋来重现旧式的小镇面貌，其广告宣传语是“撷取昨日的精华和明日的憧憬，打造最棒的小镇”。

展现在你面前的是过去的生活方式：买房子、生活、工作和养育孩子——当然一切是虚拟而非真实的。小镇主体上是殖民时代风格，有宽大的门廊和游廊，人们通常会摆上摇椅，这是精心侍弄的风景的一部分。这里有新英格兰风格的教堂，而写字楼则采用了装饰艺术风格，以便体现恰如其分的怀旧风。这里有一条主干道，音乐从藏在灌木丛中的扬声
350 器飘出；有一个类似市政厅的建筑、一个老式餐厅、一份叫作《庆典城新闻》的本地报纸。这里好像没有同性恋区或红灯区，也没有贫民窟，也确实没必要有，因为几乎所有的人都是白人。连天空都是经过加工的：抬头仰望那一片片令人愉悦的云朵，你会发现其中的一朵，好像是出于什么气象学的巧合，看上去像一张笑脸。其实那不是巧合，是一只看不见的手的杰作。

大顶盖具有结构和形式。它们具有设计师所称的“整体性”(integrity)，这体现在建筑物所使用的材料、建筑物坐落的方式，你所见的东西，是完整而统一的。主题公园是关于视觉和形象的，它们是何种

上图：梦幻乐园，纽约科尼岛，1904—1911。版权：安德伍德 & 安德伍德/科比斯图片社

下图：金字塔，拉斯维加斯，1993。版权：罗恩·穆尔

庞德布里镇，多塞特，自1993年始。版权：罗恩·穆尔

质地——塑料、石膏、胶合板或油漆——都不甚明了或重要，整体的形状已经迷失在了感官刺激和模仿的海洋中。在拉斯维加斯一个名为“纽约州纽约”的度假旅馆中，有仿造的摩天大楼、上流社会的建筑、消防栓、黄色出租车、熟食店以及这座东海岸城市的涂鸦。室内还有一个缩小版的中央公园，只是原本网格状的道路规划被一种蜿蜒而缺少方向感的布局代替，令游客被动地徜徉于酒店精心准备的丰富商品中，而不必费劲做除了“买什么”之外的任何决定。消费是唯一能见到的东西。

你闭着眼都能够用一支圆规画出巴克敏斯特・富勒所设计的穹顶。福斯特所设计的机场也没什么复杂之处。迪士尼乐园的轮廓线看上去是不清晰、不连贯的。无论是出于什么原因，这原因都是含糊不清的，尽管主题公园里每样事物都有原因，都经过了精心安排。

大顶盖和主题公园背后是截然不同的文化品位。由建筑师（通常是知名建筑师）设计的大顶盖格调高雅，广受好评，赢遍大奖，“新颖独创”，看似具有公益精神。它和水晶宫及坟墓有相似之处，是完美、独特和完整的。主题公园则主张消费者至上，带有粗俗、贪婪和退化的色彩。主 352
题公园是“梦幻工程师”（imagineer）设计的，这个词是迪士尼乐园和其他寂寂无名的顾问发明的。一个是现代主义，一个是后现代；一个抽象，另一个流行；一个是崇尚国际主义或略微左派政治纲领的政府的杰作，另一个更像是追求利润的娱乐公司的作品。

在建筑史上，水晶宫的矛盾性质被视为一个令人遗憾的偏差或错误，自然也不宜被过多效仿。然而这种效仿过去存在，现在也存在。迪士尼未来世界有多面穹顶，迪士尼正是它最狂热的追随者之一。然而，同样采用了穹顶设计的博览会有排除主题景点的趋势，在温哥华举办的“星际恐龙”（Extreme Dinosaurs）展览就是一个例子。

诺曼・福斯特在伦敦斯坦斯特德机场（Stansted Airport）地面层上方设计了一个优雅明亮的大屋顶。但令他沮丧的是，屋顶下店铺林立，拥挤不堪。接下来，他又设计了香港的赤腊角机场，它有着一个同样优雅但大得多的屋顶，但这里依然也充斥着各种买卖活动。

诺曼・福斯特又一次感到沮丧。后来他又设计了北京新机场，这次的屋顶依然优雅，而且规模更大。然而甚至在机场运营之前，伪造的宝塔和俗艳的图腾就像僵尸一样不可阻挡地拥进来，想必设计师很不喜欢这一点。

每个机场都在复制水晶宫模式：上部是大顶盖，下部是主题公园。伦敦的千禧穹顶也是如此：最初是作为庆祝千禧年的象征，然后是重新启动，成为O2音乐演出场所。上部是钢丝网支撑的特氟龙层覆盖的大顶盖，覆层用十二根竖杆支撑，这形成了对钟表的十二个时辰的某种暗示，同时也与不列颠展（Festival of Britain）的乐观的现代主义结构相关。
353 托尼·布莱尔曾承诺在这里举行一场"极其惊艳和振奋人心的庆典，它既蕴含了不列颠的自信和冒险精神，又包含了未来世界的精神"。千禧穹顶将：

> 像迪士尼乐园一样充满欢乐，但它有着自己的不同之处。它具有教育和互动性质，但是和科学博物馆也不一样。它像伦敦西区音乐剧一样令人感动和振奋，但仍然有不一样的地方。

事实上，它像是一堆取悦大众的混合物：巨大的人形、球状的和尖锐的造型，传达着对人类和世界屈尊俯就的信息，它的下部则沿袭了水晶宫的风格。可惜这一切并没有很好地取悦大众。它与迪士尼乐园的主要不同在于，后者更加专业和充满了更多欢乐。千禧庆典结束后，人们关于这座建筑的命运纠结了好几年。之后，它被打造成了一个可容纳两万名观众的长方形音乐厅，穹顶和长方形之间的空隙成为具有拉斯维加斯风格的零售和购物的区域。黄色的竖杆半遮半露，或者说被蹩脚的装饰艺术风格吞没了，让人看了感到羞惭。

大顶盖加主题公园的模式被效仿了一百六十年之久，就某种意义而言，我们必须把它看作一个遗憾的意外，而不是一种病症。人们会不由自主地被这种包含明显对立风格的模式所吸引，这一定有某种原因。可以想见的是，大顶盖考虑了其笼罩的人群，实际上是把人看成了原子或流动的小点；人们以类属的形式存在，而具体的感受则被忽略了。人们

赤腊角机场，香港。由福斯特设计公司设计，1998。零售业相关内容由其他人补充设计。版权：罗恩·穆尔

很难切身感受到这种建筑的魅力。参观者会远远地发出惊叹：哇，那个
355 东西真大！然后呢？而从理论上说，主题公园满足了人们具体的愿望，以更加直接的方式吸引消费者，但它提供的满足感是根据规则安排好的，即使这些规则在今天看来是很复杂的。

两者都需要空旷的场地，需要一块供人完全自由挥洒的白板。大顶盖是未来主义的，主题公园则带有怀旧的色彩。但两者都存在于一个兼收并蓄的时代，它为过去和未来提供了具有可塑性的版本，但是都把现实的复杂性排除在外。两者都摒除有生命的记忆，尽管怀旧情结表面看来是在向其致敬，而设计师和脚本创作者也提供了一些这样的记忆。

两者都在全球化这个概念上做文章。阿尔伯特亲王认为万国博览会将庆祝和推动“所有历史指向的这个伟大端点的成就，以及人类团结的实现”。在迪士尼乐园的所有景观中，沃尔特本人最喜欢的是《小小世界》(*It’s a Small World*) 这个演出：三百多个发音活动玩偶身穿世界各国服装，齐声唱着表达了与阿尔伯特亲王类似情感的歌曲，身后是比萨斜塔或圣瓦西里大教堂等景点的微缩景观。通过不断重复着“这是一个小小世界”，它们强调了希望、泪水等全人类共通的东西。

歌曲《小小世界》(*It’s a Small World*) 是沃特·迪士尼为1964年纽约世博会上的联合国儿童基金会展馆打造的，该馆由百事可乐出资搭建。彼时，迪士尼团队的作曲家罗伯特和理查德·谢尔曼正在打造即将面世的重磅作品《欢乐满人间》(*Mary Poppins*)，他们在百忙中抽空创作了这首歌曲。

从阿尔伯特到迪士尼直至现在，每一场世界展览会都沿袭了这个世界大同的调子，即便当举办展览会的目的是宣扬主办国的实力时也不例外，比如1851年伦敦世博会、1893年芝加哥世博会和2010年上海世博
356 会。这个基本立场是难以驳斥的；谁不想要世界和平呢？但是在谈及世界时，阿尔伯特亲王和迪士尼抹杀了细节和区别，并且无视组成生命的具体时间和空间。由此，阿尔伯特的妻子所统治的王国和迪士尼成立的公司得以在全球扩张他们的业务，而不会遭到令人尴尬的反对。

大顶盖和主题公园包含了世界的影像，即便它们想要创造的是一个

不包括异邦的自给自足的世界。它们只有内在的地平线，而对自己情境和脚本之外的世界一无所知。

大顶盖和主题公园都受制于外力，而自身也具有控制性，两者达到了电影《楚门的世界》里表现的那种完美的结合，即使这种完美是虚假的。电影中有一个类似天空的巨大顶盖，它笼罩在一个风景如画的小镇上方。但小镇其实是电视真人秀的布景，只有主人公楚门·伯班克不知道这个顶盖的存在，他自己的生活由制片人控制，而他自己完全不知情。

《楚门的世界》拍摄于佛罗里达的“海滨”社区。这个经典的社区是“新城市主义”流派的先锋作品，后来这个流派又创作了庆典城。海滨社区和庆典城都是虚构的，但是因为可以在其中实际地生活，它们在某种意义上具有一定的“真实性”。两者都让你免于发挥自己的想象力。在《楚门的世界》中，海滨社区在主人公眼中是真实的世界。他生活在大顶盖之下，整个小镇的情境像主题公园一样逼真，控制着他的生活。巴克敏斯特·富勒和迪士尼在此达成了共识，他们成功地消除了人的本质属性。他们在自己的蓝色天堂彼此握手，俯视着，微笑着。

设计了庞培亚艺术中心和圣保罗艺术博物馆的丽娜·博·巴尔迪
和高线公园的设计师的成功之处在于，他们发现了、扩大了和充实了既 357
不属于大顶盖又不属于主题公园的空间。他们的作品兼具前者的开放性和后者引起人共鸣的细节，而没有两者控制一切的野心。他们的设计给予人运动的自由，但不是毫无目的的原子运动；它们触发记忆和想象力，而不是把人引向固定的剧本。它们既不会把你掷入一片技术的虚空，也不会操纵你的思想和情感。它们是充满力量的场所，但不会过于强硬。

庞培亚艺术中心的旧工厂有一个大屋顶，圣保罗艺术博物馆的上面两层也有一个大屋顶俯瞰着下面的广场。这两个屋顶绝非抽象或不切题，它们一个承载着历史，另一个容纳着艺术和艺术的历史。高线公园的旧高架桥，同网格状穹顶一样，是一件工程作品或一个巨型结构，但经过时间的洗礼和改造后，已经比较适合人类的亲近了，包括身体的栖息和想象力的驰骋。在庞培亚艺术中心，人工河流、城堡般的高塔及其富有史前感的窗洞，还有一场场民间艺术展览，唤醒了记忆，也激发了想象。在高线公园，这一点是通过对铁路遗迹的处理和户外人工植树实现的。

这些建筑的成功取决于它们的姿态，即掌握了张扬和隐忍的时机。它们知道何时采取极端，远离乏味和平庸，庞培亚艺术中心的混凝土高塔和横跨标准酒店的高线公园就是这方面的例子。它们会有选择性地对所改造的建筑的某些部分予以保留、修饰或移除。它们坚定果断，同时也是不完整的，任由使用者以自己的方式将其填充。没有书本或规则指导如何实现这种开放性，它取决于设计师和客户的思想，以及各种事件的巧妙汇合。重要的一点是，这种巧妙在一开始追寻神奇水晶或完美脚本的时候没有被弃之不顾，而且还需要有人在它出现时能用慧眼识别
358 和珍视它。

庞培亚艺术中心、圣保罗艺术博物馆和高线公园，都因坐落在大都市里而显得稀有并令人印象深刻。想要在树林中造一间小屋，或者在山上盖一座教堂，是比较容易的，但是若要在圣保罗或纽约这样的大都市做同样的事就困难许多了。圣保罗艺术博物馆面对的保利斯塔大街不比迪拜的扎耶德酋长路窄多少，而且道路两侧比后者具有更多更复杂的公共空间。

然而和它们所在城市目前的建设规模比起来，这些建筑仍然是小巫见大巫。在中国，深圳用了三十年时间，从一个人口只有几千的小镇变成一个人口上千万的大城市。如果到2025年有八个城市的人口超过一千万，人们就会需要比丽娜·博·巴尔迪对旧工厂精心缓慢的手工改造规模更大和更有力的手笔。这是一个关于速度和规模的问题：当一个开发商可能一口气建造若干座三十层的高楼时，除了一个个单元的单纯复制之外，哪里还有差别、梦想、细节、姿态、开放性等要素的空间？如果庞培亚艺术中心和高线公园的工地上意外发现了宝藏，在这方方正正、尘土飞扬，与其他任何时空都没有关联的大工地上，又会发生什么呢？

这里也有一个具体化的问题，而技术的进步也折射着建筑的繁复。一幢大的维多利亚时代的房屋内有许多单独的空间：食品室、餐具室、冰

库、洗衣房等，每一个空间都有自己独特的物理属性，比如温度、气流、尺寸和表面状况等，以便满足各自的功能。而今天，这些功能都被60厘米×60厘米×90厘米的白色家电取代了：冰箱、洗碗机、冷冻柜、洗衣机等。

有时哥特式大教堂会被与现代机场或火车站进行比较，以作为高超设计带来宽大空间的例证。如果以电影做类比可能会更准确。在中世 359
纪，如果想创造出凭借丰富的内容、对感官具有吸引力和因光线而具有生机的令人叹服的景观，最好的选择是建筑：用石头建造框架，上面镶有彩色玻璃，饰以雕像和绘画，室内飘荡着音乐，举行着演出或仪式。建筑物的拱门、弯梁和扶壁能够让更多的光线和景象进来。尽管建筑物本身令人叹服，也会让未来的历史学家和游客着迷，但其各种要素发挥的作用和一台电视机后面的电路差不了多少。

教堂和电影一样，都需要才华和金钱来打造。一座教堂的感谢清单上要包括建筑师、画家、雕刻家、石匠、玻璃匠、木雕师、木匠、镶嵌师、镀金匠、银匠、乐师、唱诗班和神职人员。电影的贡献人员则包括制片人、导演、演员、编剧、摄像师、场务等。一部大手笔电影的预算足以建造一座坚固的大厦。1997年，电影《泰坦尼克号》上映，毕尔巴鄂的古根海姆博物馆向公众开放。前者的成本是两亿美元，而后者是一亿美元。

电影将景象浓缩，靠投影原理在漆黑的电影院里重复放映。起初，电影院设计师认为有必要打造宏伟华丽的发烧级的观众席，后来逐渐发现吸引观众的是电影本身，而放映厅越简单越好，其设计不需要比多层建筑里的停车场更复杂，也不必进行复杂的装潢。再后来，人们在手机上看电影，过去是通过宏伟大厦打造的景象，现在能容纳到小小口袋里了。

如果技术的进步减少了人们对建筑物各方面的需求（从制冷到感官享受），或者建筑不再担负娱乐的责任，那么它就要改变直到19世纪都一直被理所当然地沿袭的方式了。建筑可以通过标新立异的造型来回应这种目的不确定性，而现实中常常如此。但是，情况也仅此而已了，因为单纯从乐趣和兴奋的层面而言，一座建筑很难胜过一部电影。建筑也可 361
以通过强调其他媒介所缺乏的特性来回应，比如其真实的三维存在、持

深圳，中国。版权：瑞恩·莱尔/科比斯图片社

古根海姆博物馆，毕尔巴鄂。由弗兰克·盖里设计，1997。版权：所罗门·R.古根海姆基金会，纽约。摄影版权：罗恩·穆尔

久性、精心建造的性质等。这正是极简设计的理念：剥离干扰成分，让注意力集中在木石材料的纹理、切割和连接方式上，集中在光线的投射或建筑的比例上，等等。

但是对建筑而言，仅仅聚焦于建造工艺，也是有局限性的。视觉形象在建筑所依附的文化中有重要地位，如果建筑忽略了这一点，其价值就有可能被忽略，或建筑的视觉效果会背离其初衷。尽管极简主义想要超越外观层面，但其风格最终被各种杂志偏爱。只要有足够的白漆和浅色木料，室内设计师就能够让这种风格在全世界大行其道。

一个不太注意得到的现实是，优秀的建筑与所有的特性和可能性并行不悖。优秀的建筑在材质、用途和外观方面各有千秋，它存在于这多样性中，而不是一成不变的。如果过于强调视觉效果，它就仅仅是一个符号，有着一个多多少少有些趣味的形状，而里面可以发生任何事情。如果侧重于建造工艺，就会成为鉴赏家的目标，而与真实的生活脱节。从宜居性的角度而言，建筑的主要功能是适合身体和想象力的栖居，但是孤立地考虑这个方面也不会达到好的效果。

欧洲两家最著名的建筑事务所，曾试图通过从事与北京2008年奥运会相关的建筑设计，对中国城市的规模做一些了解。它们是大都会建筑事务所（Office of Metropolitan Architecture，OMA）和赫尔佐格与德穆龙
363 事务所（Herzog & de Meuron）。两家事务所分别坐落在莱茵河的两端，前者位于荷兰鹿特丹市，后者位于瑞士巴塞尔市。这两个国家面积小但经济繁荣，不同之处是荷兰地势平坦，而瑞士多山。它们参与的建筑是国家体育场和中国的国家电视公司（中央电视台）的总部大楼。

大都会建筑事务所和赫尔佐格与德穆龙事务所有一个共同点，即能够对项目进行概念化的思考，然后依其理念打造颇具争议性的建筑造型。大都会建筑事务所更偏重理性，赫尔佐格与德穆龙事务所更侧重感性，但两者的每一个设计都经过了精心思考，而且彼此有关联。它们的作品具有高度的识别性，这种识别性与其说体现在标志风格，不如说体现在设计态度和方式。在20世纪，建筑师们追随现代运动，偏爱某些特

定建筑材料（比如钢材、玻璃、混凝土），以及某些特定建筑风格（比如平整而不经修饰的表面）。而莱茵河畔的大师们也会在不同的项目中运用不同的建筑材料（比如塑料、泥土或镜面玻璃），也会在直线和曲线、直角和锐角以及空白和装饰之间变换不定。用某一类风格标签来定义他们是不合适的。

现代运动要求追随者遵循其原则，这些原则是对政治意识形态（尤其是马克思主义）的模仿。大都会建筑事务所和赫尔佐格与德穆龙事务所繁荣于一个政治更具有流动性的时代，各种信仰和道德更加变化不定。两个事务所都获得了普拉达和中国的青睐。前者是时尚界的一个品牌，后者是一个有实力的国家，两者都被它们的精心设计和惊艳作品所征服。缪西娅·普拉达是一名国际女企业家，曾加入共产党。中国是一个共产主义国家，它对商业活动也大有兴趣。两者选择了相同的设计师来传达自己的力量和多面性。

近几十年来，体育场馆通常被视为需要满足各种实用功效的设施，
比如观赛视线、观众拥堵处理等，而顶盖的处理成为表达设计理念的主 364
要渠道。张紧的桅杆和缆线、巨大的悬臂和桁架，以及伦敦温布利球场上方巨大的抛物线拱形结构，皆以令人瞩目的方式解决观众的日晒雨淋这一问题。由赫尔佐格与德穆龙事务所参与设计的北京的国家体育场，被同时视为一件大作品和一件小作品：它是一座城市建筑，是一个大城市的意义重大的新作，同时又是一个碗状的单体建筑。

根据事先的规划，国家体育场将被打造成“一个独一无二的历史地标”，其空间效果“标新立异而又简洁明了”。 宣称的目标是将其打造成北京的一个符号，如同埃菲尔铁塔之于巴黎那样，同时也希望避免体育馆在赛事结束后被弃置不用的命运。

国家体育场被设计成一个碗状的建筑。它四周微鼓，中间略陷，边缘光滑，有着钢结构组成的交叉网状图案，看上去醒目而随意。人们很快将其与构成鸟巢的细小树枝形象地联系起来，“鸟巢”也成为这座体育场的别称而流传开来。“鸟巢”的墙体和顶盖均由交叉的钢结构组成。墙体像一座屏风，你可以透过它看到并进入体育场，里面有赛场、楼梯、

上图：普拉达门店，洛杉矶，大都会建筑事务所，2003。莉迪娅·古尔德拍摄，由大都会建筑事务所提供

下图：普拉达门店，东京，赫尔佐格与德穆龙·建筑事务所，2004。赫尔佐格与德穆龙建筑事务所（巴塞尔）提供。摄影版权：克里斯蒂安·里赫特斯

栅栏和餐厅。“鸟巢”内部沿其结构有一圈既通透又有遮蔽的空间，设计师称其为“拱廊”(arcade)，无论体育场上赛事进行与否、何时进行，北京的城市生活都能在这里进行。中国各城市中，体育运动、比赛和商业活动似乎充斥着每一块空地，如今人们期望这些活动也能在这里上演。体育场的比赛场地呈灰白色，非常光滑，如同贝壳的内侧。在这里，比赛是焦点，而“人群则成了建筑的一部分”。 366

这座建筑似乎玩着感官游戏。它明明是巨大的，但是因为碗状的外形，看上去似乎能被拿起来端走。它的结构不加修饰并暴露在外，遵循着帕台农神殿（指现代被毁坏的那座，而不是古老绘画版本）的传统和现代设计的理念，但是倾斜的线条组成的屏障似乎减轻了这结构的重量，让它看上去不像是建成的，而像是画出来的，也像是在二维表面上制成的一维刻花作品。你只有在靠近时才能感受到它的重量。然而之前看到的表面不见了，剩下的只有线条。

如果说“鸟巢”体育场在不同尺度间跳跃而没有定论，它的形象也可以打多个比方，比如像一只碗或一个鸟巢，这简直是非常接近中国特性的优越感象征了。但它的实际效果，除了形式和结构上的大胆和复杂的视觉效果，也有近乎粗劣的一面。它是帕台农神殿，**也是**小玩意儿，既是自然景观，**也是**游人如织之地。它和世人开着玩笑。它既像埃菲尔铁塔一样令人瞩目，也能被轻轻松松地做成礼品和小玩意儿。

作为一个标志而言，国家体育场是成功的。它在电视里看效果很好，而奥林匹克运动会是一场镜头的盛宴。它传达了中国人希望表达的关于这个国家的一切：强大、果敢、前瞻、自信、聪慧、干练。它的壮观不是言过其实的。为建造体育场投入的人力和物力是巨大的（伦敦2012年奥运会体育场的钢材用量仅为“鸟巢”的四分之一），而且在其施工过程中，由于使用了大量人员而安全意识不到位，发生了一些死亡事故，其数量不详。但是它看上去很棒，过去如此，现在亦如此。

国家体育场是一个地标。它吸引着方方面面的眼光，在灰蒙蒙的空气中若隐若现，其形状也代表着北京缺少规划的扩张。在奥运会之 369
后，这座体育场经历了不同程度的成功。它之后只举行了少量的赛事，

奥林匹克体育场，北京，拱廊。供图：赫尔佐格与德穆龙建筑事务所，巴塞尔。摄影版权：罗恩·穆尔

并且未能逃脱所有奥运场馆的魔咒：巨大、沉重而昂贵的建筑只为一个短暂事件服务，而后只能苦苦寻找其他用处。为临时用途建造的永久建筑，本应在赛事结束后立即拆除，但是没有人敢承认这个代价巨大的真相。所幸“鸟巢”成了一个旅游景点，每天有成千上万的游客花钱来此游览并拍照留念。作为一架用于观赏的机器（作为一座新的“埃菲尔铁塔”），它是相当成功的。

这座体育场具有双重生命：一种是作为成功举办奥运会赛事的巨大临时场馆，另一种是之后作为一个目的不明确、具有雕塑感的宏大作品。因其复杂性和深度，以及“钢铁树枝后面发生着什么事情”的感觉，“鸟巢”有了生活的面貌，但那种面貌，也与现实相差无几了。

大都会建筑事务所的创办者兼领导者、建筑师雷姆·库哈斯（Rem Koolhaas）参加了中国中央电视台（CCTV）总部大楼的竞标，并且在这场竞争中胜出。他的这一举动表明，世界的权力中心已经转移。时值2002年，关于是否在世贸大厦遗址上进行重建的争论正进行得如火如荼。库哈斯，这位世界上最具魅力且受到当时《纽约时报》建筑批评家极度崇拜的设计师（据一份调查，后者的所有文章中，对库哈斯的引用占据37%之多），被认为会参加重建的总体规划的角逐。但是库哈斯放弃了这个有可能带来世界上最丰厚设计费的机会，转而投向他心目中另一个更大的机会，它涉及的是一个有前途的国家的标志，而不是一个可能江河日下的国家的纪念碑。“这是一个关注点的问题”，他如是说。后来
370 世贸遗址事件的走向，证明他的选择是明智的。

大都会建筑事务所在竞标中打败了（SOM事务所，尽管布什总统为后者进行了游说。库哈斯的方案与“智竭力穷”的美国式摩天大楼截然不同。他没有选择有竖直电梯、一通到顶的高楼，而是提议建一个51层、234米高的巨大环状建筑。一座四方的楼将在底座上（以一定的角度）矗立，在顶端作水平转向，向侧面延伸，然后再降至底座。换种方式说，它像两条四方的腿，在底部和顶部相连，而中间是一个巨大的开孔。能够沿纵向和横向运行的特殊电梯，将连通大楼的内部。其理论依据是促

进相互沟通，并打破部门因逐楼层设置而可能产生的限制。

大都会建筑事务所对大多数摩天大楼的评价如下：“沿袭固定的模式，仅能满足例行活动。外形的垂直被证实阻碍想象力的发挥，创造力随着高度猛增而陡降。”相比之下，CCTV能够整合“其所有运作，使其连续进行，让每一个员工时刻意识到同事的存在，形成互相依存的链条来
促进团结与合作，防止隔离与孤立”。CCTV的环状设计能够提供“史无 372
前例的公众接触面”，参观者可以穿楼而过，既能看到楼内的活动，也可以俯瞰脚下的城市。

现在还不能验证大都会建筑事务所关于建筑运作的理论的力量，只有大楼投入使用若干年后才能验证。大楼的设计初衷是和国家体育场一起作为地标建筑，迎接2008年奥运会。但是项目没有如期竣工，而2009年的一场大火烧毁了在新楼旁边建设的东方文华酒店，该酒店也是由大都会建筑事务所设计的。火灾的直接原因是为庆祝农历新年违规燃放的烟花。项目被进一步拖延下来，而火灾只是其中的一个原因。

然而从表面来看，一改建筑物的直立形状为环状，从而产生更多互动的说法，似乎站不住脚。迂回前往一个远远的部门并不比乘传统电梯上下容易。宽阔的、可以步行通过的楼层更有利于沟通。配有新奇的横向电梯、横越大楼的公共路线，也许能成功地激发沟通，但是从安全政策的角度来看是不够妥当的，而后者较之建筑师更能决定大楼的开放度。促进公众参与是可嘉的，因为对于中国的国家电视台而言，这曾经是一个陌生的概念。然而这个通道可以像切换电视频道那样随时被关闭。CCTV有成为一个巨型的“谈心隅综合征”（conversation-pit syndrome）
实例的危险，即它的外形暗示着群体性，但实际上不一定能实现。 375

像国家体育场一样，大楼为公共生活提供空间的初衷可能也不是完全成功的。也像体育场一样，它在北京的天空下巍巍矗立，颇为壮观。起初，北京只有一些寻常的低层建筑，看上去大同小异，可有可无。尽管有个别建筑具有别样的造型，比如塔形屋顶、尖顶、错落或锥形，但CCTV大楼横空出世后，吸引了所有的关注，这是其他建筑很难做到的。它是一座有质感的巨大建筑，人们要从不同角度领略它的三维特性，相

中国中央电视台总部，北京，大都会建筑事务所设计（OMA），2012。剖面图显示环状结构。轴测图已完成。供图：OMA

中国中央电视台总部,北京

上图供图:OMA。摄影版权:菲利普·路奥特

下图版权:OMA。摄影:吉米·格尔利

比之下，其他很多建筑都是简单的堆砌而已。它是地标，提醒在远远的高速路或郊区的你正身处何处；当你走近时，它无声地彰显着自己的范围。

荷兰设计的CCTV大楼和瑞士设计的国家体育场还有其他的相通之处。CCTV大楼的比例存在不确定感，整体造型设计被给予更多的考虑。国家体育场不是通过梁或柱展现其结构，而是通过罕见的交叉网格状结构体现的，其交会联结的造型与体育场馆气氛交相辉映，格外醒目。

一扇正常尺寸的门或窗，能够很好地让你感受到它们的大小，而一个门户般的环形建筑内的巨大开孔，则纯粹是一种象征。它无疑是巨大的（150万平方英尺），但看上去像书桌上的装饰品，可以一拿就走。大楼水平和垂直的面都做了同样的处理，强化了它类似一件物品的感觉。如同国家体育场一样，CCTV大楼类似多个形象，而它在其中跳脱不定。它像一个中国汉字，而北京公众把它比作平角短裤，或者一个呈跪姿的女性的后半部分（库哈斯不得不进行公开澄清，称最后一个比方蕴含的形象并非出自本意）。大楼像具体的事物，但是又不能确定它像什么。

CCTV大楼棱角分明，幕墙暗沉，与国家体育场相比，显得威严有余
376 而亲和不足。但它也想要展现生机勃勃的面貌。巨大的门户造型表达着欢迎或接纳，凹凸线条组成的表面传达着活力。大楼底部是一个大广场，将来有可能成为一个熙熙攘攘的公共场所。如果说国家体育场的辉煌时期已过去，那么CCTV大楼的时代还没有来临。两座建筑以相似的方式展现了中国现代城市的广阔和快速发展。这两座新颖而壮观的建筑像埃菲尔铁塔一样，成功地做到了"可以被模仿，但不能被超越"。它们像平面图像或标志，但同时也是宏大和立体的。最后，它们与迪拜那些一句话便可尽数形容的建筑（像一艘帆船、一朵郁金香、一粒珍珠等）不同，它们和视觉形象玩游戏，似是而非，复杂微妙。你看的次数越多，时间越久，理解和感受也会越多。

贯穿这本书的一个观点是，建筑外形的重要性往往被夸大了。建筑师希望外形能够带来奇迹，但如果将外形与光线、比例、材质、环境和时间割裂开来，那么它并不会发挥很大作用。一座建筑可以棱角分明，也

可以浑圆一体；可以朴实无华，也可以精心修饰；可以匀称利落，也可以别致如画；可以是哥特式的，也可以是现代风格。而在这些特色中，没有一个能够单独决定，建筑对出入其中的人来说是丑陋、美丽、威严、亲和、有益还是有害。一座位于中国园林中的宝塔，和英国皇家植物园里的塔不能相提并论，与主题公园里的塔也大相径庭。一座覆以琉璃瓦的木塔和一座四十层高的混凝土高塔有天壤之别。关键不在于塔的形状。佛罗伦萨一座教堂中精美绝伦的部分，如果移植到拉里·迪恩位于佐治亚州亚特拉大的宅邸中，可能就不那么美妙了。一座呈粉红色心形的建筑也未必是可爱的。形式只是若干表现手法（或特质、效果）之一。它与语言、句子、词汇和诗篇的形式有相通之处，即虽然很重要，但不能单独存在。它需要与其他因素产生互动，比如感官、功用等，即要与生活互动，而沉迷于形式的建筑师往往无视生活。 377

赫尔佐格与德穆龙事务所和大都会建筑事务所，比其他当代建筑师都深谙这一点，但北京奥林匹克体育场和CCTV大楼的外形是最引人注目的。它们在公共性上的努力不是得不偿失的：无论它们最终是否会完全成功，仅尝试一举就已经比大多数奥运场馆或广播电视中心走得更远了。它们展现的样子是远非静默的，而是想要具有暗示性，并且在很大层面上已经对城市产生了有力影响。它们不仅引人注目，而且改变了人们对一大块区域的认知。它们奇异的外形不像迪拜的高楼那样毫无道理，而是至少传达了某种智慧。

奥运会采用了与世博会、博览会和主题公园相同的宣传论调：宣扬全球和谐，各国团结、兄弟般的情谊以及和平。它们出于对这些理念的天真信仰而这样做，但是以牺牲个别性来追求普遍性才得以实现，而这正符合权力的意愿。在几乎所有的体育赛事中，大规模的场馆兴建被用来消除一个城市公认的丑陋之所，对它们进行重建。在北京，奥运会之前和期间的大量施工，使得大量胡同消失了。胡同是四合院住宅形成的传统街区，其窄窄的道路曾维系着特有的生活方式。对于胡同的价值，只有在最近才形成了一定的认识。在此基础上，许多幸存的胡同被修复、改善、重新装饰，成为昂贵的令人向往的生活处所。

国家体育场和CCTV大楼包含着一个矛盾的目的：它们致力于恢复奥林匹克运动会项目和北京再开发项目关于区别、摩擦和特殊性的某
378 些理念，而项目背后的意识形态则倾向于抹杀这些理念。设计师试图用设计意图表达这种不同：体育场周围充满活力的拱廊，或者将人们带入CCTV内部的“环”。这种尝试仅仅部分成功了。他们自信地尝试通过外观体现这不同。两座建筑都有非常复杂的外形，这容易让人批评它们不真实，批评它们只是创造了包裹同一个宏大理念的不同风格而已。

这两座建筑都是在处理现代城市的宏大规模方面所进行的尝试。它们只是些速写或初稿般的作品，而其所致力于描绘的理念原型，则是
379 那种引发国际关注，展现大都市风范和地域特色的建筑。

第十章　像面包一样不可或缺

当拉里·迪恩着手在亚特兰大建造他那劫数难逃的豪宅时，他的目的或许与阿曼达·博顿在推动建设纽约高线公园时的想法并无本质区别，与阿萨姆兄弟，与山崎实，与建造桂离宫的亲王们也并无根本不同。他们都在努力改变整个世界或者部分世界的形象，来反映他们所希冀的事物的原本样貌。他们中的每个人都有痛苦的一面，有虚空需要填满，有爱和梦想，但他们被同一个念头驱动着。他们都坚信建筑的力量，相信可以通过它实现或至少呈现各自的愿望。

他们各自取得了一定程度的成功，这要部分归功于运气；也要归功于建筑这一媒介的自身属性，以及他们与这些属性配合或者不配合的方式。举例来说，有人认为拉里·迪恩过分关注形式和外观，而忽视了他周围的人类现实世界。如果高线公园让人更舒服些，那是因为它的建造者注意到了场地中存在的记忆和希望，以及属于那里的生活。他们的建设并非强加其上，而是源于探索，自然出现，并且为未来的生活和诠释都预留了充足的空间。

很显然，建筑是由建筑商、承包商、建筑师、顾问和委托人共同建造的，他们在建筑建成之前便已聚集一处；但其实，建筑的建造，还通过使 380
用者使用建筑的方式，通过从业主到租户到过客的不同体验者想象和体验建筑的方式，得以完成。绝大多数人既不像左塞尔法老一样能下令新建金字塔，也不像纽芬兰渔夫一样可以到处迁移，但又都会期望打造自己的小天地。如果不能通过征地和委托承包商的方式实现，我们能采取的方式就是对所发现的空间通过居住和想象加以塑造。如果我们使用的建筑工具不是吊车和钢铁，那便如约翰·伯格所说，我们是通过布置和移动，是使用“语句、玩笑、观点和手势”，来制造处所的。

建筑由人类情感和欲望塑造，随即又成为新情感和新欲望的背景源泉。从生机勃勃到死气沉沉，再到焕发生机，周而复始。也正因如此，建筑总是不完整的，或者说，只在其内部或周围的生命映衬下才变得完整。它，便是背景。虽然威尼斯、曼哈顿或者阿尔卑斯山都可以作为背景，但这并不意味着，建筑作为背景就一定要毫无生气、沉默无声。

尽管看上去固定不变，实际上建筑在建设、居住、老化、翻修和改建的过程中始终保持着运动。它们的寿命短暂，要短于其他事物。如果建筑学通常由于其设计内容更为持久而被作为单独的专业，并与花园设计、室内设计和舞台布景区分开来的话，那么这一区分是错误的。实际上，桂离宫或高线公园的独特景观，加上它们对事物的使用独具匠心且富于变化，都证明了时间可以成为空间结构的组成部分。

建筑并非独立存在，而是与周围的环境共同作用——其他建筑、气候、风景、文化、政治。如果说北京奥运会场馆不得不响应电子媒体及最直接的实体情境所塑造的空间，那么，这也是它的周边环境的一部分。
381 完全空旷的场地是不存在的。建筑学并不是对建筑的设计，而是对内外空间的设计——因一栋建筑的施工或改建，而轻微或彻底地形成或改变的空间。

建筑中包含了不同使用者之间的权力关系，例如土地主与市民、业主与承包商、建筑师的梦想与使用者的体验，等等。它们之间存在由于利益和愿望叠加而产生的分歧，有时人们希望出现分歧，有时他们会寻求消除分歧。它们或多或少具有赋权的特性：实现自由、创造契机、丰富环境；或者阻隔连接、定格一切、强加于人。它们能够对抗沉闷冷漠，或拒绝完整完美，或改善一成不变，或压制形式依赖。过度程式化、试图预言未来所有行为的建筑，也有着与之类似的作用。

建筑就功能性而言，既是符号又是工具。它在发挥一种作用时，看起来却像是在展现另一种作用。在这一欺骗性中潜藏着灾难的风险，就如同迪拜高楼大厦的外表掩盖了缺乏金融支持这一事实，但建筑功能的不稳定性也是它的魅力所在，它让暴君兴建的工程显得更有人情味。约翰·索恩爵士的住宅和博物馆虽然不能成为他家族文明复兴的工具，却另有作用，它展现了一个知识和艺术熏陶的世界，这至少令人安慰。蓬皮杜中心，虽然未能准确呈现革命理想或灵活性理论，但仍然颠覆了人们对巴黎的感受，或者，阿萨姆教堂也不仅仅是18世纪天主教保守派的宣教场所。

较之更进一步的，是空间与使用、形式与内容的和谐统一，是可以被形容为诗歌的建筑表现。穆罕默德酋长和丽娜·博·巴尔迪都将自己所追寻的东西称作“诗歌”，但他们各自的理解截然不同。对于他，那是高耸入云的大厦，如同他笔下描绘的猎鹰，向满怀赞叹但又被动旁观的 382
人们展示着种种心醉神迷。对于她，那意味着将人性和自然的方方面面汇聚在空间之中，其间处处可见和谐韵律：与此直接相关的是她作品的居住者和体验者的积极参与。从文学的角度来看，诗歌具有两种特性：对世界的开放；通过隐喻和韵律形成连接，发人深省。这些特性在她的建筑之中也可觅得踪迹。

我现在位于科潘大厦，借住在一位朋友的公寓内。圣保罗弥漫着拥挤沉重的气息，作为圣保罗的地标，这栋38层的大型混凝土建筑可以容纳3000人居住，整体呈S形，盘旋上升，就像轻描淡写、随性写就的一笔，为周围杂乱的街区增添了几分别致与力量感。不断重复的水平纹路组成了遮阳板，用以遮挡烈日的侵蚀，并保护窗棂后的玻璃墙；一道道水平线就像五线谱，与外立面共谱乐章。攀缘而上而又婀娜多姿的外墙似悬崖般陡峭，外墙的水平线并非连绵不绝，中间的两处留白，创造了更大的空间，用以建造规划中的公共设施和花园。人们几乎很难免俗地将科潘比作桑巴舞，尽管它实际上并没有炫酷而又温柔地摇摆，看起来却是架势十足。

科潘大厦由颇具传奇色彩的长寿建筑师奥斯卡·尼迈耶在20世纪50年代设计，在本书写作时他已是一百零三岁高龄，他还设计了新首都巴西利亚的议会大厦、总统府、法院、大教堂以及多个部委办公楼。尼迈耶的设计风格体现在炫目白色中的自由曲线。他的设计作品在建筑学中的地位堪比《来自依帕内玛的女孩》在音乐史中的地位，是对巴西式
383 自由、激情和优雅的赞颂，洋溢着男性的欲望。尼迈耶不厌其烦地提及，是女性的身体曲线激发了他建筑设计的灵感。同时，正如《来自依帕内玛的女孩》已成为世界范围内电梯、酒店酒吧和电话铃声的主要背景旋律一样，尼迈耶所引发的建筑风尚从未停止过。

科潘大厦是按照巴西洛克菲勒中心的方向进行构思和出售的，但由于巴西利亚建设热潮导致的建筑业泡沫破裂而停建多年。1966年最终建成时，它已经完全与建筑师的构想背道而驰。比如，设想作为公用庭院的空间被用来建了更多公寓。中心区周围的区域已不复当年盛况，即使别人没有提醒我这里曾发生战事，在白天我依然仿佛能听到炮火声。科潘已经有些老旧，一些位置的马赛克装饰层已经脱落，尽管它和它周边的建筑刚刚在世界上崭露头角。

“就是那个蠢货尼迈耶，”被称为巴西当代伟大剧作家之一的马西奥·弗拉维奥（他身躯肥胖、不修边幅），曾在虚构的《科潘大厦故事》中写道，“和他设计的其他东西都一样，只适合拍照，住在里面糟透了。比方说，这一部分的卫生间没有窗子，就连放屁都会窒息。”没过多久，一位八十八岁的老妪，由于在经济萧条时投资了科潘大厦而心生痛苦，再加上这位剧作家没关垃圾槽门，一怒之下用漂白剂和一个银顶手杖谋杀了他。

我有些认同弗拉维奥的观点，我个人认为，尼迈耶才华横溢，但有些尖酸刻薄，外观上的壮观效果是以牺牲室内效果为代价。科潘就是一个例证，它的遮阳板对建筑独具匠心的外观贡献巨大，却严重妨碍了室内视线。（实际上，它的遮阳效果也并不是百分之百见效。）而同时，尼迈耶
384 在地面层的设计确有过人之处：弯曲倾斜的拱廊商店街颇具特色、两侧的咖啡馆和美甲店也方便这街区居民的生活。尽管科潘大厦体量庞大、外观奇特，但通过这个拱廊，它与周边重新连接了起来。

在它的周围是棋盘式的街道，与周围的古典风格统一了起来。许多建筑的停车场和维修间都设置在低层空间中，这座汽车上的城市呈现出

科潘大厦，圣保罗。由奥斯卡·尼迈耶设计，1966年完成。版权：罗恩·穆尔

了更古老的城市形象。中心区（已经不再是城市的中心）几栋外观宏伟的公寓楼已经人去楼空，因为无法提供如今高端物业必备的安全保障和停车区域。那些四百平方米的宽敞公寓没有灯光亮起，这给街道增添了一抹诡异的黑色。

男妓们在一些街道上游荡，丰胸美腿，只有说话的声音会暴露他们男人的身份。就在这一区，在一个现代主义风格的破败街区里，坐落着普立兹克建筑奖得主保罗·门德斯·达·洛查的办公室。房间宁静，散发着古旧的气息，没有电脑，只有纸张、丁字尺、三角尺、铅笔和成排的棕色文件盒。而不远处的罗斯福广场则聚集着众多剧场咖啡馆和酒吧。朝一个方向走，可以到达宽阔的关怀大道（Rua da Consolacao），经过一大片带围墙的、埋葬着哥特人和埃及人家族的公墓，便会到达如今更加繁华的区域。在一些地方出现了混凝土立交桥，用于缓解交通拥堵，但桥下则是变幻无常的另一个世界。一个未完工的坡道孤零零地矗立着，行人们在其上走过，享受着异乎寻常的自由感觉。

圣保罗地处内陆，只有一条不大的河流从城市边缘流过。在这里建城已经令人费解，更不用说如今人口已经超过1100万；是19世纪末、20世纪初的咖啡种植热潮，使它由一个小殖民地发展扩大。现在它是一座
386 商业城市，不时面临公共场所的欠缺，于是会务实地在需要时紧急新建几个呆板的街区。这令人联想起洛杉矶——似乎永远都在扩大；依赖于宽阔的道路，但人口只会更加密集——在洛杉矶，在本应属于低矮房子的空间里，大厦拔地而起。建筑蔓延着，在这里没有更远处的概念。从科潘大厦后方令人眩晕的螺旋形疏散楼梯望去，地平线上密布着房屋，拥挤的街区间点缀着炫目刺眼的电视天线塔。

我在圣保罗探访本书中所描述的地方，拜访建筑师，参观其他景点，体验着一名兴致勃勃的游客所该看的景色和该有的感受：艺术品店所在的那个和旧金山有几分相似的丘陵地区，意大利区的跳蚤市场，从机场到市区路上的桑巴舞广场，大的烧烤店散发出的油烟和油脂的气味，富人用以躲避交通拥堵和绑架的众多直升机，20世纪20年代咖啡巨头的豪宅如今被周围的大厦映衬得如同侏儒，建在巨大的无花果树中央的高

圣保罗景观,2012。版权：罗恩·穆尔

级餐馆，还有滋味奇妙的番石榴蛋奶酥。

在卢茨老区，庄严宏伟的圣保罗艺术博物馆和长满如拉奥孔群雕般树根的老树的公园旁边，是英国人在1901年修建的火车站。火车站的一侧是售票厅，看起来就像维多利亚时期的文化沙龙，有着高大的白色科林斯式圆柱，中间是立式钢琴，才华出众的音乐家们坐在那里为往来的人们演奏，先是一个女孩，然后是一个上了年纪的男人。一位美丽的牙买加姑娘在那里聆听着。一座桥跨过下沉式轨道，通往另一侧破败建筑中的悲惨世界：样貌扭曲的瘾君子，在背后用手指比画价格的妓女，央求着讨价还价的嫖客，还有站在那里的人们，有些令人恐惧，有些只是因为空虚。一个全副武装的警察站在桥上，将钢琴家和瘾君子的世界完全分隔开来。但只要他一离开，两个世界便混淆了起来。

388 在这个城市的另一部分，一位建筑师正在讨论他精心设计的帕来索波里斯贫民区改造计划，采用的是贫民窟清理的传统态度，但并非清除和重新来过，而是改善当前状况。《圣保罗页报》的商业和经济专版编辑对建筑有着狂热的激情，他还在午夜探访过"健康纳普勒斯"社区（Hygienópolis）现代风格的公寓楼，正如这一名字的含义一样，这一区在出售时的定位，是基于其健康卫生状况的功能齐备。现在，到了2011年，经济复苏，人们的信心增强，随之而来的，是游客从困境中的欧洲来到这里时的观点转变，就如同从南半球望去，月亮已变换了一个角度。

圣保罗庞培亚艺术中心，在享誉世界的当代艺术家奥拉维尔·埃利亚松的作品旁，老人们在下棋，孩子们在观看音响有些刺耳的木偶表演。在它的体育馆里，人们正在踢五人制足球，每次过人和传球都不负巴西的盛名。从它的混凝土天桥望过去，会看到一个不起眼的新购物中心，唯一的亮点在于，它多层的停车场有两条螺旋形坡道，上坡和下坡交错在一处，始终展现出相反的运动方向；去过罗马梵蒂冈博物馆的游客会想起那里的螺旋楼梯，而这里是它的机动车运动版。人们在艺术中心的木板"沙滩"上晒着太阳；在靠近热带的阳光直射下，站立的人们只留下了最小的身影。傍晚时分，当来看舞蹈表演的观众入场时，突然下起了雨。艺术中心粗大的雨水管和排水管一下子迸发了生机，雨水从雨水管中喷出，仿佛穷人家的喷泉迸发成了急流，打在鹅卵石上。“下雨的时候，牛津街上的建筑并不比雨水重要”，大卫·格林这样评价。在这里，雨水和建筑是不可分割的。

总之，我身处一座城市之中。组成它的架构的，有赌博投机、远大理想、空虚浮华、权力游戏，有规划师的指令、交通工程、管道设施、政治和宗教姿态、意外事故、惯常的施工方法、适应与改变，有每个人想拥有家园或生意的奋斗挣扎，有推销贩卖，有广告宣传，有人们的种种现实 389
需求，还有各式车辆。这个架构的里里外外，都被以创造者们料想到的和料想不到的方式使用着、滥用着。这些效果的取得，依赖的是布局、关系、比例、明暗、材料、声学、气息、符号、艺术、装饰、物质、物品、耐久度、外表面、细节和工艺。

影响它的因素众多：天气、污染、植被、装饰、维护、老化、品位、楼价、法律、进出和使用的自由度和限制度、情感、象征、联系、感知、交通、密度、习俗、心境、活动、恐惧、服装、食物、技术、地震条件、人造光和自然光。建筑结构以自己的方式应对这些影响，有时予以强化，有时加以抑制或与之对抗。

在这个架构中存在着一些杰出的建筑作品，不管是哥特巴洛克教堂（其中大团的水汽与纷繁的喷绘相结合，形成斑驳但正合时宜的表面），科潘大厦，还是庞培亚艺术中心。这些建筑都引发了关注，令人为之触动或为之恼火。它们或许是明信片和旅游指南精心挑选出的地标建筑或游客必去之地，或许是电影的拍摄地或小说的故事发生地。但它们永远不能离开周围的事物而独立存在，也离不开在它们之内和之外发生的事件和想法。对糟糕建筑的一个评价便是，它忽视了原本避无可避的周围环境。

有关建筑的最为明显的事实也是最具误导性的：它们坚硬、固定、持久；是单一、独特的物体；具有可见性。这些说法至多说对了一半。

修建建筑时需要决心，需要信念，还需要定局的意识。建筑是有关

雨中的庞培亚艺术中心，圣保罗。供图：庞培亚艺术中心。版权：罗恩·穆尔

未来的想法，永远不可能与现实情况完全吻合，因此也必须将决断力与 391
对事物的开放态度结合起来。

正是出于这些原因，建筑设计让人捉摸不透。它容易被认知的诡计蒙蔽，被价值的反转利用。对于建筑设计业的所有从业人员来说，它的效应并不稳定，好处并不明显，风险却颇高。但能够把玩和操控物质和外观、砖石与生活，却又是它的迷人之处。

“魅力，”意大利建筑师吉奥·庞蒂说过，“最是无用，但又像面包一样不可或缺。”这番话并不是说，我们都应当生活在仙境之中，他所用的意大利词汇incanto包含着“吸引力”、“优雅”和“魔法”的意味。更准确地说，他描绘的是在建成空间中每一个居住体验当中隐藏的诗意，而这不应当被看作是美第奇家族和大亨寡头所独享的奢侈品。“Da nobis hodie”，他接着说道，“incantum quotidianum”：“让我们的每个今天都充满魅力”。

建筑设计如同时尚、美食或爱情，精工细制，在生存中不可或缺。它装饰着居所，就和其他几样装点着服装、食物和后代繁衍一样，如果它真的是一种装饰，也是缺少了便会让人们很难生存的那一种。城市之中到处都是功能并不完备的建筑，它们是梦想、抗争、预算或往往与正式目标并不相符的规划所共同作用的产物。它们中的一些无法证明自己存在
的意义，但如果没有了它们，继续在这些城市中生活，也不会再有意义。 392

参考文献

以下是在本书的写作过程中提供有用或极为重要的帮助的著作，或者它们将有助于读者进一步探索本书描述的人、地点和思想。

第一章　欲望塑造空间，空间塑造欲望

Christopher M. Davidson. *Dubai, the Vulnerability of Success*. Hurst 2008.

Edited by Mitra Khoubrou, Ole Bouman, Rem Koolhaas – *Al Manakh*. Archis 2007.

Edited by Todd Reisz. *Al Manakh Continued*. Archis 2010.

Edited by Mike Davis and Daniel Bertrand Monk. *Evil Paradises: Dreamwolds of Neoliberalism*. The New Press 2007.

Edited by Shumon Basar, Antonia Carver and Markus Miessen. *With/Without: Spatial Products, Practices and Politics in the Middle East*. Bidoun and Moutamarat 2007.

Edited by Shumon Basar – *Cities From Zero*. Architectural Association 2007.

www.sheikhmohammed.co.ae

Edited by Marcelo Carvalho Ferraz. *Lina Bo Bardi*. Instituto Lina Bo e P.M.Bardi 2008.

Olivia de Oliveira. *Subtle Substances. The architecture of Lina Bo Bardi.* Romano Guerra/Gustavo Gili 2006.

Lina Bo Bardi and Marcelo Carvalho Ferraz. *Casa de Vidro*; The Glass House. Instituto Lina Bo e P.M.Bardi 1999.

第二章　固定的家和流浪的家

'In Georgia, a Megamansion is Finally Sold'. Katharine Q. Seelye. http://www.nytimes.com/2010/08/22/us/22house.html

http://deangardens.com

A New Description of Sir John Soane's Museum. Sir John Soane's Museum 1988.

John Summerson and others. *John Soane*. Academy Editions 1983.

John Summerson. 'Sir John Soane and the Furniture of Death', essay in *The Unromantic Castle*. Thames and Hudson 1990.

Louis Aragon. *Paris Peasant*, trans. Simon Watson Taylor. Picador 1980.

Francesco Careri. *Walkscapes: Walking as an aesthetic practice.* Gustavo Gili 2009.

Bruce Chatwin. *The Songlines*. Picador 1988.

Journeys: how travelling fruit, ideas and buildings rearrange our environment – Canadian Centre for Architecture/Actar 2010.

Robert Mellin. *Tilting: house launching, slide hauling, potato trenching, and other tales from a Newfoundland fishing village*. Princeton Architectural Press 2003.

John Berger. *And Our Faces, My Heart, Brief As Photos*. Bloomsbury 2005.

Jonathan Raban. *Soft City*. Picador 2008.

F. H. W. Sheppard (general editor) – *Survey of London*: volume 37: *Northern Kensington*. English Heritage 1973.

Nicholas Fox Weber. *Le Corbusier: a life*. Knopf 2008.

第三章 真实的冒牌货

Richard Rogers + Architects: from the house to the city. Fiell 2010.
Stewart Brand. *How Buildings Learn*. Viking 1994.
Stewart Brand. *How Buildings Learn* (revised 1997 UK edition).
Deborah Howard. *The Architectural History of Venice*. Yale University Press 2002.
Alexei Tarkhanov and Sergei Kavtaradze. *Architecture of the Stalin Era*. Rizzoli 1992.
Charles Jencks. *The Language of Post-Modern Architecture*. Academy 1977.
Karsten Harries. *Bavarian Rococo Church: Between Faith and Aestheticism*. Yale University Press 1983.
Walter Benjamin. *Illuminations: essays and reflections*. Pimlico 1999.
John Ruskin. *The Seven Lamps of Architecture*. Dover Architecture 1989.
John Ruskin. *The Stones of Venice*. Edited by J. G .Links. Da Capo Press 2003.

第四章 不连贯的地平线，或建筑中的情色注解

Vivant Denon. *No Tomorrow*. New York Review Books 2009.
Jean-François de Bastide. *The Little House: an architectural seduction*. Princeton Architectural Press 1995.
Misty Keasler (photographer), with essays by Rod Slemmons and Natsuo Kimiro. *Love Hotels: the hidden fantasy rooms of Japan*. Chronicle Books 2006.
www.deansameshima.com
Dan Cruickshank. *The Secret History of Georgian London: how the wages of sin shaped the capital*. Random House 2009.
Steen Eiler Rasmussen. *London, the Unique City*. The MIT Press 1982.
Susannah Lessard. *The Architect of Desire: beauty and danger in the Stanford White family*. The Dial Press 1996.

Adolf Loos. 'Ladies' Fashion' in *Spoken into the Void: Collected Essays 1897–1900*. The MIT Press 1987.

Adolf Loos. 'Ornament and Crime' in *The architecture of Adolf Loos*. Arts Council 1985.

Adolf Loos – works in the Czech lands. City of Prague Museum and KANT Publishers 2009.

Claire Beck Loos. *Adolf Loos: a private portrait*. DoppelHouse Press 2011.

Hal Foster. *Prosthetic Gods*. The MIT Press 2004.

Anne Anlin Cheng. *Second Skin: Josephine Baker and the modern surface*. Oxford University Press 2011.

Leon Battista Alberti, trans. Joseph Rykwert, Neil Leach, Robert Tavernor. *On the Art of Building in Ten Books*. The MIT press 1988.

Leon Battista Alberti, trans. Renée Neu Watkins. *The Family in Renaissance Florence*. Waveland Press 1994.

Anthony Grafton. *Leon Battista Alberti*. Penguin 2001.

Edited by Beatriz Colomina. *Sexuality and Space*. Princeton Papers on Architecture 1992.

Le Corbusier. *Modulor 2*. Birkhauser 2000.

Aaron Betsky. *Building Sex: men, women, architecture and the construction of sexuality*. Morrow 1995.

Aaron Betsky. *Queer Space*. Morrow 1997.

第五章　权力与自由

Museu de Arte de São Paulo; Sao Paulo Art Museum. Instituto Lina Bo e P. M. Bardi 1997.

Jonathan Aitken. *Nazarbayev and the Making of Modern Kazakhastan*. Continuum Trade Publishing 2009.

Deyan Sudjic. *Norman Foster: A Life in Architecture*. Weidenfeld and Nicolson 2010.

Deyan Sudjic. *The Edifice Complex: how the rich and powerful shape the world*. Penguin 2005.

Franz Schulze. *Mies van der Rohe: a critical biography*. The University of Chicago Press 1985.

Susannah Lessard (see chapter 4).

Samuel G. White. *The Houses of McKim Mead & White*. Thames and Hudson 1998.

Henry James. *The American Scene*. Penguin 1994.

Adolf Loos. 'The Poor Little Rich Man', in *Spoken Into the Void* (see chapter 4).

Louis Aragon (see chapter 2).

Edited by Bruno Reichlin and Letizia Tedeschi. *Luigi Moretti: razionalismo e trasgressivita tra barocco e informale*. Electa 2010.

Anna Minton. *Ground Control*. Penguin 2012.

第六章　形式追随资本

Aaron Betsky. *Zaha Hadid: the complete buildings and projects*. Thames and Hudson 1998.

Zaha Hadid Complete Works. Thames and Hudson 2004.

Brendan Gill. *Many Masks: a life of Frank Lloyd Wright*. Da Capo 1998.

Gijs van Hensbergen. *Gaudí: the biography*. Harper Collins 2001.

S. Frederick Starr. *Melnikov: Solo Architect in Mass Society*. Princeton University Press 1981.

Francesco Dal Co and Kurt W. Forster. *Frank O. Gehry: the complete works*. The Monacelli Press 1998.

Suketu Mehta. *Maximum City: Bombay lost and found*. Headline/Review 2004.

Alejandro Aravena: the forces in architecture. Toto 2011.

Mike Davis and Daniel Bertrand Monk (see Chapter 1).

Mike Davis. *Planet of Slums*. Verso 2007.

Richard Rogers, edited by Philip Gumuchdjian. *Cities for a Small Planet*. Faber and Faber 1997.

http://www.onehydepark.com

第七章　贪得无厌的“希望”

Minoru Yamasaki. *A Life in Architecture*. Weatherhill 1979.

Charles Jencks. *Le Corbusier and the Tragic View of Architecture*. Penguin 1987.

Edited by Kristin Feireiss (editor). *Architecture in Times of Need*. Prestel 2009.

Philip Nobel. *Sixteen Acres: the rebuilding of the World Trade Center site*. Granta 2005.

Paul Goldberger. *Up From Zero: politics, architecture and the rebuilding of New York*. Random House 2005.

Daniel Libeskind. *Breaking Ground: adventures in life and architecture*. John Murray 2004.

Michael Sorkin. *All Over the Map: writings on buildings and cities*. Verso 2011.

www.renewnyc.com

第八章　永恒被高估了

Joshua David and Robert Hammond. *High Line: the inside story of New York's park in the sky*. Farrar Straus and Giroux 2011.

John Freeman Gill. 'The Charming Gadfly who saved the High Line'. http://www.nytimes.com/2007/05/13/nyregion/thecity/13oble.htm

Diane Cardwell. 'Once at Cotillions, Now Reshaping the Cityscape'. http://www.nytimes.com/2007/01/15/nyregion/15amanda.html

Adolf Loos. 'Architecture', essay in *The Architecture of Adolf Loos*. Arts Council 1985.

James Stevens Curl. *Death and Architecture*. Sutton 2002.

Le Corbusier. *Towards an Architecture*, trans. John Goodman. Frances Lincoln 2008.

Bruno Taut. *Alpine Architecture: a utopia*. Prestel 2004.

Franz Schulze (See chapter 5).

Phyllis Lambert. *Mies in America*. Harry N. Abrams 2001.
Kenneth Frampton. *Modern Architecture: a critical history*. Thames and Hudson 1980.
Nikolaus Pevsner. *An Outline of European Architecture*. Penguin 1968.
David Coke and Alan Borg. *Vauxhall Gardens: a history*. Yale University Press 2011.
Mary Beard. *The Parthenon*. Profile 2002.
R. Buckminster Fuller, James Meller. *Buckminster Fuller Reader*. Penguin 1972.
Martin Pawley. *Buckminster Fuller*. Trefoil 1990.
Virginia Ponciroli (editor). Katsura Imperial Villa. Electa 2005.
Kazuyo Sejima + Ryue Nishizawa SANAA. *21st Century Museum of Contemporary Art, Kanazawa*. Orpheus 2005.
www.cineroleum.co.uk/

第九章　生活，以及生活的面貌

Citadela da Liberdade. SESC São Paulo/Instituto Lina Bo e P.M.Bardi 1999.
Stuart Brand (see chapter 3).
Nikolaus Pevsner. *Pioneers of Modern Design*. Penguin 1960.
Rem Koolhaas. *Delirious New York*. 010 1994.
Edited by Michael Sorkin. *Variations on a Theme Park: the New American City and the End of Public Space*. Farrar, Straus and Giroux 1992.
www.celebration.fl.us
Peter Katz. *The New Urbanism*. McGraw Hill 1994.
Dieter Hassenpflug. *The Urban Code of China*. Birkhauser 2010.
Harvard Project on the City. *Great Leap Forward*. Taschen 2001.
www.nytimes.com/2011/07/13/arts/design/koolhaass-cctv-building-fits-beijing-as-city-of-the-future.html
Hans Ulrich Obrist. *Ai Weiwei Speaks*. Penguin 2011.

第十章　像面包一样不可或缺

Oscar Niemeyer. *The Curves of Time: the Memoirs of Oscar Niemeyer*. Phaidon 2000.

Edited by Paul Andreas and Ingeborg Flagge. *Oscar Niemeyer: a Legend of Modernsim*. Birkhauser 2003.

Regina Rheda. *First World Third Class, and Other Tales of the Global Mix*. University of Texas 2005.

Gio Ponti. *In Praise of Architecture*. F. W. Dodge Corporation 1960.

致 谢

以下人士和机构以不同方式为作者提供了灵感、信息、教育、帮助、爱和/或DNA，他们中有些并不知情。没有他们，这本书便无法完成。

保罗·巴格利、克里斯·多伊尔、斯图尔特·威尔逊、威尔夫·迪基，以及所有Picador出版社的朋友；戴维·巴斯；诺埃米·布拉格；丽娜·博与P. M. 巴尔迪夫妇工作室；伦敦巴西大使馆；彼得·卡尔；克莱芒蒂娜·塞茜尔；亚历山德拉·钱凯塔；艾伦·科拉姆；建筑与建造环境委员会；吉姆·科根；"克里尔·待建空间"公司，以及凯特·利思戈；简·弗格森；扎哈·哈迪德建筑事务所；安德鲁·希戈特；奈杰尔·赫吉尔；塔伊亚·朱尔丹；安德鲁·基德；丹尼斯·拉斯顿；劳尔·胡斯特·洛雷斯；安·莫尔；查尔斯·莫尔；夏洛特·莫尔；海伦娜·莫尔；理查德·莫尔；斯黛拉·莫尔；伊连娜·默里；杰拉德·奥卡罗尔；大都会建筑事务所；乔纳森·佩格；弗雷德·斯科特；庞培亚艺术中心；约翰·索恩爵士博物馆；简·萨瑟恩；卡罗琳·斯蒂尔；德扬·苏德季奇；建筑基金会；莉齐·特雷普；达利博尔·韦塞利；埃丝特·祖穆斯特格。

索 引

（条目后的数字为原书页码，见本书边码；黑体页码表示条目内容在该页图片部分）